教育部高等学校电工电子基础课程教学指导分委员会推荐教材
新工科建设·电子信息类系列教材

U0161919

# 微机原理与单片机接口技术
# （第2版）

李精华　梁　强　李　铀　丘　源　主编

陈俊峰　主审

电子工业出版社
Publishing House of Electronics Industry
北京·BEIJING

# 内 容 简 介

本书从"微机原理"与"单片机原理"两门课程的共性出发,结合当前高校微处理器教学趋势和学生的学习兴趣及掌握的难易程度,将这两门课程的教学内容进行合并。本书从介绍微处理器的基本结构和工作原理入手,简单介绍 Intel 8086 微处理器的基本知识,侧重介绍当前高校重点讲授的 51 单片机的相关知识。全书共 10 章,主要包括:微处理器技术简介、8086 微处理器及其体系结构、单片机的基本结构、单片机 C51 语言基础知识简介、微处理器控制系统的人机交互接口设计、微处理器中断系统及定时/计数器应用设计、微处理器控制系统通信设计、微处理器控制系统的接口扩展、单片机与电动机控制、微处理器控制系统实验设计。书中案例难易结合,加强了对液晶显示、SPI 和 I²C 总线等当前比较流行的技术案例分析。本书提供配套的电子课件 PPT、案例设计电路及程序、部分习题参考答案等教学资源,还提供 51 单片机开发常用的 USB 转串行口、液晶字模提取、串行口调试助手、51 单片机波特率初值设定等软件资源。

本书针对典型案例介绍了一些小秘籍,电路设计和程序的软件操作流程非常详细,典型案例附有电路分析和程序点评,对初学者学习 51 单片机具有很大帮助。本书所有案例的程序都使用 C51 语言设计并通过了 Keil μVision 5 调试,所有案例的电路都通过了 Proteus 8.5 的仿真调试。其中,第 10 章为微处理器控制系统实验设计,给出了硬件电路和基本的程序设计,读者可以在此基础上进行功能扩展或修改。

本书可作为应用型本科院校电子信息类、自动化类、测控技术与仪器、能源与动力工程等专业的教材,还可供从事单片机技术开发的工程技术人员学习。

**图书在版编目(CIP)数据**

微机原理与单片机接口技术 / 李精华等主编. —2 版. —北京:电子工业出版社,2023.1

ISBN 978-7-121-44939-0

Ⅰ. ①微…　Ⅱ. ①李…　Ⅲ. ①微型计算机-理论-高等学校-教材②单片微型计算机-接口技术-高等学校-教材　Ⅳ. ①TP36

中国国家版本馆 CIP 数据核字(2023)第 010705 号

责任编辑:王晓庆

印　　刷:三河市良远印务有限公司

装　　订:三河市良远印务有限公司

出版发行:电子工业出版社

　　　　　北京市海淀区万寿路 173 信箱　　邮编:100036

开　　本:787×1 092　1/16　　印张:17.5　　字数:505 千字

版　　次:2018 年 8 月第 1 版

　　　　　2023 年 1 月第 2 版

印　　次:2025 年 2 月第 5 次印刷

定　　价:59.00 元

凡所购买电子工业出版社图书有缺损问题,请向购买书店调换。若书店售缺,请与本社发行部联系,联系及邮购电话:(010)88254888,88258888。

质量投诉请发邮件至 zlts@phei.com.cn,盗版侵权举报请发邮件至 dbqq@phei.com.cn。

本书咨询联系方式:(010)88254113,wangxq@phei.com.cn。

# 第 2 版前言

本书第 1 版于 2018 年 8 月出版，多所高校的电子信息类、自动化类和测控技术与仪器等专业选用了本书。课程组根据新时代高校对微控制器技术教学的要求和当前课程思政的要求，吸取了教师和部分读者的意见与建议，结合企业对自动化控制技术的要求，提出了第 2 版修订方案。

党的二十大报告提出"培养造就更多大师、战略科学家、一流科技领军人才和创新团队、青年科技人才、卓越工程师、大国工匠、高技能人才"，要求在高等教育阶段解决基础学科人才供给质量不高的问题，要求高等教育加强与产业、技术的紧密融合。坚持创新驱动发展，加快发展现代化产业体系，坚持创新在我国现代化建设全局中的核心地位，把科技自立自强作为国家发展的战略支撑。科技的创新离不开计算机技术，计算机技术的最核心技术是控制器技术，基于控制器技术的设计方法正在成为智能控制系统的主流，控制器技术将为国家战略——智能制造提供强有力的支持，因此控制器技术已经成为高校电子信息类、自动化类和测控技术与仪器等专业学生必须掌握的一门重要技术。

根据高校电子信息类、自动化类和测控技术与仪器等专业对微控制器技术的教学要求，教学计划开设"微机原理及接口技术""单片机原理及接口技术"中的一门或者两门课程，二者都属于微控制器技术。"微机原理及接口技术"课程以 Intel 8086 CPU 为主线，系统讲述微控制器系统的基本组成、工作原理、半导体存储器技术、硬件接口技术和总线技术等内容，让学生建立微控制器系统的整体概念，并从 PC 应用系统的角度了解其软件体系和相关接口；"单片机原理及接口技术"课程以通用的 MCS-51 系列单片机为主讲对象，主要介绍单片机的硬件结构、指令系统及汇编语言程序设计（或单片机 C 语言程序设计）、系统扩展与接口技术等内容。Intel 8086 微机接口部分与单片机的接口部分基本相同，只不过 Intel 8086 微机的复杂度比单片机的高；微机原理的接口编程基本是使用汇编语言程序设计的，而单片机的接口程序不但可以使用汇编语言程序设计，而且可以使用单片机 C 语言编写，这是单片机接口的最大优势。

基于 Intel 8086 的体系结构对非计算机专业的学生要求不高，而且与非计算机专业学生的专业课程衔接没有直接的联系，Intel 8086 汇编语言对学生来说难度大，教师的教学效果也不理想，市面上各种中低层次的控制系统设计中使用 Intel 8086 的也不多。基于 Intel 51 核的单片机原理相对 Intel 8086 微机原理要简单得多，学生设计应用 51 单片机做控制系统比基于 Intel 8086 的控制系统要多得多，市面上的一些简单控制系统基本也使用单片机，学生学习单片机进入社会应用领域的机会也会多得多。很多学校在大一或者大二就学习了 C 语言编程，学生在学习单片机的时候使用单片机 C 语言编程就比使用汇编语言容易上手，本书的应用案例使用单片机 C 语言进行编程，学生比较容易接受。本书兼顾专业课程体系的需要，既安排了一定章节介绍微机原理的基本知识，又比较全面地介绍了单片机的相关知识。各学校可以根据自己的教学要求和课时需求，从中选择合适的内容进行教学。

根据党的二十大报告"加强教材建设和管理"，要求聚焦教育发展的关键领域和突出环节，重点解决教育体系问题。因此，本书将"微机原理及接口技术"与"单片机原理及接口技术"两门课程的内容合并，与同类教材相比，本书具有以下特点。

（1）知识点全面。

本书全面地介绍了微处理器的发展历程，既介绍了 Intel 8086 微机的硬件结构，又介绍了 51 单片机的硬件结构，有利于学生对这两种处理器进行比较学习，有利于学生对微处理器有全面的了解。本书还结合当前实用的接口技术进行了较全面的介绍，有利于学生创新设计。

（2）理论够用为度，着眼于应用。

结合应用型本科和高职高专教育的特点，本书在编写时按照贴近目标、保证基础、面向更新、联系实际、突出应用的要求，以"必需、够用"为度的原则，突出重点，注重学生的操作技能以及分析问题、解决问题的能力培养。

（3）内容安排合理，注重学生学习需要。

本书先从介绍微控制器的基本结构和工作原理入手，简单介绍了 Intel 8086 的内部结构及引脚功能和汇编指令，重点介绍 51 单片机的硬件系统、单片机 C51 语言程序设计、微控制器系统的人机接口、系统扩展及综合实验设计，并结合当前实用的新接口技术进行说明，力求达到学以致用的目的。为了方便教学和学生学习，在本书的案例分析中对所涉及的元器件、电路图、程序流程图及程序代码都进行了详细介绍。

全书共 10 章，桂林航天电子有限公司陈俊峰研究员对本书的编写进行了技术指导；广西科技大学李铀老师对本书各章节进行了校对和阅读，并提出了宝贵意见；全书由桂林航天工业学院自动化与仪器类专业群教学团队成员李精华、梁强、丘源和贾磊磊等老师合作完成。

本书所用案例都经过实验调试，特别是第 10 章微处理器控制系统实验设计提供了很多实验案例，有利于教师的实验指导和学生学习，本书为桂林航天工业学院的微处理器控制器实验提供了技术支持。本书提供配套的电子课件 PPT、案例设计电路及程序、部分习题参考答案，请登录华信教育资源网（https://www.hxedu.com.cn）注册下载，也可联系本书编辑（010-88254113，wangxq@phei.com.cn）索取。

本书在编写过程中查阅和参考了相关参考文献及其他资料，从中得到很多帮助和启示，在此对为本书提供帮助的资料作者和单位表示深深的感谢。微处理器技术在不断发展，相应的教学内容和教学方法也应不断改进，其中一定有许多问题值得深入探讨，我们真诚地希望广大读者对书中的错误和不妥之处给予批评指正（E-mail：lijh@guat.edu.cn）。

编　者

2022 年 12 月

# 目　录

# 第1章 微处理器技术简介

**内容提要**

本章首先介绍微处理器的基本概念、内部结构及性能指标，然后对微控制器——单片机的基本概念、性能指标、开发工具进行简单的介绍，重点通过选取一个简单的由 51 单片机控制的 LED 闪烁案例的设计过程，演示 51 单片机控制系统的设计步骤。本章可使读者初步了解完成一个微处理器控制系统的设计需要掌握的知识和开发工具。

**本章内容特色**

（1）介绍微控制器——单片机的性能指标和型号信息，以及引脚识别的方法。

（2）介绍微控制器——单片机控制系统开发的程序设计和电路设计的软件操作流程。

## 1.1 微处理器简介

微处理器是微型处理器的统称，微处理器的最初定义是由一片或几片大规模集成电路组成的具有运算器和控制器功能的中央处理器，它是计算机系统的核心或"大脑"，支配整个计算机系统工作，微处理器在不同的应用场合有不同的名字，微处理器通常是指中央处理器（CPU）、微控制器（MCU）和数字信号处理器（DSP）三种类型的芯片。

中央处理器（Central Processing Unit，CPU）作为计算机系统的运算和控制核心，是信息处理、程序运行的最终执行单元，是个人计算机和高端工作站的核心配件，是一种典型的微处理器。

微控制器（Microcontroller Unit，MCU）是把中央处理器（CPU）的频率与规格做适当缩减，并将内存（memory）、计数器（Timer）、USB、A/D 转换、UART、PLC、DMA 等周边接口，甚至 LCD 驱动电路都整合在单一芯片上，形成芯片级的计算机，为不同的应用场合做不同组合控制。早期的微控制器将一台计算机集成到一个芯片中，实现嵌入式应用，故又称单片机（Single Chip Microcomputer），为了更好地满足控制领域的嵌入式应用，单片机中不断扩展了一些满足控制要求的电路单元，目前，单片机已广泛称作微控制器（MCU），它与嵌入式应用的微处理器一样，也称为嵌入式微处理器，嵌入式处理器的高端产品有 Advanced RISC Machines 公司的 ARM、美国硅图（Silicon Graphics）公司的 MIPS、国际商业机器公司（IBM）和摩托罗拉（Motorola）的 Power PC、英特尔（Intel）的 X86 和 i960 芯片等。

数字信号处理器（Digital Signal Processor，DSP）是由大规模或超大规模集成电路芯片组成的用来完成数字信号处理任务的处理器。它是为适应高速实时信号处理任务的需要而逐渐发展起来的，被广泛地应用于通信与信息系统、信号与信息处理、自动控制、雷达、军事、航空航天、医疗、家用电器等领域。最常见的是德州仪器（TI）的 TMS320CXX 系列和摩托罗拉的 5600X 系列。

### 1.1.1 微处理器的内部结构

微处理器最基本的功能结构包括运算器、控制器、寄存器组及内部总线。图 1-1 所示为某 8 位微处理器的内部结构，包括运算器、寄存器组（其中包括累加器、状态寄存器、程序计数器和其他功能的寄存器组）、内部数据总线、指令寄存译码器、地址寄存器、数据缓冲器、外部引线（包括数据信号线、地址信号线、控制/状态信号线）等。

各部分在微处理器中起着不同的作用。

（1）运算器：是执行运算的部件，在控制信号的作用下可完成加、减、乘、除、与、或、非、异或及移位等工作，故又称算术逻辑单元。

（2）寄存器组：加快运算和处理速度、暂存参与运算的数据或运算的中间结果，是微处理器中十分重要的部分。寄存器组包括：

① 累加器：通常微处理器至少包含一个累加器，它的功能比其他寄存器多。

② 状态寄存器：专用于记录微处理器运行的某种重要状态，程序可以根据其提供的状态控制 CPU 的运行。

③ 程序计数器：是加一计数器，每提供一个地址后自动加一，指向下一步要执行指令所在存储单元的地址。8 位机的程序计数器是一个 16 位加一计数器，可提供 65 536（0000H～0FFFFH）个地址，硬件决定上电或复位时的初值

图 1-1    8 位微处理器的内部结构

状态。程序计数器是专为处理器提供的，用户无法通过指令访问它。其内容可以通过内部数据总线得到修改。

④ 其他功能的寄存器组。

（3）内部数据总线：是微处理器内部各部分之间的数据传输通道，可实现双向数据传输。其总线的宽度决定微处理器内部数据传输的位数。

（4）指令寄存译码器：由指令寄存器（IR）、指令译码器（ID）和控制逻辑（PLA）组成，是整个微处理器的控制指挥中心。CPU 通过总线将外部存储器中的指令取入，并暂存在 IR 中。对 IR 中的指令进行分析解释，通过控制逻辑产生相应的控制信号，来协调整个计算机有序地工作。对 CPU 内部，控制着各部分的工作；对 CPU 外部，控制 CPU 对外部读或写、对存储器操作或对 I/O 接口操作等。

（5）地址寄存器：用于寄存 CPU 要向外部发出的地址，其内容来源可以是程序计数器，也可以是内部总线。通过它将地址输出给 CPU 以外的存储器或 I/O 接口。

（6）数据缓冲器：起到 CPU 内、外传输数据的缓冲作用，只有 CPU 允许数据传输时，该缓冲器的门才会打开。对于 8 位机，它是 8 位的；对于 16 位机，它是 16 位的。

（7）数据信号线（DB）：是 CPU 与存储器或 I/O 接口之间传输数据的通道，其宽度决定 CPU 与外部存储器或 I/O 接口传输数据的位数。

（8）地址信号线（AB）：是 CPU 提供地址信息的通道，其宽度决定 CPU 对外的寻址范围。

（9）控制/状态信号线（CB）：用于传输控制或状态信号的通道，如提供读信号、写信号、存储器选通信号、I/O 接口选通信号等，也可以接收时钟信号等。

随着技术的发展和微处理器功能的增强，微处理器的内部除有上述基本部分外，还会增加存储器管理部件、高速缓存部件等。

## 1.1.2    微处理器的工作原理

微处理器的工作过程就是执行程序的过程，而执行程序就是逐步执行一条条能被微处理器识别的

机器指令。微处理器在执行一条指令时，主要按以下几个步骤完成。

（1）取指令：控制器发出信息从存储器取一条指令。

（2）指令译码：指令译码器将取得的指令翻译成起控制作用的微指令。

（3）取操作数：如果需要操作数，则从存储器取得该指令的操作数。

（4）执行运算：CPU 按照指令操作码的要求，通过执行微指令，对操作数完成规定的运算处理。

（5）回送结果：将指令的执行结果回送到内存或某寄存器中。

微处理器的操作是周期性的，即取指令，指令译码，取操作数，再取指令……由于这一系列操作步骤是精确地按照时序进行的，因此微处理器需要一个时序电路。时序电路受控于晶体振荡电路所生成的标准振荡脉冲信号，一旦机器加电，时序电路就连续不断地发出时钟信号。

## 1.1.3　微处理器的发展历程

微处理器的发展自 1971 年以来发生了巨大的变化，按照其性能可以划分为八代。

### 1．第一代（1971—1973 年）

1971 年，Intel 公司推出第一个 Intel 4004 微处理器，是 4 位微处理器；1972 年，Intel 公司推出 Intel 8008 的 8 位微处理器。

### 2．第二代（1974—1977 年）

1974 年，Intel 公司推出 Intel 8080（第二代微处理器）；1975—1976 年，Motorola 公司推出 6800，齐洛格（Zilog）公司推出 Z80 等处理器芯片。

### 3．第三代（1978—1984 年）

1978 年，Intel 公司推出 16 位的 8086 微处理器；1979 年，Intel 公司推出 8088 微处理器，1981 年，以 8088 微处理器为核心组成 IBM PC；1982 年，Intel 公司推出 80286 微处理器（16 位）。

### 4．第四代（1985—1992 年）

1985 年，Intel 公司推出 80386 微处理器（32 位），与后来的 80486、Pentium（奔腾）等统称 IA-32 处理器，或 32 位 8086 处理器；1989 年，Intel 公司推出 80486 CPU，工作频率为 100MHz，简单指令集 RISC。

### 5．第五代（1993—2000 年）

1993 年，Intel 公司推出 Pentium（奔腾）586，简称 P5，主频为 60MHz；1995 年，Intel 公司推出 Pentium Por（高能奔腾），简称 P6，主频为 166MHz。在这一时段，IBM、Apple（苹果）、Motorola 三家公司推出 PowerIP；AMD（超威半导体）公司推出 K5；Cyrix（塞瑞克斯）公司推出 M1。

1997 年，Intel 公司推出 Pentium MMX（多能奔腾），增加了处理多媒体数据的 MMX 指令集。

1998—1999 年，Intel 公司推出 Pentium Pro 的改进版 Pentium Ⅱ和 Pentium Ⅲ。

2000 年，Intel 公司推出代号为 Northwood 的 Pentium4，主频为 2.2GHz。

### 6．第六代（2000—2002 年）

2000 年，Intel 公司推出 64 位 Itanium（安腾）处理器；2002 年，Intel 公司推出 Itanium2 处理器，主频为 1GHz，都是 IA-64 结构的开放硬件结构。

### 7．第七代（2003—2004 年）

2003 年，AMD 公司推出 64 位处理器；2004 年，Intel 公司推出 64 位存储器技术，用在 Pentium4 终极版、6XX 系列。

### 8．第八代（2005 年至今）多核处理器

2005 年，Intel 推出采用双核设计的桌面级处理器，有 Pentium D820 830 840，最高端型号为 Pentium Extreme Edition 840。

2005 年，AMD 发布用于工作站（WorkStation）的双核心 Opteron 处理器、双核桌面处理器 Atlon64 X2 家族；还发布 FX-60 和 FX-62 高性能桌面处理器及 Turion64 X2 移动处理器。

2006 年，Intel 公司开始推广应用四核处理器。

2009 年，Intel 公司发布基于 Nehakem 架构的移动版酷睿 i7 四核处理器（用于便携式计算机）。

Intel 公司于 1974 年推出了第一块完整的 8 位计算机芯片 8080，于 1979 年推出的 Intel 8088 被 IBM 公司于 1982 年应用在 PC 上，从此 PC 市场便开启了一个飞跃的发展，先后经历了从 8088 到 80286、80386、80486，再到奔腾、奔腾Ⅱ、奔腾Ⅲ、奔腾 4，乃至安腾和酷睿（core）64 位的发展过程。这些微处理器都是由 Intel 公司制造的，而且都是在 8088 的基本设计上进行改进的。奔腾 4 可以执行最初的 8088 能运行的所有代码，但奔腾 4 的速度是 8088 的 5000 倍。Intel 公司在不同时间推出的不同处理器之间的差异如表 1-1 所示。

表 1-1　Intel 不同 CPU 的性能

| 名　称 | 日　期 | 晶体管数量/个 | μm | 时 钟 频 率 | 数据宽度 | MIPS |
|---|---|---|---|---|---|---|
| 8080 | 1974 年 | 6 000 | 6 | 2MHz | 8 位 | 0.64 |
| 8088 | 1979 年 | 29 000 | 3 | 5MHz | 16 位<br>8 位总线 | 0.33 |
| 80286 | 1982 年 | 134 000 | 1.5 | 6MHz | 16 位 | 1 |
| 80386 | 1985 年 | 275 000 | 1.5 | 16MHz | 32 位 | 5 |
| 80486 | 1989 年 | 1 200 000 | 1 | 25MHz | 32 位 | 20 |
| 奔腾 | 1993 年 | 3 100 000 | 0.8 | 60MHz | 32 位<br>64 位总线 | 100 |
| 奔腾Ⅱ | 1997 年 | 7 500 000 | 0.35 | 233MHz | 32 位<br>64 位总线 | 300 |
| 奔腾Ⅲ | 1999 年 | 9 500 000 | 0.25 | 450MHz | 32 位<br>64 位总线 | 510 |
| 奔腾 4 | 2000 年 | 42 000 000 | 0.18 | 1.5GHz | 32 位<br>64 位总线 | 约 1 700 |
| 奔腾 4 "Prescott" | 2000 年 11 月 | 125 000 000 | 0.09 | 1.3～3.8GHz | 32 位<br>64 位总线 | 约 7 000 |

Intel 公司是半导体行业和计算创新领域的全球领先厂商，在微处理器的发展史上起到巨大的推动作用，世界上还有很多微处理器生产厂商，同时中国也有自己的微处理器产业。国产的 PC 端 CPU 芯片——龙芯是中国科学院计算所自主研发的通用 CPU，采用简单指令集，类似于 MIPS 指令集。

龙芯一号 CPU IP 核是兼顾通用及嵌入式 CPU 特点的 32 位处理器内核，采用类 MIPS Ⅲ指令集，具有七级流水线、32 位整数单元和 64 位浮点单元。龙芯一号 CPU IP 核具有高度灵活的可配置性、方便集成的各种标准接口。龙芯一号的频率为 266MHz，最早在 2002 年开始使用。

龙芯二号 CPU 采用先进的四发射超标量超流水结构，片内一级指令和数据高速缓存各 64KB，片外二级高速缓存最多可达 8MB。最高频率为 1000MHz，功耗为 3～5W，远远低于国外同类芯片，其 SPEC CPU2000 测试程序的实测性能是 1.3GHz 的威盛处理器的 2～3 倍，已达到中等 Pentium4 水平。

　　龙芯三号的早期 CPU 龙芯 3A 的工作频率为 900MHz～1GHz，功耗约为 15W，频率为 1GHz 时双精度浮点运算速度峰值达到每秒 160 亿次（Giga Floating-point Operations Per Second，GFLOPS，即每秒 10 亿次的浮点运算数），单精度浮点运算速度峰值为每秒 320 亿次。龙芯 3A 采用意法半导体公司（STMicro）的 65nm CMOS 工艺生产，晶体管数目达 4.25 亿个，芯片采用 BGA 封装，引脚的数目为 1121 个，功耗小于 15W。龙芯 3A 集成了 4 个 64 位超标量处理器核、4MB 的二级 Cache、两个 DDR2/3 内存控制器、两个高性能 Hyper Transport 控制器、一个 PCI/PCIX 控制器及 LPC、SPI、UART、GPIO 等低速 I/O 控制器。龙芯 3A 的指令系统与 MIPS64 兼容，并通过指令扩展支持 X86 二进制翻译。龙芯三号在包括服务器、高性能计算机、低能耗数据中心、个人高性能计算机、高端桌面应用、高吞吐计算应用、工业控制、数字信号处理、高端嵌入式应用等产品中具有广阔的市场应用前景。但是，龙芯与国际知名 CPU 厂商 Intel、AMD 还是有非常大的差距的。

　　国产的移动端 CPU 首先是华为的海思处理器，作为全球领先 ICT 企业，华为从 2006 年开始启动智能手机芯片的开发，2012 年推出的 K3V2 是最早真机演示、体积最小的四核处理器，成为首块千万级规模的国产高端智能手机芯片。而之后推出的麒麟处理器则全面采用了片上系统（System on Chip，SoC）架构，即在单个芯片上集成中央处理器、通信模块、音视频解码及外围电路等一个完整的系统。同时，麒麟处理器采用当前业界领先水平的 28nm HPM 高性能移动工艺制程，满足高性能和低功耗的双重特性。而海思麒麟 950 处理器，已经赶上甚至超越国际知名移动 CPU 品牌高通、三星 exynos、NVIDIA、联发科。

　　除华为的海思麒麟外，比较知名的还有联发科、全志 A10、新岸线、瑞芯微、联芯等移动 CPU。联发科手机芯片低功耗、更省电，而且性能也是比较出色的，所以联发科目前在国产低端手机中占有相当大的份额。

## 1.1.4　微处理器的特点、分类及应用

### 1. 微处理器的特点

　　（1）体积小，功耗低。

　　（2）可靠性高，使用环境要求低。由于使用大规模集成电路和超大规模集成电路，简化了外接线和外加逻辑，因此安装容易，大大提高了可靠性。

　　（3）系统设计灵活，使用方便。现在的微处理器芯片及其相应支持逻辑都有标准化、系列化产品，用户可根据不同的要求构成不同规模的系统。

### 2. 微处理器的分类

　　（1）按微处理器位数分类，有 4 位、8 位、12 位、16 位、32 位、64 位等微处理器。

　　（2）按微处理器的应用领域分类，有通用高性能微处理器、嵌入式微处理器、数字信号处理器和微控制器。

### 3. 微处理器的应用范围

　　微处理器主要应用于整机的控制系统中，特别是弹载、舰载、机载、车载等加固计算机模块，如导弹测发控计算机、安控计算机和弹头测试计算机、潜水艇的鱼雷发控装置、光电对抗系统和装甲师指挥通信系统等各种军事设备的控制系统中。目前，我国在嵌入式或加固式计算机及军用办公与计算平台中，需要大量高性能微处理器以提升武器装备和作战指挥系统电子平台的性能。研制军用微处理器，对于军队和国家机要系统大量使用的机要计算机平台、作战指挥计算机平台和武器研制计算平台

的安全性，有着十分重要的意义。拥有较高性能的自主军用微处理器，有利于提高我军在未来军事斗争中的整体作战能力和威慑力。

# 1.2　单片机的基本概念

单片机是微处理器的一种类型，是将中央处理器（CPU）、存储器（Memory）及输入/输出单元（I/O）集成在一小块硅片上的集成电路，如图 1-2 所示。它具有计算机部分功能和属性，因而被称为微型单片计算机，简称单片机。在单片机的芯片外部配置复位电路、时钟电路及其他接口电路即可组成一个单片机系统，然后将单片机的控制程序下载到单片机，能实现一定控制功能的系统，称为单片机应用系统。

图 1-2　单片机的内部结构框图

## 1.　单片机的性能指标

单片机从 20 世纪 70 年代发展到现在，种类繁多，其性能得到了很大程度的改善，总体来讲，单片机正朝着高性能、低功耗、小体积、大容量、低价格和外围电路内装化等几个方向发展。一个单片机的性能主要用以下几个重要指标来衡量。

（1）位数。位数是单片机能够一次处理的数据的宽度，位数越多，其处理数据的速度越快。在单片机的发展过程中，有 1 位机（AD7502）、4 位机（Intel 4004）、8 位机（MCS-51）、16 位机（MCS-96）和 32 位机（ARM 内核单片机）等多种类型。

（2）存储器。单片机内部的存储器包括程序存储器和数据存储器。程序存储器的空间较大，字节数一般是几千字节到几百千字节，另外程序存储器还有不同的类型，如掩膜 ROM、EPROM、E$^2$PROM、Flash ROM 等。程序存储器的编程方式分为串行编程、并行编程、在线编程（In System Programmable，ISP）、应用再编程（In Application re-Programmable）和专用的 ISP 编程。数据存储器的字节数通常为几十字节到几十千字节。

（3）I/O 口。单片机的 I/O 口即输入/输出口，单片机一般都有几个到几十个 I/O 口，用户可以根据自己的需要进行选择。

（4）运行速度。单片机的运行速度是指 CPU 的运行速度，以每秒执行多少条指令来衡量，IPS（Instructions Per Second）是一种衡量 CPU 运行速度的计量单位。单片机的运行速度与系统时钟有关，但并不是频率越高，运行速度就一定越快。对于同一型号的单片机，系统时钟的频率越高，单片机的运行速度就越快。

（5）工作电压。各种单片机的工作电压并不相同，51 系列单片机的工作电压通常是 5V（±5%或±10%），有些是 3V 或 3.3V，还有更低的 1.5V。现代单片机又出现了宽电压范围型，即在 2.5～6.5V 范围内都可以正常工作。

（6）功耗。低功耗是现代单片机追求的一个目标，目前低功耗单片机的静态电流可以低至微安级甚至纳安级，有的单片机还有等待、关断和睡眠等多种工作方式，以此来降低功耗。

（7）工作温度。根据工作温度的不同，单片机可分为民用级（商业级）、工业级和军用级三种产品。民用级的工作温度范围是 0～70℃，工业级的工作温度范围是−40～85℃，军用级的工作温度范围是−55～150℃（不同厂家的划分标准也不尽相同）。

（8）附加功能。有的单片机有更多的功能，用户可以根据需要选择最适合自己的产品。例如，有的单片机内部有 A/D 转换、D/A 转换、串行口和 LCD 驱动等，使用这类单片机可以减少外部器件，提高系统的可靠性。

### 2．单片机的应用

单片机以高性能、高速度、体积小、价格低、可重复编程和可扩展功能等独特的优点，被广泛地应用在各领域，大致归纳为以下几个方面。

（1）在智能仪器、仪表中的应用。

单片机广泛应用于智能测控、医疗器械、医疗分析仪、色谱仪、示波器和扫频仪等各类仪器、仪表，可以实现对温度、湿度、压力、流量、电压、电流、功率、频率、角度、长度、厚度、硬度和元素等的测定。运用了单片机的仪器设备可以使数字化、智能化、微型化和专用化等功能得到极大的提高。

（2）在工业监控领域中的应用。

单片机在工业监控领域得到了广泛的应用。在供配电系统中，单片机可以对仪表的运行参数及开关进行自动监控；在工业生产过程中，单片机可以对工业机器人和机械手中的电动机速度、转矩和数据传输等进行实时控制。

（3）在通信领域中的应用。

在智能线路运行控制、程控交换机、光电交换器、手机、电话机、智能调制解调器等通信系统中都可以看到单片机的身影。

（4）在军用领域中的应用。

单片机在智能武器装置、导弹控制、鱼雷制导控制、精确制导炸弹、电子干扰系统、自动火炮、航空导航系统等军用领域发挥着巨大的作用。

（5）在数据处理领域中的应用。

在图文传真机、图表终端、激光打印机、复印机、打字机、硬盘录像机、数码相机、数字电视等数字控制系统中，单片机也得到了广泛的应用。

（6）在消费电子领域中的应用。

目前，几乎所有的家用电器均以单片机为核心构成控制线路，不但可以提高自动化程度，而且可以增强其功能。运用单片机实现家用电器的模糊控制、智能控制已成为家用电器的主要发展方向。

## 1.2.1 单片机的分类

当前世界上的单片机种类繁多，各国的生产厂商也有很多，产品各有所长，共有几十种单片机系列、上百个品种，可根据结构和性能等进行分类。

### 1．按制造工艺分类

单片机芯片的半导体材料的制造工艺可分为 HMOS（High performance Metal-Oxide-Semiconductor，高性能金属氧化物半导体）和 CHMOS（互补金属氧化物 HMOS）两大类。HMOS 工艺的单片机主要是指"××51"型单片机，如 8051 单片机、8751 单片机。CHMOS 是 CMOS 和 HMOS 两种工艺的结合，除保持 HMOS 的高速度和高密度的特点外，还有 CMOS 低功耗的特点。两类器件的功能是完全兼容的，区别是 CHMOS 器件具有低功耗的特点,它所消耗的电流比 HMOS 器件小得多,采用 CHMOS 的器件在编号中用一个 C 加以区别，如 80C51 和 80C31 为 CHMOS 芯片。CHMOS 单片机比 HMOS 单片机多了两种节电工作方式（掉电和待机），可用于构成低功耗应用系统。

### 2. 按单片机字长分类

所谓字长，即 CPU 一次仅能处理二进制的位数，因此单片机又可分为 1 位机、4 位机、8 位机、16 位机、32 位机和 64 位机。

### 3. 按单片机片内程序存储器的类型分类

按单片机片内程序存储器的类型不同，可分为无 ROM 型、MaskROM 型、EPROM 型或 E²PROM 型及闪速存储器 Flash 型等单片机。

### 4. 按单片机系统结构分类

单片机内部存储器的结构可分为冯·诺依曼结构和哈佛结构两种类型，如图 1-3 所示。对于冯·诺依曼结构单片机，其程序和数据公用一个存储器，如 MCS-96 系列单片机。而大部分单片机通常采用哈佛结构，将数据与程序分别存放在两个相互独立的存储器内，这是由单片机的应用特点决定的。单片机的应用往往是针对某个特定控制对象的，一旦程序设计、调试取得成功，就固化在程序存储器中，这样不仅省去了每次开机后重新装入程序的步骤，还能有效地防止由突然掉电和其他干扰所引起的程序丢失与错误。

图 1-3　单片机存储器结构

### 5. 按应用场合分类

（1）通用型单片机。

通用型单片机将内部功能和指令系统等开发资源全部面向用户，用户可根据不同场合的控制任务进行开发应用。通用型单片机的适应性较强，应用得非常广泛，如 MCS-51 系列单片机。

（2）专用型单片机。

专用型单片机的芯片是生产厂商根据某种特殊需要设计的专用芯片，如智能仪表、智能传感器、智能万向摄像机、电视机、空调、洗衣机、电冰箱、风扇的各种专用单片机芯片。

## 1.2.2　常用的 51 单片机介绍

在高校各专业的单片机课程的开设过程中，19 世纪 80 年代采用 Z80 单板机用于单片机课程的实验教学，还先后采用了 MCS-51、Atmel-51 及 STC-51 系列单片机。其中，MCS-51、Atmel-51 和 STC-51 系列单片机都是以 Intel 公司的 51 内核为基础的，其引脚的基本功能和编程语言都是相同的，所以在理论教学中不管采用哪种类型的单片机，其理论教学内容基本都是一样的，不同的是在实验的编程方式上，STC-51 系列单片机烧写程序简单、方便教学。下面对常用的 C51 单片机进行简单的介绍。

### 1. MCS-51 系列单片机

MCS-51 是由 Intel 公司生产的 51 单片机的总称，这一系列单片机包括很多品种，如 8031、8051、8751、8752、8032、8052 等，将它们分为 51 类和 52 类两大类。52 类是 51 类的增强型，其最大特点是 52 类单片机的内部存储器的容量更大，增加了一个定时/计数器。其中，8051 是最早、最典型的产品，该系列其他单片机都是在 8051 的基础上进行功能的增、减、改变而来的，所以人们习惯用 8051 称呼 MCS-51 系列单片机。Intel 公司将 MCS-51 的核心技术授权给了很多公司，所以有很多公司在做以 8051 为核心的单片机。当然，功能或多或少会有些改变，以满足用户不同的需求。MCS-51 系列单片机按芯片内部的 ROM 来区分，可分为无 ROM 型（8031/8032）、MaskROM 型（8051/8052）、EPROM 型（8751/8752）和 $E^2PROM$ 型（89C51/89C52、89S51/89S52），各种类型 MCS-51 系列单片机的性能参数表如表 1-2 所示。

表 1-2　MCS-51 系列单片机的性能参数表

| 型　号 | 51 类 | | | | 52 类 | | | |
|---|---|---|---|---|---|---|---|---|
| | 8031 | 8051 | 8751 | 89C51<br>89S51 | 8032 | 8052 | 8752 | 89C52<br>89S52 |
| 类　型 | 无 ROM | Mask ROM | EPROM | $E^2PROM$ | 无 ROM | Mask ROM | EPROM | $E^2PROM$ |
| ROM | 内部 0KB<br>外接 64KB | 内部 4KB，外接 64KB | | | 内部 0KB<br>外接 64KB | 内部 8KB，外接 64KB | | |
| RAM | 内部 128B，外接最大 64KB | | | | 内部 256B，外接最大 64KB | | | |
| 定时/<br>计数器 | 2 个 16 位定时/计数器 | | | | 3 个 16 位定时/计数器 | | | |
| 中断源 | 5 | | | | 6 | | | |
| I/O | 4 个 8 位输入/输出端口 | | | | 4 个 8 位输入/输出端口 | | | |

### 2. Atmel-51 系列单片机

Atmel-51 系列单片机是 Atmel 半导体公司生产的以 8051 内核为标准的单片机，它是改进型的 51 单片机。例如，标准的 8051 单片机没有 20pin 封装的芯片，但是 AT89C2051、AT89C4051 都是 20pin 封装的单片机，省略了 MCS-51 系列单片机的 P0 口和 P2 口，可以认为它们是精简型 51 单片机，比较适合初学者学习。AT89 有许多型号，如 AT89C51、AT89S51、AT89C52、AT89S52 和 AT89S8252（后面几款其实是 8052 单片机，但是和 8051 的指令系统兼容，只是增加了一些功能而已，也可以认为是 51 系列单片机）。AT89 系列单片机都是 Flash 型单片机，烧录次数至少在 1000 次以上（由数据手册提供，估计实际烧录次数在 4000 次以上），只要是芯片上带有"s"字样的单片机，都可以支持 ISP。

### 3. STC-51 系列单片机

STC-51 系列单片机是宏晶科技公司生产的以 8051 内核为标准的单片机，是一款高性能的增强型 51 系列单片机。例如，典型产品 STC89C51RC 是采用 8051 内核的 ISP 系统可编程单片机，具有以下特点。

（1）增强型 8051 单片机，6 时钟/机器周期和 12 时钟/机器周期可以任意选择，指令代码完全兼容传统 8051 单片机。

（2）工作电压：3.3～5.5V（5V 单片机）/ 2.0～3.8V（3V 单片机）。

（3）时钟频率 0～35MHz，相当于普通 8051 单片机的 0～20MHz，实际工作频率可达 48MHz。

（4）用户应用程序空间 12KB/10KB/8KB/6KB/4KB/2KB；片内 Flash 程序存储器的擦写次数大于 10 万次。

（5）片上集成 512B RAM。

（6）通用 I/O 口，复位后为准双向口/弱上拉，每个 I/O 口的驱动能力均可达 20mA，但整个芯片最大不能超过 55mA。

（7）可实现 ISP/IAP 编程，无须专用编程器，通过串口（P3.0/P3.1）直接下载用户程序，数秒即可完成一片。

（8）具有 E²PROM 功能。

（9）具有看门狗功能。

（10）工作温度范围为 0～75℃/ –40～85℃。

（11）封装：可采用 PDIP、SOP、PLCC 等多种封装。

### 1.2.3　单片机产品标号与引脚信息

#### 1．单片机的产品标号信息

单片机芯片上的标号可通过图 1-4 来说明，其他厂商的单片机芯片大同小异。如图 1-4 所示的单片机芯片的全部标号为 STC89C51RC40C-PDIP401015COK816.CD。

图 1-4　STC89C51RC40C-PDIP40
1015COK816.CD 单片机芯片

图 1-4 标号中各字母的含义如下。

STC 为前缀，表示芯片为 STC 公司生产的产品，其他前缀还有 AT、i、SST 等。

8 表示该芯片为 8051 内核芯片。

9 表示内部含 Flash E²PROM 存储器。80C51 中的 0 表示内部含 MaskROM 存储器（掩膜 ROM），87C51 中的 7 表示内部含 EPROM 存储器（紫外线可擦除 ROM）。

C 表示该芯片为 CMOS 产品。89LV52 和 89LE 中的 LV 和 LE 都表示该芯片为低压产品（通常为 3.3V 电压供电）；而 89S51 中的 S 表示该芯片含有可串行下载功能的 Flash 存储器，即具有 ISP 功能。

5 表示固定不变。

1 表示该芯片内部程序存储器空间的大小，1 为 4KB，2 为 8KB，3 为 12KB，即乘以 4KB 就是该芯片内部程序存储器空间的大小。

RC 表示该芯片内部的 RAM 为 512B。

第 1 个 40 表示该芯片的外部晶振频率最高为 40MHz。

C 表示商业产品，温度范围为 0～70℃；I 表示工业产品，温度范围为–40～85℃；A 表示汽车用产品，温度范围为–40～125℃；M 表示军用产品，温度范围为–55～150℃。

PDIP 表示产品的封装方式为双排直插式，单片机的封装还有 PLCC（带引线的塑料芯片封装）、QFP（塑料方形扁平式封装）和 PGA（插针网格阵列封装）等。

第 2 个 40 表示该芯片的引脚为 40 个。

1015 表示该芯片的产生日期为 2010 年第 15 周。

COK816.CD 的意思不详（有关资料显示，此标号表示芯片的制造工艺或处理工艺）。

### 2. 51 单片机的引脚分布

下面进一步认识单片机的引脚。图 1-5 和图 1-6 所示为 51 单片机不同封装的引脚分布图。初次看见这些引脚时，读者一定会感觉太难记忆，其实纯粹地记忆引脚是没有意义的，最好的方法是边学边记。对于基于 8051 内核的各种单片机，若引脚相同或封装相同，则它们的引脚功能是相同的，教学中用得较多的是 40 引脚 PDIP 封装 51 单片机，也有 20、28、32、44 等不同引脚数的 51 单片机，读者也需了解。无论是哪种芯片，在观察它的表面时，都能找到一个凹进去的小圆点，或者一个用颜色标识的小标记（圆点或三角形或其他小图形），这个小标记对应的引脚就是该芯片的第 1 个引脚，然后沿逆时针方向数下去，即第 1 个引脚到最后一个引脚。图 1-5 中的 51 单片机的左上方有一个浅灰色的小三角形，就是该单片机的第 1 个引脚，沿逆时针方向依次是第 2,3，…, 40 个引脚。图 1-5 中的 51 单片机的最上面的正中间有一个小圆坑，这个小圆坑所对应的引脚就是该单片机的第 1 个引脚，沿逆时针方向分别为第 2,3，…, 44 个引脚。在焊接或绘制电路板时，一定要注意它们的引脚标号。

图 1-5  51 单片机 PDIP 封装引脚分布图          图 1-6  51 单片机 PLCC 封装引脚分布图

### 3. 51 单片机的引脚电平特性

51 单片机是一种数字集成芯片，数字电路只有两种电平，即高电平和低电平。51 单片机的逻辑电平也只有这两种电平，并且是常用的 TTL 电平，其中高电平为+5V，低电平为 0V。

## 1.3  微处理器控制系统的开发流程与开发工具

基于微处理器的控制系统的开发流程与开发工具大体上是一致的，这里以 51 单片机控制系统为例进行说明。

### 1.3.1 单片机控制系统的开发流程

51 单片机控制系统的开发流程与一般单片机的开发流程相似，其基本开发流程可分为软件与硬件两部分，这两部分是并行开发的。在硬件方面，主要是绘制原理图、绘制 PCB 和选择合适的元器件等工作；在软件开发方面，则是运用 C 语言或汇编语言编写源程序，然后通过编译、链接生成可执行文件，再进行软件调试/仿真。在完成软件设计后，即可应用在线仿真器（In-Circuit Emulator，ICE）加载编译后生成的可执行程序，在目标板上进行在线仿真。若软件、硬件的设计无误，则可利用 IC 编程器将可执行文件烧录到 51 单片机中，最后将该 51 单片机插入目标电路板，即完成了设计。传统的 51 单片机控制系统的开发流程如图 1-7 所示。51 单片机控制系统的核心器件是 51 单片机，当应用 51 单片机设计控制电路时，除要进行电路设计外，还要编写 51 程序。传统的 51 单片机程序开发流程如图 1-8 所示。

图 1-7　传统的 51 单片机控制系统的开发流程　　　图 1-8　传统的 51 单片机程序开发流程

早期的源程序（Source Code，即*.c 或*.asm）编辑，通常是通过文本编辑器编写的，目前国内的单片机开发者常使用 Keil C51 软件来完成源程序的编写。51 单片机源程序的编译与链接也是在 Keil C51 软件中完成的，其中，源程序编译得到的是目标文件（Object Code，即*.obj），再利用链接程序（link）将目标文件链接产生可执行文件（Intel 的十六进制文件*.hex）。软件仿真就是指利用软件仿真程序进行简单的软件仿真分析。在线仿真就是将前面生成的*.hex 文件加载到在线仿真器，再把在线仿真器当成 51 单片机，插入所开发的目标电路板上，即可进行在线仿真。若一切都正确，则可利用单片机编程器将*.hex 文件烧录到 51 单片机中，将含程序代码的 51 单片机插入目标电路板，就完成了 51 单片机控制系统的设计。由于现在的单片机都具有 ISP 功能，因此基本不采用专用的编程器烧写程序。

### 1.3.2 Keil C51 开发工具简介

Keil C51 是美国 Keil Software 公司出品的 51 系列兼容单片机 C 语言软件开发系统，与汇编语言相比，C 语言在功能、结构性、可读性、可维护性上有明显的优势，因此易学易用。Keil C51 提供了包括 C 编译器、宏汇编、链接器、库管理和一个功能强大的仿真调试器等在内的完整开发方案，通过集成开发环境（μVision）将这些部分组合在一起。运行 Keil C51 需要 Windows NT、Windows XP、Windows 7、Windows 10 等操作系统。如果使用单片机 C 语言编程，那么 Keil C51 几乎是不二之选，即使不用单片机 C 语言而用汇编语言编程，其方便易用的集成环境、强大的软件仿真调试工具也会使开发人员事半功倍。Keil C51 的集成开发环境是 µVision 系列，其版本目前已经达到 µVision 5，各种不同版本的使用界面大致相同，只不过高版本内的芯片种类多些而已。

　　Keil C51 的网站虽然没有中文版本，但是 Keil C51 被 80%的中国软件工程师使用，但凡与电子专业相关的学生，都会从单片机和计算机编程开始学习，而学习单片机自然会用到 Keil C51。国内由米尔科技、亿道电子、英倍特提供 Keil C51 的销售和技术支持服务，它们是 ARM 公司的合作伙伴，也是国内领先的嵌入式解决方案提供商。

## 1.3.3　Proteus 软件使用简介

　　Proteus 是英国 Labcenter Electronics 公司的一款电路设计与仿真软件，它包括 ISIS 和 ARES 两个软件模块。ARES 模块主要用于完成 PCB 的设计，而 ISIS 模块用于完成电路原理图的布图与仿真。Proteus 的软件仿真基于 VSM 技术，与其他单片机仿真软件不同的是，它不仅能仿真单片机 CPU 的工作情况，也能仿真单片机外围电路或没有单片机参与的其他电路的工作情况，因此在仿真和程序调试时，人们关心的不再是某些语句执行时单片机寄存器和存储器内容的改变，而是从工程的角度直接看程序运行和电路工作的过程和结果。从某种意义上讲，这样的仿真实验弥补了实验和工程应用之间脱节的矛盾与现象。正是因为该软件引入了单片机教学，抽象的单片机学习才变得简单可行。

　　Proteus 不仅可用于学校单片机（电子等）实验的模拟仿真，也可用于个人工作室的仿真实验。作为电子技术或控制类专业相关的学生和工程技术人员，在学习了该软件后，可以充分利用它提供的资源，帮助自己提高工程应用能力。当然，软件仿真的精度有限，还有一些器件没有相应的仿真模型。用开发板和仿真器当然是最好的选择，可是对于单片机爱好者来说，运用 Proteus 开发单片机应该是一种比较好的选择。

　　Proteus 不仅具有其他 EDA 工具软件的绘制电路原理图、PCB 和电路功能模拟仿真等功能，还具有一些特有的革命性的特点。

　　（1）互动的电路仿真。用户可以多次使用 RAM、ROM、键盘、电动机、LED、LCD、ADC、DAC、部分 SPI 器件和部分 I²C 器件等实现功能模拟仿真。

　　（2）仿真处理器及其外围电路。可以仿真 51 系列、AVR、PIC、ARM 等常用的单片机，还可以配合系统配置的虚拟逻辑分析仪、电压表、电流表和示波器等，看到运行后输入/输出的效果。

## 1.3.4　单片机仿真器

　　单片机仿真器是以调试单片机软件为目的而专门设计制作的一套专用的硬件装置。单片机在体系结构上与个人计算机是完全相同的，也包括 CPU、I/O 接口、存储器等基本单元，因此与个人计算机等设备的软件结构也是类似的。单片机在软件开发的过程中需要对软件进行调试、观察其中间结果、排除软件中存在的问题，但是单片机的应用场合问题受存储空间的限制，难以容纳用于调试程序的专用软件，且不具备标准的 I/O 装置，所以要对单片机软件进行调试，就必须使用单片机仿真器。单片机仿真器具有基本的 I/O 装置，具备支持程序调试的软件，使得单片机开发人员可以通过单片机仿真器输入和修改程序，观察程序的运行结果与中间值，同时对与单片机配套的硬件进行检测和观察，这样可以大大提高单片机的编程效率和改善效果。

　　最早的单片机仿真器是一套独立装置，具有专用的键盘和显示器，用于输入程序并显示运行结果。随着个人计算机的普及，新一代仿真器大多利用个人计算机作为标准的 I/O 装置，而仿真器本身就成了微机和目标系统之间的接口，仿真方式也从最初的机器码发展到汇编语言、C 语言，仿真环境也与个人计算机的高级语言编程和调试环境非常相似了。

　　仿真机一般有一个仿真头，用于取代目标系统中的单片机，也就是用这个插头模仿单片机，这也是单片机仿真器名称的由来。

　　目前，随着单片机的小型化、贴片化，以及具有 ISP、IAP 等功能的单片机的广泛应用，传统单片机仿真器的应用范围也有所缩小。而软件单片机仿真器（单片机仿真程序）逐渐被广泛应用，单片机仿真程序是在个人计算机上运行的特殊程序，可在一定程度上模拟单片机运行的硬件环境，并在该环境下运行单片机的目标程序，并可对目标程序进行调试、断点、观察变量等操作，可大大提升单片机系统的调试效率。纯软件单片机仿真器往往与硬件设计程序集成在一起发布，使开发者可以同步开发单片机的硬件与软件。

### 1.3.5　编程器

　　编程器又称烧录器，编程器的作用是在可编程的集成电路写上数据。编程器主要用于单片机（含嵌入式）/存储器（含 BIOS）之类的芯片的编程（或称刷写）。编程器按功能的不同，可分为通用编程器和专用编程器。专用编程器的价格低，适用芯片的种类较少，适用于某种或者某类专用芯片编程，如仅仅需要对 51 系列单片机编程。通用编程器一般能够涵盖（不是全部）当前需要编程的芯片，由于设计复杂、成本较高，因此售价极高。

　　由于现在的新型单片机具有 ISP 功能，因此一般学习单片机的初学者不需要配备编程器及单片机仿真器等高端设备，这对于学习单片机者来说是一件非常值得高兴的事。现在的 ISP 单片机可以实现 ISP 几万次而不坏。

　　当然，在单片机控制系统的开发设计中除了上述工具，还需要一些示波器、万用表和逻辑分析仪等常用的测试工具。

## 1.4　单片机控制 8 个 LED 闪烁的设计流程介绍

　　为了使初学者快速认识和掌握单片机，本节将通过 51 单片机控制 8 个 LED 闪烁的案例来初步介绍单片机的设计流程，为后续学习单片机的相关知识奠定基础。通过前面的介绍，大家可以知道一个单片机控制系统是由软件和硬件两部分组成的，对于如何设计其软件和硬件就不进行介绍了，这里只介绍基于软件和硬件的设计过程。

### 1.4.1　基于 Keil C51 的 8 个 LED 闪烁的程序设计过程

#### 1. 启动 Keil μVision 5

双击 Keil μVision 5 的桌面快捷方式，启动 Keil 集成开发软件（可以是 Keil 软件的其他版本，其操作都是一样的）。软件启动后的界面如图 1-9 所示。每次打开 Keil μVision 5 时会保留前一次的项目，我们不用管它。

#### 2. 启动新建文本编辑窗口

单击工具栏中的新建文件快捷按钮（或者单击"File"菜单，选择"New"选项），即可在项目窗口的右侧打开一个新的文本编辑窗口，如图 1-10 所示。

图 1-9　软件启动后的界面　　　　　　　　图 1-10　新建文本编辑窗口

### 3. 输入源程序代码

在新的文本编辑窗口中输入源程序代码，可以输入汇编语言程序代码，也可以输入 C51 语言程序代码，如图 1-11 所示。

### 4. 保存源程序

保存文件时必须加上文件的扩展名，如果使用的是汇编语言程序代码，那么保存文件的扩展名为".asm"，如果使用的是 C51 语言程序代码，那么保存文件的扩展名为".c"。在这里保存文件的名称为"shiyan1.c"，如图 1-12 所示。记住保存文件的位置和名称，需要用时可以找到。

图 1-11　输入源程序代码　　　　　　　　图 1-12　"shiyan1.c"界面

第 3 步和第 4 步的顺序可以互换，也就是说可以先将文件名称保存为"shiyan1.c"，再输入源程序代码。

### 5. 新建立 Keil 工程

在如图 1-12 所示的界面中，单击"Project"菜单，选择"New μVision Project"选项，在弹出的"Create New Project"对话框的"文件名"文本框中输入新建工程的文件名，这里输入"shiyan1"，如图 1-13 所示。工程文件名称不用输入扩展名，系统会自动添加后缀名，一般情况下使工程文件名称和源程序文件名称相同即可，当然也可以使用不同名，输入名称后单击"保存"按钮，工程文件会自动和前面的源程序文件保存在同一个路径的文件夹中。

### 6. 选择 Device（CPU 型号）

保存好工程文件后会出现如图 1-14 所示的"Select Device for Target 'Target 1'"对话框，在对话框中选择 CPU 的型号。本新建工程选择了 Atmel 公司的 AT89C51 单片机，单击"OK"按钮即可完成 CPU 型号的选择。这里选择的单片机型号与后面的硬件电路型号 STC89S51 不一致，但没关系，二者是通用的。由于 Keil 软件中 CPU 型号没有 STC 公司的库，因此用 Atmel 公司的 AT89C51 来代替。

图 1-13　"Create New Project"对话框

图 1-14　选择 CPU 型号

### 7．加入源程序

选择好 CPU 型号后，单击"OK"按钮返回主界面，如图 1-15 所示。

图 1-15　新建的"shiyan1"项目

　　此时文件所在目录及项目名称就变成了"shiyan1-μVision"（见图 1-15 顶部导航文字）。但我们之前写源程序文件的界面也看不到了。此时，在图 1-15 中可以看到"Project"窗格中出现了"Target 1"，单击"Target 1"前面的"＋"展开下一层的"Source Group 1"文件夹，"Source Group 1"文件夹中还没有包含我们编写的"shiyan1.c"源程序，必须把前面保存的"shiyan1.c"源程序加入工程。方法是右击"Project"窗格中的"Source Group 1"文件夹，在弹出的窗口中选择 `Add Existing Files to Group 'Source Group 1'...` 选项（添加已经存在的源程序文件，注意要记得编写的源程序保存的路径及名称），弹出"Add Files to Group 'Source Group 1'"对话框，如图 1-16 所示。在图 1-16 的文件夹中，找到要添加到工程中的源程序文件"shiyan1.c"。双击"shiyan1.c"图标，即可将"shiyan1.c"添加到工程中，此时"Add Files to Group 'Source Group 1'"对话框并不会自动关闭，而是等待继续添加其他文件，如果不需要再添加其他文件了，单击"Close"按钮，返回主界面，如图 1-17 所示，此时"shiyan1.c"源程序没有在图 1-17 中显示。要想看到该文件，只要双击 shiyan1.c 图标，"shiyan1.c"源程序就会显示在编辑器里，如图 1-18 所示。

图 1-16　将源程序文件添加到工程命令

图 1-17　源程序文件成功加入工程

### 8. 工程目标"Target 1"的属性设置

　　在"Project"窗格（见图 1-18）中右击 Target 1 图标，在出现的 `Options for Target 'Target 1'... Alt+F7` 下拉菜单中单击"Options for Target 'Target 1'"选项，进入目标属性设置界面，如图 1-19 所示。工程目标"Target 1"的属性设置对话框一共有 10 个界面，大部分使用默认设置即可，这次只设置其中"Target"和"Output"两个界面，其他以后再练习。

图 1-18　"shiyan1.c"的编辑及项目管理界面

图 1-19　晶振频率设置

（1）"Target"（工程目标）的属性设置

在属性设置界面中单击"Target"选项卡，就会出现如图 1-19 所示的界面，在该界面中可以设置单片机的晶振频率和存储器类型，这里只要把晶振的频率值设为实验板上的实际晶振频率即可，如 12MHz。

（2）"Output"（工程输出）的属性设置

在属性设置界面中单击"Output"选项卡，就会出现如图 1-20 所示的界面，在该界面的初始状态中，"Create HEX File"复选框是没有被选中的，一定要勾选此复选框，方法是单击 Create HEX File 前面的□，系统就会变成 ☑ Create HEX File 。设置完成后，程序编译后才能生成 HEX 格式的文件。注意"*.hex"文件格式是可以烧写到单片机中被单片机执行的一种文件格式。这个"*.hex"文件可以用特殊的程序来查看（一般用记事本就可以查看，当然也可以用 Keil 软件查看），打开后可以发现，整个文件以行为单位开头，每行以冒号开头，内容全部为十六进制码（以 ASCII 码形式显示）。

### 9．源程序的编译

前面已经完成了源程序输入、工程建立、属性设置等工作，接下来就是进行程序的编译。在如图 1-18 所示的界面中单击" "快捷按钮，进行源程序的编译，与源程序编译相关的信息会出现在如图 1-21 所示的"Build Output"窗格中，显示编译结果为 0 错误、0 警告，同时生成"shiyan1.hex"文件。若源程序中有错误，则不能通过编译，错误会在"Build Output"窗格中报告出来，双击该错误，就可以定位到源程序的出错行，对源程序进行反复修改，再编译，直到没有错误为止。编译通过后，打开工程文件夹就可以看到文件夹中有了"shiyan1.hex"文件，这就是最终的单片机可执行文件，用编程器将该文件写入单片机，单片机就可以实现程序的功能了。

图 1-20　工程输出设置

图 1-21　源程序的编译

至此，基于 Keil C51 的软件设计过程已经基本讲清楚了。如果要进一步研究，那么需要深入学习后续知识。

## 1.4.2　基于 Proteus 8.5 的 8 个 LED 闪烁的电路原理图设计及仿真

### 1．启动 Proteus 8.5 并创建一个新的设计项目

Proteus 编辑器是一个标准的 Windows 窗口，与大多数软件一样，没有太大区别，Proteus 8.5 的启

动界面如图 1-22 所示。在图 1-22 所示的启动界面中单击"File"菜单,在其下拉菜单中选择"New Project"选项,弹出如图 1-23 所示的对话框,该对话框用于指导设计者为该项目命名和选择文件放置的位置,这里的文件名为"shiyan1",后缀是软件自动添加的,大家一定要记住路径和文件名,便于以后查找。然后按照软件的向导指引一步一步去做,这里先不做 PCB 设计,一直单击"Next"按钮,最后会得到如图 1-24 所示的 Proteus ISIS 原理图编辑器界面。

图 1-22　Proteus 8.5 的启动界面

图 1-23　创建新的项目文件

在如图 1-24 所示的原理图编辑器界面中,区域①为主菜单和主工具栏,区域②为预览窗口,区域③为元器件浏览区,区域④为编辑窗口,区域⑤为工具箱,区域⑥为元器件方向调整工具栏,区域⑦为仿真工具条。各区域的具体操作请查看 Proteus ISIS 软件的使用说明。下面对如何画单片机的仿真原理图进行说明。

## 2. 添加元器件

首先单击图 1-24 中的区域③中的"P"(Pick Devices,查找元器件)按钮,打开"Pick Devices"对话框,从元器件库中拾取所需的元器件。"Pick Devices"对话框如图 1-25 所示,在对话框中的"Keywords"文本框中输入要查找的元器件的关键词。例如,想要选择项目中的单片机,就可以直接输入 80C51。输入以后我们能够在中间的"Results"结果栏里面看到搜索的元器件的结果。在对话框的右侧,还能够看到被选择的元器件的仿真模型、引脚及 PCB 参数。这里有一点需要注意,有时选择的元器件并没有仿真模型,对话框将在仿真模型和引脚栏中显示"No Simulator Model"(无仿真模

图 1-24　Proteus ISIS 原理图编辑器界面

图 1-25　"Pick Devices"对话框

型），此时就不能用该元器件进行仿真了，或者只能绘制它的 PCB，或者选择其他与其功能类似且具有仿真模型的元器件。

在图 1-25 中找到所需的元器件以后，从"Results"结果栏中选中所需的元器件，单击对话框中的"OK"按钮完成 80C51 元器件的添加。接着用相同的方法将表 1-3 中第 2 列的其他元器件加入编辑器，结果如图 1-26 所示。

图 1-26　添加元器件

### 3. 放置元器件

在图 1-26 的预览窗口单击 80C51 元器件，然后单击编辑窗口，鼠标将带动 80C51 元器件一起移动，这时可以将 80C51 元器件移到合适位置，再单击就可将 80C51 元器件放置好；使用同样的方法将其余的元器件放置好，如图 1-27 所示。当然在放置元器件的时候，所放置的元器件方向与图 1-27 的元器件方向可能不一致，要想改变放置好的元器件方向，右击该元器件，在弹出的窗口中有 ↻、↺、↻、↔ 和 ↕ 5 种方向操作指令，分别可以对被选中的元器件进行右转 90°、左转 90°、旋转 180°、左右镜像和上下镜像等操作，通过这些操作可以得到满意的结果。

表 1-3　51 单片机跑马灯原理图元器件清单

| 元器件编号 | Proteus 软件中元器件的名称 | 元器件的标称值 | 说　　明 |
|---|---|---|---|
| U1 | 80C51 | 8051 | 单片机 |
| R1 | RES | 10kΩ | 电阻 |
| R2～R9 | RES | 300Ω | 电阻 |
| C1、C2 | CAP | 30pF | 无极性电容 |
| C3 | CAP-ELEC | 10μF | 电解电容 |
| X1 | CRYSTAL | 12MHz | 石英晶体 |
| K | BUTTON | 无 | 按键 |
| D1～D9 | LED-BIBY | 无 | 黄色发光二极管 |

在绘制原理图的过程中，一般是边放置元器件边连线，这里主要为了说明问题，先将所有元器件都放置好，这种方法在电路中很多时候是不方便的。在放置元器件时，若放多了或者放错了元器件，

则只要将光标放在该元器件上右击，在弹出的窗口中单击 ✕ Delete Object 图标，即可删除该元器件。对于元器件的方向，只要将光标放在该元器件上再右击，在弹出的窗口中选择 ↻、↺、↻、↔ 和 ↕ 等操作指令，就可以实现元器件的右转 90°、左转 90°、旋转 180°、左右镜像和上下镜像等操作。对于元器件的属性，如标称值的修改，方法是双击该元器件，在弹出的属性对话框中修改即可。例如，双击图 1-27 中的电阻 R2，弹出如图 1-28 所示的属性对话框，对话框中的"Part Reference"是组件标签，是用于给元器件命名的，可以按照元器件的命名标准（如电阻一般用 R 开头，电容一般用 C 开头，二极管一般用 D 开头）填写，也可以默认（这里系统默认为 R2），但要注意在同一文档中不能有两个组件标签（名字）相同的情况；"Resistance"是电阻值，在"Resistance"文本框中填入 300，单位默认为 Ω。若在数字后面加上 k，则表示单位为 kΩ。其他元器件的属性修改的操作相同。

图 1-27　放置元器件

图 1-28　电阻 R2 的属性对话框

D1～D9 的电路符号的画法不符合原理图标准，这主要是由于 Proteus 软件中标准的发光二极管符号不具有仿真功能，而图 1-27 中的二极管符号具有仿真功能，因此用二极管符号表示。在本书中所有仿真电路图中，都用这种二极管符号代替发光二极管的符号。

图 1-29　元器件连线效果

### 4．电路连线

电路引脚之间连线的方法是，将光标放到要连线的引脚上，这时的元器件引脚处于高亮度状态，单击并移动鼠标，这时光标与元器件引脚之间就会处于连线状态，将光标移到另一个要连线的引脚（该引脚就会处于高亮度状态）上再单击，这两个元器件之间就用线连接起来了。例如，将光标放在图 1-29 中 U1 的引脚 19 上，处于高亮度状态，移动光标将变成，继续将光标移动到图 1-29 中 X1 的上方引脚，X1 的上方引脚处于高亮度状态，单击可将图 1-29 中 U1 的引脚 19 与 X1 的上方引脚连接好，注意连线时若需要转弯，则在转弯的地方单击，再继续往前移动光标，直到连线的终点，最后单击完成两点之间的连线。按照此法完成图 1-27 中所有元器件之间的连线，所有元器件之间的连线效果如

图 1-29 所示。若连线错了，则只要右击该线，在弹出的窗口中单击 Delete Wire 图标即可删除该条连线。

### 5．放置电源和地

先说明一点，Proteus 中的单片机芯片默认已经连接电源和地，所以可以省略。在添加电源和地之前，先来看一下图 1-24 中区域⑤的工具箱，在这里只说明本书中可能会用得到的比较重要的工具。

：选择模式（Selection Mode），通常需要选中它，如布局和布线时。

：组件模式（Component Mode），单击该按钮，能够显示区域③中的元器件，以便选择。

：线路标签模式（Wire Label Mode），选中它并单击文档区电路连线能够为连线添加标签。经常与总线配合使用。

：文本模式（Text Script Mode），选中它能够为文档添加文本。

：总线模式（Buses Mode），选中它能够在电路中画总线。关于总线画法的详细步骤与注意事项会在后面进行专门讲解。

：终端模式（Terminals Mode），选中它能够为电路添加各种终端，如输入、输出、电源、地等。

：虚拟仪器模式（Virtual Instruments Mode），选中它能够在区域③中看到很多虚拟仪器，如示波器、电压表、电流表等。关于它们的用法会在后面的相应章节中详细讲述。

下面准备在图 1-29 中添加电源和地的符号。方法是单击 图标，在图 1-24 的区域③就会出现 9 个终端选择模式，如图 1-30（a）所示，在区域图中选择"POWER"选项，选中电源 符号，通过图 1-24 的区域⑥中的调整工具 对符号 的方向进行适当的调整，然后在图 1-30（b）中的合适位置单击，放置 3 个电源 符号，放置完成后与对应的元器件引脚连线，如图 1-30（b）所示；同理在区域③中选择"GROUND"选项，选中 符号，通过图 1-24 的区域⑥中的调整 工具对 符号的方向进行适当的调整，在图 1-30（b）中的合适位置单击，放置 2 个 符号，放置完成后与对应的元器件引脚连线，如图 1-30（b）所示。

（a）终端模式　　　　　　　　（b）完整的电路原理图

图 1-30　终端模式及完整的电路原理图

## 6．单片机加载 ".hex" 文件

首先双击单片机图标，系统会弹出 "Edit Component" 对话框，如图 1-31 所示。在这个对话框中单击 "Program File" 文本框右侧的 按钮，打开选择程序代码窗口，选中前面用 Keil 软件生成的 "shiyan1.hex" 文件，再单击对话框中的 "OK" 按钮，返回文档，程序文件就添加完成了。装载好程序，就可以进行仿真了。

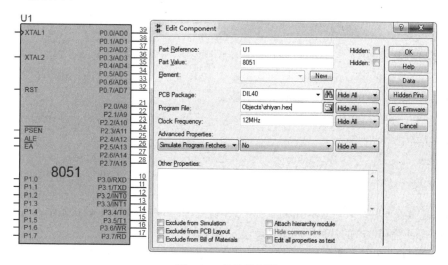

图 1-31　单片机属性

## 7．基于 Proteus 的单片机电路的功能仿真

首先来熟悉一下图 1-24 中的区域⑦。仿真工具条由左向右依次是 "Play" "Step" "Pause" "Stop" 按钮，分别表示 "运行" "步进" "暂停" "停止"。单击 "Play" 按钮仿真运行，可以看到图 1-30 中的

8 个 LED 闪烁。至此我们完成了一个简单的单片机控制系统的软件和硬件系统的设计，只要通过图 1-30 的原理图绘制 PCB，将程序烧录到单片机，再将图 1-30 中的元器件焊接好，接上 5V 的电源，该系统就可以在真正的硬件系统上实现设计功能。单片机的学习和设计是一个循序渐进的过程，在这里通过一个简单的单片机控制系统设计过程，希望能将读者快速带入单片机世界的大门。

# 本章小结与课程思政

微处理器是芯片技术最高集成的代表之一，我国在微处理器设计方面一直落后于国际水平，也一直备受西方国家的打压，但我们的科学工作者和企业克服层层压力，打破西方的封锁，设计了自己的微处理器，特别是华为的麒麟处理器为我国在国际上的移动微处理器市场赢得一席之地。本章简单介绍了微处理器的定义、内部结构和常用的微处理器的性能，重点介绍了单片机的基本概念及单片机开发设计流程。

# 习　题　1

## 一、选择题

1. 世界上第一个微处理器型号是（　　）。
   A．Intel 4004　　　　　B．286　　　　　　C．386　　　　　　D．8051
2. 8086 微处理器是（　　）位微处理器。
   A．4　　　　　B．8　　　　　C．16　　　　　D．32　　　　　E．64
3. 微处理器取指令是从（　　）中获取的。
   A．控制器　　　　　B．运算器　　　　　C．存储器　　　　　D．寄存器
4. 51 单片机是（　　）位的单片机。
   A．16　　　　　B．8　　　　　C．4　　　　　D．32
5. PDIP40 封装的 8051 芯片，接地引脚和电源引脚编号分别是（　　）。
   A．1，21　　　　　B．11，31　　　　　C．20，40　　　　　D．19，39
6. 51 单片机的引脚的高、低逻辑电平分别是（　　）。
   A．+5V，−5V　　　　B．+5V，0V　　　　C．+12V，0V　　　　D．+1.8V，0V
7. 51 单片机的可执行文件是（　　）。
   A．*.c　　　　　B．*.asm　　　　　C．*.obj　　　　　D．*.hex

## 二、简答题

1. 什么是微处理器？微处理器由几部分组成？微处理器的工作过程是什么？
2. 简述 Intel 公司生产的几种不同微处理器的功能特性。
3. 什么是单片机？单片机控制系统由哪几部分组成？
4. 简述单片机设计开发的常用工具。
5. 简述 51 单片机与 52 单片机的主要区别。

## 三、简述 51 单片机的开发流程。

## 四、熟悉 Keil C51 和 Proteus 设计环境。

# 第 2 章　8086 微处理器及其体系结构

**内容提要**

　　本章以 8086 微处理器为例，介绍微处理器的内部结构、工作模式、引脚功能和总线时序，以及微处理器的存储器和 I/O 寻址方式。通过对本章的学习，读者应重点掌握 8086 微处理器的引脚功能和内部结构，掌握 8086 微处理器的存储器和 I/O 组织方式，理解 8086 微处理器的总线时序。

## 2.1　8086 微处理器的内部结构

　　8086 微处理器是 1978 年 Intel 公司推出的第一款 16 位微处理器。Intel 8086 微处理器采用 HMOS 工艺制造，集成了大约 29 000 个晶体管，提供 40 引脚的双列直插式封装芯片。Intel 8086 微处理器的工作频率最高为 8MHz，具有 20 根地址线和 16 根数据线，可直接寻址 1MB 内存，支持 8 位和 16 位带符号/无符号数的算术运算。

　　8086 微处理器在逻辑上由两个独立的部件构成，分别是总线接口部件（Bus Interface Unit，BIU）和执行部件（Execution Unit，EU）。8086 微处理器的内部结构框图如图 2-1 所示。

图 2-1　8086 微处理器的内部结构框图

### 1. 总线接口部件（BIU）

　　总线接口部件（BIU）负责完成微处理器与存储器、I/O 设备之间的信息传输，具体包括读取指令、读取操作数和存储结果。总线接口部件（BIU）同时也提供基本的总线时序控制功能。

总线接口部件（BIU）主要由4个16位的段寄存器、1个16位指令指针（Instruction Pointer，IP）、1个20位地址加法器、6字节的指令队列和总线控制电路组成。各部分的功能说明如下。

（1）段寄存器：包括代码段寄存器（Code Segment，CS）、数据段寄存器（Data Segment，DS）、堆栈段寄存器（Stack Segment，SS）和附加段寄存器（Extra Segment，ES），分别用于存放当前代码段、数据段、堆栈段和附加段的段基地址。

（2）指令指针：用于存放下一条要读取指令的偏移地址。

（3）地址加法器：用于逻辑地址到物理地址的转换，即将段寄存器的16位段地址左移4位后与来自IP寄存器或EU提供的16位偏移地址相加，形成一个20位的物理地址。

（4）指令队列：用于存放预取的指令。指令队列采用"先进先出"的原则，在当前指令译码或执行时，可以预先读入后续的指令到指令队列中。在执行部件EU执行完一条指令后，即可从指令队列头部取下一条指令执行，省去了CPU等待取指令的时间，允许取指令和执行指令并发，从而提高微处理器的运行效率。

（5）总线控制电路：用于产生并发出总线控制信号，以实现微处理器对存储器和I/O端口的读/写控制。

### 2. 执行部件（EU）

执行部件（EU）负责指令的执行。它从总线接口部件（BIU）的指令队列头部读入待执行的指令，译码后提供操作数地址给总线接口部件（BIU）请求操作数，执行部件（EU）执行指令后将处理结果回送给总线接口部件（BIU），同时根据运算结果更新标志寄存器FLAGS中的状态标志位。

执行部件（EU）由1个16位的算术逻辑单元（ALU）、8个通用寄存器、1个标志寄存器和1个执行部件（EU）控制电路组成。各部分的功能说明如下。

（1）算术逻辑单元（ALU）：算术逻辑单元（ALU）完成16位或8位的算术运算或逻辑运算。在运算时，数据先传输至16位的暂存寄存器中，经算术逻辑单元（ALU）处理后，运算结果可通过内部总线送入通用寄存器或由总线接口部件（BIU）存入存储器。

（2）通用寄存器组：包括4个数据寄存器（AX、BX、CX、DX）、4个地址指针和变址寄存器（BP、SP、SI和DI）。

（3）标志寄存器（FLAGS）：该寄存器用于存放算术逻辑单元（ALU）最后一次运算结果的状态特征或存放控制标志。

（4）执行部件（EU）控制电路：用于接收从总线接口部件（BIU）中指令队列取来的指令，经过指令译码形成各种定时控制信号，向执行部件（EU）内各功能部件发送相应的控制命令，以完成每条指令所规定的操作。

## 2.2　8086微处理器的工作模式

8086微处理器具有两种工作模式，即单处理器模式和多处理器模式，以适应不同应用场合对存储器和外设I/O的需求差异性及任务的复杂性。其中，单处理器模式又称最小工作模式，多处理器模式又称最大工作模式。

### 1. 最小工作模式

当芯片的MN/$\overline{\text{MX}}$引脚接V$_{CC}$电源时，8086微处理器工作于最小工作模式，即整个系统只有8086

一个微处理器，并由它直接产生所有的总线控制信号，以实现存储器和 I/O 设备的访问与控制。最小工作模式系统框图如图 2-2 所示。最小工作模式适用于较小规模的系统。

图 2-2　最小工作模式系统框图

如图 2-2 所示的系统中只有一个 8086 微处理器，系统中的所有总线控制信号都直接由 8086 产生。

## 2. 最大工作模式

当芯片的 MN / $\overline{\text{MX}}$ 引脚接地时，8086 微处理器工作于最大工作模式，如图 2-3 所示。最大工作模式系统通常包含两个或多个处理器，其中，8086 为主处理器，其他处理器为协处理器。在最大工作模式系统中，总线控制信号由一个总线控制器 8288 根据 8086 CPU 输出的总线周期状态信号（$\overline{S_2}$、$\overline{S_1}$、$\overline{S_0}$）产生。最大工作模式适用于中、大规模的系统。

图 2-3　最大工作模式系统框图

## 2.3　8086 微处理器的引脚功能

8086 微处理器采用 40 引脚的双列直插式封装，其引脚分布图如图 2-4 所示。为了减少芯片的引脚，8086 微处理器采用了引脚复用技术（Pin multiplexing），因此部分引脚具有双重功能。一方面，采

用了分时复用的地址/数据和地址/状态引脚；另一方面，根据不同的工作模式（最小工作模式/最大工作模式）定义不同的引脚功能。

在图 2-4 中，24～31 引脚为最大工作模式和最小工作模式复用引脚，括号内的为最大工作模式下的功能引脚，括号外的为最小工作模式下的功能引脚，根据 MN / $\overline{\text{MX}}$（33 引脚）的设置来选择采用的是最大工作模式功能还是最小工作模式功能。

下面依照公共引脚（1～20 引脚、21～23 引脚、33～40 引脚）和最小/最大工作模式下的引脚（24～31 引脚）的顺序介绍 8086 的引脚功能。

### 1. 公共引脚

公共引脚可分为电源线/地线引脚、地址/数据引脚和控制引脚。

（1）电源线和地线引脚。

① $V_{CC}$（40 脚）：+5V 电源输入脚。

图 2-4　8086 引脚分布图

② GND（1 脚、20 脚）：接地。

（2）地址/数据引脚。

① $AD_{14}$～$AD_0$（2～16 脚、39 脚，双向，三态）：分时复用为地址/数据总线。在总线周期的 $T_1$ 状态时钟周期内，用作访问存储器或 I/O 端口的地址总线；在总线周期的 $T_2$～$T_4$ 状态时钟周期内，用作数据总线。

② $A_{19}/S_6$～$A_{16}/S_3$（35～38 脚）：分时复用为地址/状态线，输出三态。在总线周期的 $T_1$ 状态时钟周期内，用作访问存储器的高 4 位数据线。在读/写 I/O 端口时未使用这些地址线，始终输出低电平。在总线周期的 $T_2$、$T_3$、$T_w$ 和 $T_4$ 状态时钟周期内，用作状态信号线。$S_3$～$S_6$ 状态信号线的功能如表 2-1 所示。

表 2-1　$S_3$～$S_6$ 状态信号线的功能

| 状 态 线 | 状 态 信 息 |
|---|---|
| $S_6$ | $S_6$ 总是为 0，表示 8086 与总线相连 |
| $S_5$ | $S_5$ 指示当前外部可屏蔽中断允许控制位 IF 的设置；<br>IF=1 时，$S_5$ 输出高电平，否则输出低电平 |
| $S_4$、$S_3$ | $S_4$ 和 $S_3$ 指示当前使用的是哪个段寄存器：<br>$S_4S_3$ = 00 时，当前使用的是 ES 寄存器；<br>$S_4S_3$ = 01 时，当前使用的是 SS 寄存器；<br>$S_4S_3$ = 10 时，当前使用的是 CS 寄存器或未使用任何段寄存器；<br>$S_4S_3$ = 11 时，当前使用的是 DS 寄存器 |

（3）控制引脚。

① $\overline{\text{BHE}}$（34 脚，输出，三态）：分时复用为高 8 位数据总线允许（BUS HIGH ENABLE）/状态线。在总线周期的 $T_1$ 状态时钟周期内，$\overline{\text{BHE}}$ 输出低电平时，允许 CPU 访问存储器或 I/O 的奇体（奇数物理地址），即通过高 8 位数据总线（$D_{15} \sim D_8$）读/写存储器。$\overline{\text{BHE}}$ 与地址线 A0 的不同组合表明 CPU 的不同操作，如表 2-2 所示。在总线周期的 $T_2$、$T_3$、$T_w$ 和 $T_4$ 状态时钟周期内，用作状态信号线 $S_7$。在 8086 中 $S_7$ 作为备用状态，未定义。

表 2-2　$\overline{\text{BHE}}$ 与地址线 A0 组合对应的操作

| $\overline{\text{BHE}}$ | A0 | 操　作 |
|---|---|---|
| 0 | 0 | 从偶地址读/写一个字数据，有效数据总线为 $D_{15} \sim D_0$ |
| 0 | 1 | 从奇地址读/写一字节数据，有效数据总线位 $D_{15} \sim D_8$ |
| 1 | 0 | 从偶地址读/写一字节数据，有效数据总线位 $D_7 \sim D_8$ |
| 1 | 1 | 无效 |

② $\text{MN} / \overline{\text{MX}}$（33 脚，输入）：最小/最大工作模式控制信号。当 $\text{MN} / \overline{\text{MX}}$ 接电源 $V_{CC}$ 时，8086 工作在最小工作模式；当 $\text{MN} / \overline{\text{MX}}$ 接地时，8086 工作在最大工作模式。

③ $\overline{\text{RD}}$（32 脚，输出）：读信号，低电平有效。$\overline{\text{RD}}$ 输出低电平时，表示正在对存储器或 I/O 端口进行读操作，此时，$\text{M} / \overline{\text{IO}} / (\overline{S_2})$ 引脚的状态指示当前读取的是存储器还是 I/O 端口。当 $\text{M} / \overline{\text{IO}} / (\overline{S_2})$ =1 时，读取的是存储器，否则读取 I/O 端口。

④ $\overline{\text{TEST}}$（23 脚，输入）：检测信号，低电平有效。该检测信号与 Wait 指令配合使用。当 $\overline{\text{TEST}}$ 输入为低电平时，继续执行 Wait 指令后面的指令，否则，CPU 保持空闲状态直到 $\overline{\text{TEST}}$ 输入变为高电平。

⑤ READY（22 脚，输入）：准备就绪信号，高电平有效。当 READY 信号是 CPU 访问存储器或 I/O 端口时，存储器或 I/O 端口发来准备就绪信号。当 READY 变为高电平时，表示存储器或 I/O 端口已准备好，可以完成一次数据传输。CPU 在每个总线周期的 $T_3$ 状态时钟周期内对 READY 进行采样，若为高电平，则说明存储器或 I/O 端口已经就绪；否则说明存储器或 I/O 端口未准备好。CPU 在 $T_3$ 状态后自动插入一个或几个 $T_w$ 状态，直到 READY 变为高电平，才能进入 $T_4$ 状态，完成数据传输并结束当前总线周期。

⑥ $\overline{\text{INTR}}$（18 脚，输入）：可屏蔽中断请求信号，高电平有效。当 CPU 检测到该信号有效且系统允许可屏蔽中断请求（中断允许标志 IF = 1）时，CPU 在执行结束当前指令周期后立即响应中断。CPU 总是在每个总线周期的 $T_4$ 状态采样 $\overline{\text{INTR}}$ 电平的。

⑦ NMI（17 脚，输入）：非屏蔽中断请求信号，上升沿触发。该中断请求不可软件屏蔽，不受标志寄存器 FLAGS 中的 IF 位的影响。当 NMI 输入由低电平变为高电平时，CPU 在执行完当前指令后，立即执行非屏蔽中断处理程序。

⑧ RESET（21 脚，输入）：复位信号，高电平有效。复位时，RESET 输入至少要保持 4 个时钟周期的高电平。复位会立即中断 CPU 当前的操作，并从头开始执行程序。

⑨ CLK（19 脚，输入）：时钟信号，为 CPU 和总线控制电路提供基准时钟。

## 2. 最小工作模式下的引脚

下面介绍最小工作模式下 24～31 脚的功能定义（$\text{MN} / \overline{\text{MX}}$ 接电源 $V_{CC}$）。

（1）$\text{M} / \overline{\text{IO}}$（$\overline{S_2}$）（28 脚，输出，三态）：存储器或 I/O 端口的访问指示信号。$\text{M} / \overline{\text{IO}}$ 信号用于

区分访问的是存储器还是 I/O 端口。当 M /$\overline{\text{IO}}$ 输出高电平时，表示 CPU 访问的是存储器；当 M /$\overline{\text{IO}}$ 输出低电平时，表示 CPU 访问的是 I/O 端口。

（2）$\overline{\text{WR}}$（29 脚，输出，三态）：写信号，低电平有效。该信号有效时，表示 CPU 正在执行存储器写操作或 I/O 端口写操作。此时，写操作对象是存储器还是 I/O 端口，取决于 M /$\overline{\text{IO}}$ 输出信号。

（3）$\overline{\text{INTA}}$（24 脚，输出）：中断响应信号，低电平有效。

（4）ALE（25 脚，输出）：地址锁存允许信号，高电平有效。在每个总线周期的 $T_1$ 状态，ALE 一直输出高电平，此时在地址总线上输出有效的访问地址。外部地址锁存器可以利用 ALE 的下降沿锁存地址。

（5）DT/$\overline{\text{R}}$（27 脚，输出，三态）：数据发送/接收控制信号。在使用 8286/8287 数据收发器的最小工作模式系统中，DT/$\overline{\text{R}}$ 信号被用来指示数据传输的方向。当 DT/$\overline{\text{R}}$ 为低电平时，进行数据接收（8086 读数据）；当 DT/$\overline{\text{R}}$ 为高电平时，进行数据发送（8086 写数据）。

（6）$\overline{\text{DEN}}$（26 脚，输出，三态）：数据允许信号。在使用 8286/8287 数据收发器的最小工作模式系统时，在存储器访问周期、I/O 端口访问周期或 INTA 中断响应周期内，$\overline{\text{DEN}}$ 输出低电平，信号有效，可用作数据收发器的数据允许控制信号。

（7）HOLD（31 脚，输入）：总线保持请求信号，高电平有效。该信号有效时，表示总线上另一个主设备请求占用总线。当 CPU 允许让出总线时，则置 HLDA（30 脚）为高电平以响应要求，同时使地址总线/数据总线及控制总线为高阻状态。当 CPU 检测到 HOLD 为低电平时，将 HLDA（30 脚）也置为低电平，并收回总线控制权。

（8）HLDA（30 脚，输出）：总线保持响应请求信号，高电平有效。与 HOLD 信号配合使用。

### 3. 最大工作模式下的引脚

下面仅介绍最大工作模式下 24~31 脚的功能定义（MN /$\overline{\text{MX}}$ 接地）。

（1）$\overline{S_2}$、$\overline{S_1}$、$\overline{S_0}$（26~28 脚，输出，三态）：总线周期状态信号，送给总线控制器 8288 以便产生访问存储器和 I/O 端口的控制信号。相应操作功能如表 2-3 所示。

（2）$\overline{\text{RQ}}$/$\overline{\text{GT}_1}$、$\overline{\text{RQ}}$/$\overline{\text{GT}_0}$（30 脚、31 脚，双向）：总线请求/允许信号，用于接收总线上其他主控设备发出的总线请求信号。这两个引脚都是双向引脚，即在同一引脚上接收其他主控设备的总线请求信号（其他主控设备→8086），然后发送允许信号（8086→其他主控设备）；也可以同时与两个外部主设备连接，但 $\overline{\text{RQ}}$/$\overline{\text{GT}_0}$ 的优先级高于 $\overline{\text{RQ}}$/$\overline{\text{GT}_1}$。

（3）$\overline{\text{LOCK}}$（29 脚，输出，三态）：总线封锁信号，低电平有效。该信号有效时，系统不允许总线上的其他主控设备占用系统总线。

表 2-3　$\overline{S_2}$、$\overline{S_1}$、$\overline{S_0}$ 状态编码及相应操作功能

| $\overline{S_2}$ | $\overline{S_1}$ | $\overline{S_0}$ | 操　　作 |
|:---:|:---:|:---:|:---:|
| 0 | 0 | 0 | 中断响应 |
| 0 | 0 | 1 | 读 I/O 端口 |
| 0 | 1 | 0 | 写 I/O 端口 |
| 0 | 1 | 1 | 暂停 |
| 1 | 0 | 0 | 取指令 |
| 1 | 0 | 1 | 读存储器 |
| 1 | 1 | 0 | 写存储器 |
| 1 | 1 | 1 | passive 状态 |

## 2.4　8086 微处理器的存储器

8086 微处理器具有 20 根地址线，可直接寻址 1MB 的存储器，地址范围为 00000H~0FFFFFH，每个地址都对应一个 8 位的存储单元，可存放一个 8 位的字节（Byte）数据。也就是说，一个存储单元通过唯一的 20 位地址来访问，该地址称为物理地址。

16 位的字（word）数据占两字节，这两字节分别存放在连续的两个地址单元中，低字节存放在低

地址单元,高字节存放在高地址单元,且字数据的地址为低地址单元的地址。例如,假设从地址 10000H 开始的连续存储单元存放一个字数据 0F218H,记为(10000H)=0 F218H,其在内存中的存储如图 2-5 所示。

字数据 0F218H 的低字节 18H 存放在地址 10000H 对应的低地址单元,高字节 0F2H 存放在地址 10001H 对应的高地址单元。注意,如果将 10001H 地址的存储单元视为字节数据,则 (10001H)= 0F2H。

图 2-5 数据存储示例

8086 微处理器通过 BIU 实现存储器的读/写控制。当字的地址为偶地址时,BIU 仅执行一次存储器访问操作;当字的地址为奇地址时,BIU 需要执行两次存储器访问操作。

在 8086 微处理器系统中,1MB 的存储单元按照 00000H~0FFFFFH 编址,可由 20 根地址线寻址。8086 CPU 是一款 16 位微处理器,其内部用于存放地址的寄存器都是 16 位的,最大只能直接寻址 64KB 的存储空间。为了实现对 1MB 单元的寻址,8086 系统采用了存储器分段技术,将 1MB 的存储空间分成许多逻辑段,每段最长 64KB 字节单元,段内可以使用 16 位地址码进行寻址。每个逻辑段在实际存储空间中的位置是可以浮动的,逻辑段的起始地址可由段寄存器的内容确定。实际上,段寄存器中存放的是段起始地址(20 位物理地址)的高 16 位,称为段地址。逻辑段起始地址的低 4 位必须为 0,也就是说,段地址能够被 16 整除。各个逻辑段在实际的存储空间中可以完全分开或者首尾连续,也可以部分重叠甚至完全重叠。

在存储器分段后,任何一个存储单元都可以被包含在一个或多个逻辑段中,只要知道此存储单元的 16 位段地址和其相对于段地址的偏移量(称偏移地址),即可访问该存储单元。由段地址和段内偏移地址组成的地址称逻辑地址,记为"段地址:段内偏移地址"。逻辑地址通常在用户编程时使用,但 CPU 在访问存储器时必须使用 20 位的物理地址,两者可以通过以下公式来转换:

$$物理地址 = 16\ 位段地址 \times 10H + 16\ 位段内偏移地址$$

逻辑地址到物理地址的转换由 BIU 部件的地址加法器自动完成。根据公式,将段寄存器中的 16 位段基地址左移 4 位(低位补 0),再与 16 位的段内偏移地址相加,可以得到所访问存储单元的物理地址。例如,8086 复位开机后执行的第一条指令的逻辑地址由段寄存器 CS 和指令寄存器 IP 寄存器给出,其逻辑地址为 0FFFFH:0000H,对应的物理地址为

$$0FFFFH \times 10H + 0000H = 0FFFF0H$$

即 8086 开机后,总是从 0FFFF0H 单元开始执行指令的。

对于给定的段地址和段内偏移地址,可在 1MB 存储器中寻址所访问的存储单元。在 8086 系统中,段地址和段内偏移地址都是 16 位的。段地址由 16 位的段寄存器 CS、DS、SS 和 ES 提供,分别对应代码段、数据段、堆栈段和附加段;段内偏移地址通常由 BX、BP、SP、SI、DI、IP 或立即数提供。

8086 微处理器系统将按照物理地址的奇偶性将 1MB 存储器分为两个 512KB 的存储器,分别称为奇体和偶体。奇体单元的地址是奇数($A_0$=1),偶体单元的地址是偶数($A_0$=0),但在逻辑上奇体单元和偶体单元是按照顺序连续编址的。奇体和偶体公用 8086 的 20 根地址线,但奇体连接到数据线的高 8 位,偶体连接到数据线的低 8 位,如图 2-6 所示。

在 8086 系统中,1MB 存储空间中的某些固定区域的地址空间被保留为特殊用途,具体功能如下。

(1) 00000H~003FFH:中断向量表。

(2) 0B0000H~0B0F9FH:单色显示器的显示缓冲区。

(3) 0B8000H~0BBF3FH:彩色显示器的显示缓冲区。

图 2-6　偶体、奇体与总线的连接框图

（4）0FFFF0H～0FFFFFH：无条件转移指令。8086 复位时，CPU 将从地址 0FFFF0H 开始执行指令，因此该处必须存放跳转指令，以跳转到用户初始化程序。

## 2.5　8086 微处理器的总线时序

总线周期是 CPU 执行一个总线（读/写）操作所需要的时间。或者说，总线周期是 CPU 从存储器或 I/O 端口存取一字节（或一个字）所需要的时间。按照数据传输方向，总线操作可以分为总线读操作和总线写操作。总线读操作是指 CPU 从存储器或 I/O 端口读取数据；总线写操作是指 CPU 将数据写入存储器或 I/O 端口。

8086 CPU 的一个基本的总线周期由 4 个时钟周期（$T_1$，$T_2$，$T_3$，$T_4$）组成，每个时钟周期完成一些基本操作。时钟周期是系统主时钟 CLK 频率的倒数，是 CPU 的基本（最小）时间单位。8086 CPU 的时钟周期又称时钟状态，即 $T_1$ 状态、$T_2$ 状态、$T_3$ 状态、$T_4$ 状态。每个时钟周期都完成一些基本操作。此外，还有 $T_i$ 状态（空闲状态）和 $T_w$ 状态（等待状态）。

（1）$T_1$ 状态：总线接口部件 BIU 将存储器或 I/O 地址放在地址/数据复用总线上。

（2）$T_2$ 状态：主要用于在读总线周期中改变地址/数据复用总线的方向。

（3）$T_3$ 状态，$T_4$ 状态：对于读或写总线周期，完成数据的传输（读/写）。

（4）$T_w$ 状态：当寻址的外部设备（存储器或 I/O 接口）未准备就绪时，外部设备拉低 READY 引脚（READY=0），CPU 自动在 $T_3$ 状态与 $T_4$ 状态之间插入一个或几个等待状态 $T_w$，直到 READY 被拉高，即外部设备就绪（READY=1）。

（5）$T_i$ 状态：当总线接口部件 BIU 无访问操作数和取指令操作时，8086 不执行总线操作，总线周期处于空闲状态 $T_i$。

在任何一个总线周期的 $T_1$ 状态内，8086 CPU 或总线控制器 8288 输出的 ALE 地址锁存允许信号都变为高电平。在 ALE 下降沿时，外部锁存器应将当前总线周期的有效地址和某些状态信息锁存起来。

在最大工作模式下，总线控制器通过总线周期状态信号 $\overline{S_2}$、$\overline{S_1}$、$\overline{S_0}$ 来识别当前总线上进行的操作，具体操作功能如表 2-3 所示。

总线周期状态信号 $S_3$～$S_7$ 引脚与高位地址总线引脚复用。$S_7$ 状态未使用，$S_3$～$S_6$ 状态信号线的功能如表 2-1 所示。

指令周期是 CPU 执行一条指令所需要的时间。每条指令的指令周期不同，一条指令周期包含一个或若干总线周期。

### 1. 读总线周期

8086 CPU 在最小工作模式下典型存储器和 I/O 读总线周期时序如图 2-7 所示。8086/8088 CPU 最大工作模式下的读总线周期的控制信号（ALE、$M/\overline{IO}$、$DT/\overline{R}$、$\overline{DEN}$、$\overline{RD}$）与图 2-7 有所不同，控制信号由总线控制器 8288 根据 8086 的总线周期状态信号 $\overline{S_2}$、$\overline{S_1}$、$\overline{S_0}$ 产生。

图 2-7　存储器和 I/O 读总线周期时序（最小工作模式）

### 2. 写总线周期

8086 CPU 在最小工作模式下典型存储器和 I/O 写总线周期时序如图 2-8 所示。8086 CPU 在最大工作模式下写总线周期的控制信号（ALE，$M/\overline{IO}$，$DT/\overline{R}$，$\overline{DEN}$，$\overline{WR}$）与图 2-8 有所不同，控制信号由总线控制器 8288 根据 8086 的总线周期状态信号 $\overline{S_2}$、$\overline{S_1}$、$\overline{S_0}$ 产生。

图 2-8　存储器和 I/O 写总线周期时序（最小工作模式）

# 2.6　8086 微处理器的 I/O 寻址方式

8086 微处理器与外部设备之间是通过 I/O 接口电路连接的，并通过 I/O 操作实现对外部设备的访问（读/写控制）。每个 I/O 接口都分配一个或几个端口，每个端口一般对应接口芯片的一个寄存器或一组寄存器。8086 采用独立的 I/O 端口编址方式，I/O 端口地址由 20 根地址总线的低 16 位地址线给出（$A_{15} \sim A_0$），支持寻址多达 65 536 个 8 位 I/O 端口或 32 768 个 16 位端口。在访问 I/O 端口时，8086 的高 4 位地址线（$A_{19} \sim A_{16}$）一直输出 0000H。

8086 使用专门的指令来访问 I/O 端口：输入指令 IN 和输出指令 OUT。8086 的 I/O 操作指令支持直接寻址和间接寻址两种方式。I/O 直接寻址方式用于访问第 0 页的 256 个 8 位 I/O 端口地址空间（00H～0FFH）的 1 个或 2 个端口，I/O 间接寻址则采用数据寄存器 DX 为指针寻址 65 536 个 I/O（地址范围 0000H～0FFFFH）。注意，I/O 端口操作指令中的数据宽度与寻址方式无关，仅与指令中使用的累加器有关，AL 为字节 I/O 端口访问，AX 为字 I/O 端口访问。

注意，I/O 端口的寻址与存储器的类似，即偶数地址的字节数据在数据总线的低 8 位（D7～D0）上传输，奇数地址的字节数据在数据总线的高 8 位（D15～D8）上传输。因此，一个 8 位的 I/O 设备既可以挂在数据总线的高 8 位上，又可以挂在数据总线的低 8 位上，但无论采用何种方式，都必须保证 I/O 端口地址的奇偶性与之对应。

# 2.7　8086 微处理器的内部寄存器

8086 微处理器内部设有 14 个 16 位寄存器和 8 个 8 位寄存器。这些寄存器按用途可以分为 4 类：数据寄存器、指针和变址寄存器、段寄存器、控制寄存器。其中，数据寄存器、指针和变址寄存器是通用寄存器。

## 1. 数据寄存器

8086 微处理器内部有 4 个 16 位的数据寄存器和 8 个 8 位的数据寄存器，如表 2-4 所示。4 个 16 位数据寄存器 AX、BX、CX 和 DX 通常用于存放参与运算的操作数和运算结果。每个数据寄存器又可将高、低 8 位分别作为两个独立的 8 位寄存器使用。它们的高 8 位分别记为 AH、BH、CH、DH，低 8 位分别记为 AL、BL、CL、DL。

表 2-4　8086 微处理器的数据寄存器

| 16 位数据寄存器 | 8 位寄存器（16 位寄存器的高 8 位） | 8 位寄存器（16 位寄存器的低 8 位） |
| --- | --- | --- |
| 累加器 AX | AH | AL |
| 基址寄存器 BX | BH | BL |
| 计数寄存器 CX | CH | CL |
| 数据寄存器 DX | DH | DL |

AX、BX、CX 和 DX 除用来存放 16 位数据外，还具有特殊的用途，下面简要概述。

（1）累加器 AX（AL）：在乘法和除法运算中提供隐含操作数并存储运算结果；在 I/O 访问中，AX 保存 16 位 I/O 端口的 16 位输入/输出数据，AL 保存 8 位 I/O 端口的 8 位输入/输出数据。

（2）基址寄存器 BX：存放指令操作数在内存中数据段（DS）内的偏移地址。

（3）计数寄存器 CX：主要在串操作指令、位移指令和循环指令中作为计数器。

（4）数据寄存器 DX：在间接寻址 I/O 端口时，DX 存放待访问端口的物理地址；在双字长乘除法运算中，DX 与 AX 用于存放一个双字操作数，DX 存放高 16 位，AX 存放低 16 位。

## 2．指针和变址寄存器

8086 微处理器内部有两个 16 位指针寄存器（SP、BP）和两个 16 位变址寄存器（SI、DI），主要用来存放或指示操作数的偏移地址。

（1）堆栈指针寄存器（Stack Pointer，SP）：存放堆栈栈顶的偏移地址。堆栈操作指令 PUSH 和 POP 根据该寄存器得到操作数的偏移地址。

（2）基址寄存器（Base Pointer，BP）：存放堆栈中数据的偏移地址。

（3）源变址寄存器（Source Index，SI）：用来存放源数据区的偏移地址。

（4）目的变址寄存器（Destination Index，DI）：用来存放目的数据区的偏移地址。

## 3．段寄存器

8086 微处理器内部设有 4 个 16 位段寄存器（CS、DS、SS、ES），用于分别存放当前使用的代码段、数据段、堆栈段和附加段的段地址。

（1）代码段寄存器 CS。

CS 寄存器用于存放当前正在执行程序所在代码段的段地址。CS 寄存器的值×10H+IP 寄存器的值（偏移地址）即可得到下一条要读取的指令的物理地址。

（2）数据段寄存器 DS。

DS 寄存器用于存放当前使用数据段的段地址。DS 寄存器的值×10H+指令中存储器寻址的偏移地址，即可得到要读/写数据段单元对应的物理地址。

（3）堆栈段寄存器 SS。

SS 寄存器用于存放当前堆栈段的起始地址，与堆栈指针寄存器 SP 配合使用。堆栈操作数的物理地址=SS 寄存器的值×10H + SP 寄存器的值。

（4）附加段寄存器 ES。

ES 寄存器用于存放当前附加段的起始地址。ES 寄存器的值×10H+指令中存储器寻址的偏移地址，即可得到要读/写数据段单元对应的物理地址。

## 4．控制寄存器

8086 微处理器的控制寄存器包括一个 16 位指令指针寄存器 IP 和一个 16 位的标志寄存器 FLAGS。

（1）指令指针寄存器 IP。

IP 寄存器用于存放当前代码段的偏移地址，它与 CS 寄存器配合使用。

IP 寄存器的值由硬件自动更新，用户不能用程序修改。CS 寄存器的值×10H+IP 寄存器的值（偏移地址）即可得到下一条要读取的指令的物理地址。在 EU 部件取到要执行的指令后，BIU 自动修改 IP 寄存器的值，使 IP 指向下一条要读取指令的起始地址（偏移地址）。当执行转移、子程序/中断服务程序调用或返回指令时，IP 的值会根据指令所给的地址修改，以控制程序的流程。

在 8086 复位后，IP 的值初始化为 0000H，CS 寄存器的值初始化为 0FFFFH，则 8086 CPU 从 0FFFF0H 位置执行第一条指令。

（2）标志寄存器 FLAGS。

8086 微处理器设有一个 16 位的标志寄存器 FLAGS，用于指示程序运行的状态信息或设置处理器执行指令的方式。标志寄存器 FLAGS 的定义如图 2-9 所示，实际只使用了 16 位中的 9 位，有 7 位为保留位。

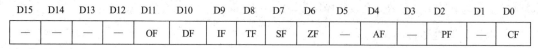

| D15 | D14 | D13 | D12 | D11 | D10 | D9 | D8 | D7 | D6 | D5 | D4 | D3 | D2 | D1 | D0 |
|---|---|---|---|---|---|---|---|---|---|---|---|---|---|---|---|
| — | — | — | — | OF | DF | IF | TF | SF | ZF | — | AF | — | PF | — | CF |

图 2-9    标志寄存器 FLAGS 的定义

图 2-9 中标注"—"的为保留位。标志寄存器 FLAGS 的 9 位标志位中，DF、IF 和 TF 为控制标志，其他为状态标志。下面详细介绍标志寄存器 FLAGS 中的标志位。

① CF（Carry Flag）：进位标志位。指示运算时最高位上是否产生进位/借位。1 表示发生进位/借位，0 表示无进位/借位。

② PF（Parity Flag）：奇偶标志位。当运算结果的低 8 位中有偶数个 1 时，硬件自动置 PF 为 1，否则 PF 清零。

③ AF（Auxiliary Carry Flag）：辅助进位标志位。在计算字节加法或减法时，当低 4 位向高 4 位进位或借位时，硬件自动置 AF 为 1；否则，AF 清零。

④ ZF（Zero Flag）：零标志位。当运算结果为零时，硬件自动置 ZF 为 1；否则，ZF 清零。

⑤ SF（Sign Flag）：符号标志位。当运算结果为负数时，硬件自动置 SF 为 1；否则，SF 清零。

⑥ OF（Overflow Flag）：溢出标志位。当运算结果超出机器数的表示范围时，硬件自动置 OF 为 1；否则，OF 清零。

⑦ TF（Trap Flag）：单步执行控制位。8086 微处理器支持单步工作方式，常用于程序调试。当 TF=1 时，8086 进入单步执行工作方式；当 TF=0 时，8086 正常工作。

⑧ IF（Interrupt Enable Flag）：外部可屏蔽中断允许控制位。当 IF=1 时，CPU 可以接收外部可屏蔽中断请求；当 IF=0 时，CPU 禁止外部可屏蔽中断，即不能响应外部可屏蔽中断请求。

⑨ DF（Direction Flag）：方向控制位，控制串操作指令中存储器地址的变化方向。当 DF=1 时，串操作指令中存储器地址采用自动减量方式；当 DF=0 时，串操作指令中存储器地址采用自动增量方式。

# 本章小结与课程思政

8086 微处理器是 Intel 发布的 X86 架构的基本型号，本章简单地介绍了 8086 微处理器的内部结构和引脚功能。处理器的架构主要有 X86 系列、ARM 系列、MIPS 系列、PowerPC 系列等几种，由于我国的微处理器设计落后于西方国家，因此我国生产这几种微处理器就必须得到上述几种架构的授权，这也成为西方国家打压我国处理器设计与生产的工具。中华人民从来就不畏惧外来压力，依靠我国人民的智慧，自主研发了新一代通用处理器龙芯 3A6000。

# 习　题　2

1. 8086 CPU 由哪两部分组成？它们的主要功能是什么？
2. 8086 CPU 在最大工作模式和最小工作模式下有什么相同点和不同点？
3. 简述 8086 微处理器的存储器分段技术，举例说明物理地址和逻辑地址的关系。
4. 简述 8086 CPU 的时钟周期、总线周期和指令周期三者的关系。
5. 简述 8086 CPU 在最小工作模式下存储器读操作时序。

# 第3章　单片机的基本结构

**内容提要**

本章主要以 MCS-51 系列单片机中的经典型号 8051 单片机为例，系统地介绍了单片机的内部结构、端口及引脚功能，需重点掌握 51 系列单片机的引脚功能和硬件结构，熟悉单片机的存储器分配关系，了解特殊功能寄存器的功能，理解 51 单片机最小系统的组成。

MCS-51 系列单片机包括三个基本型 8031、8051、8751，以及对应的低功耗型号 80C31、80C51、87C51，因而 MCS-51 特指 Intel 的这几种型号。20 世纪 80 年代中期以后，Intel 公司以专利转让的形式把 8051 内核给了许多半导体厂家，如 Atmel、PHILIPS、Analog Devices、Dallas 等，这些厂家生产的芯片是 MCS-51 系列的兼容产品，准确地说是与 MCS-51 指令系统兼容的单片机，这些单片机与 8051 的系统结构（只要是指令系统）相同，采用 CMOS 工艺，因而常用 80C51 系列称呼所有具有 8051 指令系统的单片机。它们对 8051 单片机一般都做了一些扩充，使其更有特点、功能更强、市场竞争力更强，但内核相同，指令系统也完全兼容，引脚的基本功能也相同。

## 3.1　单片机的引脚功能

在 51 系列单片机的产品中，所有产品都是以 Intel 的 51 单片机为核心电路发展起来的，它们具有一致的硬件结构和软件特征。51 系列单片机型号众多，按功能可分为基本型和增强型两大类，分别称为 8051 系列单片机和 8052 系列单片机，两者以芯片型号中的末位数字区分，"1" 为基本型，"2" 为增强型。增强型单片机与基本型单片机相比，其最显著的特点是单片机内部的数据存储器和程序存储器的容量更大，同时增加了一个定时/计数器。有关 51 系列单片机的性能请查看第 1 章的表 1-1。关于 MCS-51 单片机的详细性能配置，请阅读 Intel 公司的 MCS-51 Microcontroller Family Users Manual。若读者选用的是其他厂家的 51 单片机，则相应的性能表和用户手册都可以在厂家的官方网站下载。51 系列单片机主要有 PDIP、PLCC 和 TQFP 等封装。不同厂家生产的不同 51 单片机虽然功能上有所不同，但其引脚的基本功能都是一致的，因此 51 系列单片机中各种型号单片机的引脚是相互兼容的。

本节将对 PDIP40 封装的 51 单片机的端口及引脚功能进行说明。

单片机将 CPU、存储器和 I/O 单元等集成在一块硅片上，将电路上的引脚用导线接引到封装基座的引脚上，以便与其他元器件连接。封装的主要功能是保护芯片和便于焊接安装等。8051 系列单片机的 PDIP40 封装引脚图如图 3-1 所示，PDIP40 封装刚好可插入面包板或 40pin 的底座上，图 3-1 中左上方引脚为 1 引脚，然后逆时针排序分别是 2 引脚、3 引脚、…、40 引脚。相邻两个引脚的间距为 2.54mm，器件长度

图 3-1　8051 单片机的 PDIP40 封装引脚图

为 52.578mm，两排引脚的间距为 15.875mm，器件厚度为 4.826mm，特别适合学校和培训机构使用。因为针脚式封装体积大，所以电路制作成本较高，目前已经很少使用。图 3-1 中的 PDIP40 封装共有 40 个引脚，根据引脚的用途可分为四大类，分别是电源和接地引脚、时钟引脚、控制引脚和 I/O 引脚。下面对引脚定义及其功能分别进行说明。

### 1. 电源和接地引脚

（1）$V_{CC}$（40 引脚）：单片机工作电源电压的输入端。不同型号单片机接入对应的电源电压。单片机芯片的推荐工作电压及电压范围在芯片用户手册中给出，注意在实际应用时务必严格遵守。8051 单片机连接 5V±10%电源。

（2）GND（20 引脚）：必须接地。

### 2. 时钟引脚

（1）时钟引脚的功能。

XTAL1（19 引脚）为片内振荡电路的输入端，XTAL2（18 引脚）为片内振荡电路的输出端。51 单片机的 CPU 可以由以下两种方式提供。

① 内部时钟方式：在 XTAL1 引脚和 XTAL2 引脚外接一个石英晶体或陶瓷晶振和振荡电容，如图 3-2（a）所示。

利用单片机 XTAL2 引脚和 XTAL1 引脚外接晶振及振荡电容，与片内可以构成振荡器的反相放大器一起组成工作主频时钟电路。Intel 公司 8051 芯片的工作频率为 1.2～12MHz，采用晶振可以提高工作频率的稳定性，工作频率取决于晶振的频率，典型值为 6MHz、12MHz 和 11.059 2MHz。振荡电容 C1 和 C2 的作用是保证振荡电路的稳定性及快速性，通常取 10～30pF，当外接石英晶体时，C1 和 C2 电容一般选择(30±10)pF，在石英晶体起振后，XTAL2 引脚输出一个 2.24V 左右的正弦波，XTAL1 引脚的对地电压约为 2.09V；当外接陶瓷晶振时，C1 和 C2 电容一般选择(40±10)pF。在实际电路设计时，应尽量保证外接的振荡器和电容尽可能靠近单片机的 XTAL1 引脚和 XTAL2 引脚，以减小寄生电容的影响，使振荡器能够稳定可靠地为单片机 CPU 提供时钟信号。

② 外部时钟方式：使用外部振荡器脉冲信号，外部 CMOS 时钟源直接接到 XTAL1 引脚，XTAL2 引脚悬空，如图 3-2（b）所示。使用该时钟方式时，高、低脉冲电平持续时间应不短于 20ns，否则工作不稳定。

（a）内部时钟方式　　　　　　　　　　　（b）外部时钟方式

图 3-2　单片机时钟工作方式

外部振荡器脉冲信号常用于系统中存在多片 MCS-51 单片机同时工作的场景。

对于 CHMOS 的 80C51 单片机，如采用外部时钟方式驱动，则外部 CMOS 时钟源直接接到 XTAL1

引脚，XTAL2 引脚悬空。

外部时钟的频率应该满足不同单片机的工作频率要求，如普通 51 单片机的频率应该低于 12MHz。若采用其他型号，则应该参考单片机的数据手册。

（2）CPU 时序。

51 单片机的工作过程就是执行程序的过程，程序是由指令序列组成的。51 单片机指令的执行是在 CPU 时序下进行的，其中涉及时钟周期、状态周期、机器周期和指令周期。下面分别进行说明。

① 时钟周期。时钟周期也称晶体的振荡周期，定义为时钟频率（$f_{osc}$）的倒数，是单片机中一个最基本、最小的时间单位。在一个时钟周期内，CPU 仅完成一个最基本的动作。对于某种型号的 51 单片机，若采用 1MHz 的时钟频率，则时钟周期就是 1μs。

时钟脉冲是 51 单片机的基本工作脉冲，它控制 51 单片机的工作节奏。对于同一种单片机，时钟频率越高，单片机的工作速度就越快。为了便于描述，时钟周期用拍（P）表示。拍是晶体的振荡周期或外部时钟脉冲的周期，也是 51 单片机中最小的时序单元。

② 状态周期。状态周期用 "S" 表示，是 51 单片机内部各功能部件按时序协调工作的控制信号，是 51 单片机内部电路将时钟周期经过二分频后得到的信号，一个状态周期由两个时钟周期构成，前半状态周期对应的时钟周期定义为 P1，后半状态周期对应的时钟周期定义为 P2。单片机的一个状态周期包含两拍，分别为 P1 和 P2。

③ 机器周期。51 单片机 CPU 完成一个基本操作所需的时间称为机器周期。51 单片机规定，一个机器周期由 6 个状态周期（S1～S6）组成，而一个状态周期由两个时钟周期组成，因此一个机器周期由 12 个时钟周期组成，可以表示为 S1P1、S1P2、S2P1、S2P2、…、S6P1、S6P2。与 12MHz 的晶振相应的机器周期 $T=1$μs。

时钟周期、状态周期和机器周期之间的关系如图 3-3 所示。

图 3-3　时钟周期、状态周期和机器周期之间的关系

④ 指令周期。指令周期是 51 单片机的 CPU 执行一条指令所需的时间。51 单片机的汇编指令分为单字节指令、双字节指令和三字节指令，所需的指令周期也不同，一般为 1～4 个指令周期。

### 3．控制引脚

51 单片机的控制引脚主要是指单片机的 RST 引脚（9 引脚）、$\overline{\text{PSEN}}$ 引脚（29 引脚）、ALE/$\overline{\text{PROG}}$ 引脚（30 引脚）和 $\overline{\text{EA}}$/V$_{PP}$ 引脚（31 引脚）。

（1）RST 引脚。

① 51 单片机的复位时间和电平

RST 引脚为 51 单片机的复位输入端，高电平有效。当 51 单片机运行时，若 RST 引脚输入大于两个机器周期（24 个振荡周期）以上的高电平，则触发单片机复位操作。

② 复位的功能

初始化单片机，使单片机重新运行程序，即从程序存储器的 0000H 地址单元开始执行指令。51 系列单片机复位后内部寄存器的初始值如表 3-1 所示。

表 3-1　51 系列单片机复位后内部寄存器的初始值

| 寄存器 | 状 态 值 | 寄存器 | 状 态 值 | 寄存器 | 状 态 值 |
|---|---|---|---|---|---|
| ACC | 00H | B | 00H | PSW | 00H |
| SP | 07H | DPTR | 00H | P0 | FFH |
| P1 | FFH | P2 | FFH | P3 | FFH |
| IP | 00H | IE | 00H | TMOD | 00H |
| TCON | 00H | TH0 | 00H | TL0 | 00H |
| TH1 | 00H | TL1 | 00H | SCON | 00H |
| SBUF | 未定 | PCON | 00H | PC | 0000H |

51 单片机复位以后，除并行口锁存器（P0～P3）、SP 寄存器和串行口接收/发送缓冲 SBUF 寄存器外，所有寄存器的值都被初始化为 0。所有并行口锁存器（P0～P3）都初始化为 0XFF，SP 寄存器初始化为 0X07，SBUF 寄存器的状态不确定。内部 ROM 不受复位操作的影响，上电后内部 RAM 的内容不确定。

③ 复位电路

51 单片机的复位电路有上电复位电路、手动复位电路和看门狗复位电路。下面分别介绍这几种复位电路。

上电复位电路由一个电阻 R 和一个电解电容 C 组成，如图 3-4 所示。在单片机上电瞬间，电容 C 上没有电荷，相当于短路，RST 引脚输入为高电平，单片机自动复位。$V_{CC}$ 对电容 C 进行充电，电容 C 的电压逐渐增大。当充满时，电容相当于开路，RST 引脚的输入电压为 0V，即低电平，单片机正常工作。复位电路高电平持续的时间和 RC 电路的充放电时间有关，因此要合理选择电阻 R（一般取 10kΩ）和电容 C（一般取 10μF）的参数。

图 3-5 所示的复位电路同时支持上电复位和手动复位。当系统上电时，图 3-5 的电路实现的就是图 3-4 的功能，手动复位电路由复位按键和放电电阻 R2 组成。单片机正常工作或系统死机时，按下复位键，电容 C 与放电电阻 R2 形成放电回路，放电电阻 R2 的阻值很小，电容 C 快速放电，电容 C 两端电压差变为 0V，因此 RST 引脚的输入变为高电平，单片机复位。在实际应用电路中，电阻 R2 可以省略。

图 3-4　上电复位电路

图 3-5　复位电路

在单片机应用系统中，单片机的工作常常会受到外界电磁场的干扰，造成寄存器和内存的数据混乱，导致程序指针错误、取出错误的程序指令等，使系统陷入死循环。手动复位操作可以让单片机从头（0000H）开始执行程序。手动复位操作需要人工介入，问题一般难以快速得到解决，因此可以引入看门狗复位电路，这样就可以定期地查看芯片内部的情况，一旦发生错误，看门狗电路就向芯片发出复位信号。看门狗技术一般由硬件实现，也可由软件实现。市面上有专门的硬件看门狗芯片，而新型单片机的内部通常集成了硬件看门狗电路，如 AT89S52 和 STC89C52RC 等。

由芯片集成的看门狗一般是一个定时器电路（又称 Watchdog Timer），一般有一个输入，称为喂狗端，还有一个输出到芯片的复位端。芯片正常工作时，每隔一段时间输出一个信号到喂狗端，清零看门狗定时器，如果超过规定的时间不喂狗，如程序跑飞、定时器计数溢出，那么就会产生一个复位信号到芯片，使芯片复位，防止系统死机。通俗地说，看门狗的作用就是防止程序发生死循环，或者说防止程序跑飞。

关于单片机的看门狗应用，请阅读单片机数据手册的相关内容。

（2）$\overline{\text{PSEN}}$ 引脚（29 引脚）。

$\overline{\text{PSEN}}$ 引脚为外部程序存储器读选通信号，低电平有效。当单片机读取外部程序存储器上的数据或指令时，该引脚输出一个负脉冲用于选通外部程序存储器，否则会一直输出高电平。外扩 ROM 时，$\overline{\text{PSEN}}$ 引脚连接到外部 ROM 的 $\overline{\text{OE}}$ 引脚。

（3）ALE/$\overline{\text{PROG}}$ 引脚（30 引脚）。

ALE/$\overline{\text{PROG}}$ 为双功能引脚。ALE 引脚为地址锁存允许输出端。当单片机访问外部存储器时，ALE 引脚输出一个由正向负的负跳沿作为地址锁存信号，用于控制片外的地址锁存器锁存低 8 位的访问地址。访问地址为 16 位时，低 8 位由 P0 口输出，高 8 位由 P2 口输出，由于 P0 口分时复用为低 8 位地址线和 8 位数据输入/输出，因此必须将地址低 8 位锁存起来。

$\overline{\text{PROG}}$ 为第二功能引脚。在对片内 EPROM 型单片机（如 8751）烧写程序时，该引脚作为编程负脉冲输入端。

除上述两种情况外，ALE/$\overline{\text{PROG}}$ 引脚还可以自动输出固定频率的脉冲信号，频率为单片机时钟振荡频率的 1/6，可用作外部时钟源或定时计数脉冲。

（4）$\overline{\text{EA}}$/$V_{PP}$ 引脚（31 引脚）。

$\overline{\text{EA}}$/$V_{PP}$ 为双功能引脚。$\overline{\text{EA}}$ 引脚为内部程序存储器和外部程序存储器的选择控制端。当 $\overline{\text{EA}}$ 引脚接高电平（$V_{CC}$）时，单片机访问内部程序存储器，即运行内部程序存储器（地址范围为 0000H～0FFFH）中的程序，若 PC 的值超过 0FFFH（访问地址超过 4KB），则自动转到外部程序存储器执行程序；当 $\overline{\text{EA}}$ 引脚接低电平（GND）时，只访问外部程序存储器，不管此时是否存在内部程序存储器。对于内部无 ROM 的 8031 单片机，程序存储器需要外接，$\overline{\text{EA}}$ 引脚必须接地（低电平）。

$V_{PP}$ 为第二功能引脚，为片内 EPROM 或 Flash 存储器的编程电压输入端。对内部有 EPROM 的 8751 单片机，编程电压为 21V；对片内为 Flash 存储器的 51 单片机，编程电压为 12V。

（5）$\overline{\text{RD}}$（读信号引脚，P3.7 第 17 引脚），$\overline{\text{WR}}$（写信号引脚，P3.6 第 16 引脚）。

单片机的 17 引脚和 18 引脚既是读/写控制引脚，也是 P3 口端口输出引脚，是具有两个功能的引脚，用于 51 单片机对外部存储器进行读/写操作。由于单片机 CPU 不能同时进行读和写操作，所以读信号（$\overline{\text{RD}}$）与写信号（$\overline{\text{WR}}$）不能同时有效（低电平有效）。

## 4. I/O 引脚

51 单片机一共有 32 个 I/O 引脚，由 4 个 8 位的并行口 P0、P1、P2 和 P3 组成，每个并行口有 8

位 I/O 口，分别命名为 Px.0～Px.7（x=0～3）。每个 I/O 引脚都可以被独立设置为输入引脚或输出引脚。单片机内部设有对应的特殊功能寄存器 P0～P3，用于控制或读取并行口状态，这些寄存器为直接字节寻址，且都支持按位寻址，即支持独立控制或读取某个 I/O 口的状态。

图 3-6（a）、图 3-6（b）、图 3-6（c）和图 3-6（d）分别为 P0、P1、P2 和 P3 这 4 个 I/O 口的内部 1 位电路结构示意图。由图 3-6 可以发现 P0～P3 的锁存器结构都是一样的，但输入和输出的驱动器的结构有所不同。P0～P3 口的每位口锁存器都是一个 D 触发器，复位以后的初态为 1。CPU 通过内部总线将数据写入入口锁存器。CPU 对端口的读取操作有两种：一种是读取锁存器的状态，此时端口锁存器的状态由 Q 端通过上面的三态输入缓冲器送到内部总线；另一种是 CPU 读取引脚上的外部输入信息，这个时候引脚状态通过下面的三态输入缓冲器传输到内部总线，因为其内部电路决定了在编写程序的时候要读外部引脚的信息，所以程序必须先对该端口写"1"。

图 3-6　I/O 口内部 1 位电路结构示意图

P1、P2 和 P3 内部有拉高电路，称为准双向口。P0 口是漏极开路输出的，内部没有拉高电路，是三态双向 I/O 口，所以 P0 口在作为准双向口用时需要外接上拉电阻。

P0～P3 口既可以按字节读/写，也可按位读/写。当 P0～P3 口作为通用端口读取引脚数据时，必须先向 P0～P3 口写"1"。

P1～P3 口可以驱动 4 个 LSTTL 电路，P0 口可以驱动 8 个 LSTTL 电路。

（1）P0 口（32～39 引脚）。

本组的 8 个引脚组成 P0，其中，P0.0（39 引脚）为最低位，P0.7（32 引脚）为最高位。P0 口为 8 位的双向三态口，由 2 个 MOS 管串接，采用漏极开路输出。P0 口可作为通用 I/O 口，当单片机访问外部存储器或扩展 I/O 时，分时复用为 16 位地址总线的低 8 位和 8 位数据总线。在使用 P0 口时需要注意以下几点：

① P0 口作为地址总线和数据总线时，引脚外部无须外接上拉电阻；

② 作为通用 I/O 口时，由于 P0 口每个 I/O 引脚的内部电路均为漏极开路，无高电平输出能力，因此在引脚外必须接上拉电阻；

③ P0 口的端口编号 P0.0～P0.7 是由小到大的，而引脚编号 39～32 是由大到小的。

（2）P1 口（1～8 引脚）。

本组的 8 个引脚组成 P1 口，其中，P1.0（1 引脚）为最低位，P1.7（8 引脚）为最高位。P1 口为 8 位准双向 I/O 口，内置上拉电阻。P1 口用作普通 I/O 口，每个 P1 口的引脚都能驱动 4 个 TTL 负载。

（3）P2 口（21～28 引脚）。

本组的 8 个引脚组成 P2 口，其中，P2.0（21 引脚）为最低位，P2.7（28 引脚）为最高位。P2 口为 8 位准双向 I/O 口，内置上拉电阻。P2 可用作通用 I/O 口，每个 P2 口的引脚都能驱动 4 个 TTL 负载。当单片机访问外部存储器时，作为 16 位地址总线的高 8 位。若外接的数据存储器（RAM）小于 256B，则可以使用字节寻址，此时只使用低 8 位地址线（P0），P2 可作为普通 I/O 口。若外接的数据存储器大于 256B 或外接程序存储器，则必须采用字寻址方式，P2 作为高 8 位地址线，P0 作为低 8 位地址线。

（4）P3 口（10～17 引脚）。

本组的 8 个引脚组成 P3 口，其中，P3.0（10 引脚）为最低位，P3.7（17 引脚）为最高位。P3 口为 8 位准双向 I/O 口，内置上拉电阻，每个 P3 口的引脚都能驱动 4 个 TTL 负载。P3 口除可用作普通 I/O 口外，还具有第二种功能，P3 口的第二种功能表如表 3-2 所示。具体应用将在后续课程中加以分析。

表 3-2　P3 口的第二种功能表

| 引　脚 | 功　　　　　能 | 引　脚 | 功　　　　　能 |
| --- | --- | --- | --- |
| P3.0 | RXD（串行口输入端） | P3.4 | T0（定时/计数器 0 外部计数脉冲输入端） |
| P3.1 | TXD（串行口输出端） | P3.5 | T1（定时/计数器 1 外部计数脉冲输入端） |
| P3.2 | $\overline{INT0}$（外部中断 0 信号输入端） | P3.6 | $\overline{WR}$（外部数据存储器的写选通） |
| P3.3 | $\overline{INT1}$（外部中断 1 信号输入端） | P3.7 | $\overline{RD}$（外部数据存储器的读选通） |

# 3.2　单片机的内部结构

MCS-51 系列单片机的典型芯片是 8051，其内部有 4KB 工厂掩膜编程的 ROM 程序存储器；8751 芯片是 EPROM 型单片机，其内部有 4KB 用户可编程的 ROM 程序存储器；89S51 芯片是片内含 4KB 用户可在线编程的 Flash 程序存储器；8031 芯片是无 ROM 程序存储器的单片机，它必须外接 EPROM 存储器。单片机的性能取决于单片机的硬件结构和内部资源，51 系列单片机内部的基本结构与 8051 单片机的内部结构基本相同。8051 单片机的内部结构框图如图 3-7 所示，主要由 8 位 CPU、RAM 数据存储器、程序存储器、定时/计数器、中断系统、时钟控制电路和 4 个双向 I/O 接口以及连接这些功能模块的内部总线组成，下面对 51 单片机内部的各功能模块进行简单说明。

## 3.2.1　单片机的 CPU

中央处理器（Central Processing Unit，CPU）是整个单片机的核心部件，主要完成算术运算、逻辑操作和位操作处理等功能。51 系列单片机的 CPU 由运算器、控制器和布尔（位）处理器组成，51 系列单片机 CPU 的数据宽度为 8 位。

图 3-7　8051 单片机的内部结构框图

### 1．运算器

运算器是用于对数据进行算术运算和逻辑操作的执行部件，它以 8 位算术逻辑单元（Arithmetic Logic Unit，ALU）为核心，包括 8 位累加器（Accumulator，ACC）、8 位 B 寄存器、8 位程序状态字寄存器（Program Status Word，PSW）、8 位暂存器 TMP1 和 TMP2 等部件，主要完成算术运算（加、减、乘、除）、增量（加 1）运算、减量（减 1）运算、逻辑运算（与、或、异或运算）、十进制数调整、位的置 1 和位的置 0，以及取反操作、循环移位和位操作、数据传输操作等。

（1）算术逻辑单元（ALU）。

ALU 是用于对数据进行算术运算和逻辑操作的执行部件，由加法器和其他逻辑电路（如移位电路和判断电路等）组成。在控制信号的作用下，ALU 可以对 8 位变量进行基本算术运算（加、减、乘、除）、基本逻辑运算（与、或、非、异或）及循环移位和位操作等。

（2）累加器（ACC）。

ACC 是 1 个 8 位的寄存器，又称 A 寄存器，是 CPU 中使用最频繁的一个寄存器。在算术和逻辑操作过程中，ACC 经常作为数据传输的中转站、目的操作数和源操作数。

在单片机汇编指令系统中，堆栈指令（压栈、出栈）中累加器 ACC 的助记符为 ACC，例如"PUSH ACC""POP　ACC"，其余的汇编指令使用累加器 ACC 时，用助记符 A 表示。

（3）B 寄存器。

B 寄存器是为 ALU 执行乘法和除法运算设置的。不做乘法和除法操作时，B 寄存器可以作为普通寄存器使用。

在乘法运算中，A 寄存器、B 寄存器作为 ALU 的输入（分别存放乘数与被乘数）和输出（存放运算结果，其中 B 存放乘积的高 8 位，A 存放乘积的低 8 位）。

在除法运算中，被除数来源于 A 寄存器，除数来源于 B 寄存器，商存放在 A 寄存器，余数存放在 B 寄存器。

（4）程序状态字寄存器（PSW）。

PSW 是一个 8 位的特殊功能寄存器，其字节地址为 D0H，用于指示程序运行的状态（进位、半进位、溢出、奇偶性）和设置工作区寄存器组。PSW 寄存器支持字节寻址和按位寻址。PSW 寄存器的位定义如表 3-3 所示，其中 D7（CY）是最高有效位（Most Significant Bit，MSB），D0（P）是最低有效位（Least Significant Bit，LSB）。

表 3-3　程序状态字寄存器的位定义

| D7 | D6 | D5 | D4 | D3 | D2 | D1 | D0 |
|----|----|----|----|----|----|----|----|
| CY | AC | F0 | RS1 | RS0 | OV | 保留 | P |

PSW 寄存器中各位的功能说明如下。

① CY（PSW.7）：进位标志位（Carry Flag）。

CY 用于保存当前指令运算结果产生的进位（或借位），CY=1 表示有进位（或借位），CY=0 表示无进位（或借位）。在位处理操作中，CY 为位累加器。

② AC（PSW.6）：辅助进位标志（Auxiliary Carry Flag）。

又称为半字节进位标志，用于 BCD 码（Binary-Coded Decimal）运算，与"DA A"指令配合使用。当执行加法或减法运算产生 A 累加器中低 4 位向高 4 位进位或借位时（A 累加器作为其中一个操作数和运算结果），AC 将被硬件置 1，否则被清零。

③ F0（PSW.5）：用户自定义的状态标志位，可根据实际需要进行设置。

④ RS1（PSW.4）、RS0（PSW.3）：工作寄存器组选择位。

用于软件选择当前工作寄存器组（0~3），默认选择工作寄存器组 0。51 系列单片机设有 4 组工作寄存器组，每组包含 8 个 8 位寄存器，共 32 个工作寄存器，但同时只能选择一组作为当前的工作寄存器。RS1 与 RS0 组合含义如表 3-4 所示。

表 3-4　RS1 与 RS0 组合含义

| RS1 | RS0 | 当前工作寄存器组选择 |
|-----|-----|-----------------------|
| 0 | 0 | 第 0 组工作寄存器（00H~07H） |
| 0 | 1 | 第 1 组工作寄存器（08H~0FH） |
| 1 | 0 | 第 2 组工作寄存器（10H~17H） |
| 1 | 1 | 第 3 组工作寄存器（18H~1FH） |

⑤ OV（PSW.2）：溢出标志位（Overflow Flag）。

OV 位指示算术运算结果是否存在溢出，1 表示有溢出，0 表示无溢出。在执行算术指令时，由硬件自动置 1 或清零。

当运算结果的绝对值超过允许表示的最大值时，就会产生所谓的"溢出"。主要用于带符号数运算的溢出检测判断。当两个带符号数进行运算时，次高位 D6 产生向最高位 D7 的进位（借位）而最高位 D7 不能产生进位（借位），或 D6 不产生进位（借位）而 D7 产生进位（借位）时，则 OV=1，有溢出；否则 OV=0，无溢出。当最高位和次高位不同时若有进位或借位，则 OV=1，有溢出；否则 OV=0，无溢出。

⑥ 保留（PSW.1）：保留位。

⑦ P（PSW.0）：奇偶标志位（Parity Flag）。

奇偶标志位指示累加器 A 中的数值的奇偶性，由硬件自动根据累加器 A 的内容置 1 或清零。P=1 表示累加器 A 中 1 的个数为奇数，P=0 则表示累加器 A 中 1 的个数为偶数。

奇偶校验通常用在数据通信中来保证数据传输的可靠性和有效性。在单片机串口应用中，使用 P（PSW.0）位可方便地产生数据发送时的奇偶校验位或根据接收到的数据和奇偶校验位检验数据的可靠性。下面给出累加器 A 和 P 奇偶标志位在串口数据发送中的简单应用（假设待发送的 8 位数据已存入累加器 A）。

```
MOV C, P;          把发送数据的奇偶性送到 PSW 中的 CY 进位位
MOV TB8, C;        把 CY 进位位送到 TB8（串口发送数据的第 8 位）
MOV SBUF, A;       把待发送的数据送到串口发送
```

（5）暂存器。

两个 8 位的暂存器用于暂存由数据总线或通用寄存器送来的操作数，并把它作为另一个操作数。这两个暂存器对用户不可见。

## 2. 控制器

控制器是 CPU 的大脑中枢，它包括地址寄存器、地址缓冲器、程序计数器（Program Counter，PC）、堆栈指针（Stack Pointer，SP）、指令寄存器（Instruction Register，IR）、数据指针（Data Pointer，DPTR）、定时控制逻辑和振荡器（OSC）等。控制器的功能是对指令逐条进行译码，并通过定时和控制电路在规定的时刻发出各种操作所需的内部和外部控制信号，协调各部分的工作，完成指令规定的操作。下面简单介绍控制器中几个重要部件的功能。

（1）PC。

PC 是 1 个 16 位的专用寄存器，用于存放下一条要执行的指令的地址，其内容的变化决定了程序的流程。程序计数器 PC 的工作特点如下。

① 读指令时，控制器将程序计数器 PC 寄存器中的指令地址输出给程序存储器。程序存储器根据指令地址输出指令字节，同时 PC 自动加 1，读完本条指令后，PC 指向下一条指令在程序存储器中的地址。

② 当执行有条件或无条件转移指令时，如果执行条件转移，则根据跳转指令所带的绝对地址或相对地址计算下一条指令的地址并赋值给 PC，完成程序的跳转；否则，PC 自动加 1，顺序执行下一条指令。

③ 在执行子程序调用指令或响应中断时，硬件将当前 PC 值（又称断点）压栈，然后置 PC 为子程序的入口地址或中断的入口向量地址。在子程序或中断服务函数返回（执行 RET 或 RETI 指令）时，将断点地址恢复到 PC，从原来的位置继续执行程序。

④ 单片机复位后，PC 值初始化为 0000H，即始终从程序存储器的 0000H 位置开始执行程序。也就是说，0000H 是系统程序的启动地址。

⑤ 程序计数器 PC 值由硬件自动更新，用户无法通过软件修改。

⑥ 程序计数器 PC 是 16 位寄存器，寻址空间最大为 $2^{16}K=64K$。

（2）SP。

堆栈是一个特殊的存储区，其主要功能是暂时存放数据和地址，通常用于保护断点和现场。堆栈的特点是按先进后出的原则存取数据。SP 总是指向栈顶位置的，一般堆栈的栈底不能动，所以数据入栈前要先修改 SP（SP 先自动加 1），使它指向新的空余空间再把数据存进去，出栈的时候相反。复位后，51 系列单片机的栈底地址为 07H，所以堆栈事实上是从 08H 开始存放数据的。

（3）IR。

指令送入 IR 后，该寄存器对该指令进行译码，即变成所需的电平信号，CPU 根据译码输出的电平信号，使定时控制电路定时地产生执行该指令所需的各种控制信号，以便计算机能正确执行程序所要求的各种操作。

（4）DPTR。

因为 51 系列单片机可以外接 64KB 的数据存储器和 I/O 接口电路，所以 51 系列单片机内设置了一个 16 位的 DPTR，主要用于存放 16 位的地址，它可以对 64KB 的外部数据存储器和 I/O 口进行寻址，它的高 8 位 DPH 地址为 83H，低 8 位 DPL 地址为 82H。

### 3. 布尔（位）处理器

51 系列单片机的 CPU 除了具有 8 位微处理器的功能，还设置了一个结构完整、功能极强的布尔（位）处理器，这是 51 系列单片机的突出优点，给面向控制的实际应用带来了极大的方便。51 系列单片机的布尔（位）处理器除算术逻辑单元（ALU）与字节处理器合用外，还有以下位设置功能。

（1）累加器 CY：进位/借位标志。在布尔运算中，CY 是数据源之一，是运算结果的存放处，也是数据传输的中心。程序也根据 CY 的状态，执行程序转移指令。

（2）位寻址的 RAM：RAM 区的 20H～2FH 中的 0～128 位。

（3）位寻址的寄存器：特殊功能寄存器中可以位寻址的寄存器。

（4）位寻址的并行 I/O 口：并行 I/O 口中可以位寻址的并行 I/O 口。

（5）位操作指令系统：位操作指令可实现对位的清零、取反、置位、判断、传输、位逻辑运算、位的输入/输出等操作。

利用布尔（位）处理器的逻辑操作功能可以直接执行逻辑表达式，免去了过多的数据往返传输、字节屏蔽和测试分支，大大简化了编程，节省了存储器的空间，提高了处理速度，提高了实时性，还可以实现复杂的组合逻辑处理功能，这些功能非常适合某些数据采集、实时测控等应用系统，是其他微型计算机无法比拟的。

## 3.2.2　单片机的存储器

51 系列单片机系统与一般微机系统的存储器配置方式不同，一般微机系统通常采用冯·诺依曼结构，只有一个逻辑空间，可以随意安排 ROM 或 RAM。访问存储器时，同一地址对应唯一的存储空间，可以是 ROM，也可以是 RAM，并用同类访问指令。而 51 系列单片机的存储器结构采用哈佛结构，其存储空间可分为 5 个。

（1）64KB（片内/片外）程序存储器地址空间（0000H～0FFFFH）；

（2）128B 内部数据存储器空间（00H～7FH）；

（3）128B 内部特殊功能寄存器空间（80H～0FFH）；

（4）位寻址空间（00H～0FFH）；

（5）64KB 外部数据存储器地址空间（0000H～0FFFFH）。

需要注意的是，51 系列单片机各种型号的芯片在其内部的存储器空间的物理单元个数可能是不同的。51 系列单片机片内数据存储器至少有 128B，不同的 51 单片机制造商还在芯片内部集成了一定数量的片外数据存储器（1～4KB）。这些存储器虽然从物理结构来看在片内，但从逻辑结构来看仍然在片外。51 系列单片机存储器的存储结构如图 3-8 所示。

图 3-8　51 系列单片机存储器的存储结构

　　Keil C 软件对 51 系列单片机的存储器管理方式是将存储器分为 6 种形式，对各种形式的使用均采用小写形式，如表 3-5 所示。注意表中的 0X 在 C 语言中是十六进制数据的前缀，而且 X 不区分大小写。

表 3-5　Keil C 语言的存储器管理方式

| 存储类型 | 长度/bit | 值域范围 | 与物理空间的对应关系 |
|---|---|---|---|
| data | 8 | 0～127 | 固定指前面 0X00～0X7F 的 128 个 RAM，可以用 ACC 直接读/写，速度最快，生成的代码也最小 |
| bdata | 8 | 0～127 | 位寻址内部 RAM（0X20～0X2F）空间，允许位和字节混合访问 |
| idata | 8 | 0～255 | 固定指前面 0X00～0XFF 的 256 个 RAM，其中，前 128 个和 data 中的 128 个完全相同，只是因为访问的方式不同，速度比 data 里的数据要慢，idata 是用类似标准 C 语言中的指针方式访问的，对应汇编指令 MOVX　ACC, @Rx |
| pdata | 8 | 0～255 | 外部扩展 RAM 的低 256 字节，地址出现在 A0～A7 上时读/写，以 R0、R1 方式分页寻址的外部数据存储器，这个比较特殊，而且 Keil C51 对此好像有 BUG，建议少用 |
| xdata | 16 | 0～65 535 | 外部数据存储器区（64KB 地址范围），对应汇编指令 MOVX @DPTR, A |
| code | 16 | 0～65 535 | 程序存储器区（64KB 地址范围），对应汇编指令 MOVC A, @A+DPTR |

### 1. 程序存储器

　　51 系列单片机的程序存储器空间为 64KB，其指针为 16 位的 PC。低 4KB 的程序存储器（某些单片机为 8KB 或 16KB）可以在单片机的内部也可以在单片机的外部，这是由输入到引脚 $\overline{EA}$ 的电平确定的。
　　当 $\overline{EA}=1$，即接+5V 时，CPU 从片内 0000H 单元开始读取指令，当 PC 值大于 0FFFH 时，自动

转到片外程序存储器地址空间执行程序，地址范围为 1000H～0FFFFH。可根据实际应用的需要情况扩展程序存储器的容量。

当 $\overline{EA}=0$，即接低电平时，内部程序存储器被忽略，CPU 总是从片外程序存储器中读取程序的。对于内部无 ROM 的 8031 单片机，其 ROM 只能外接，必须使 $\overline{EA}=0$。

程序存储器由 16 位的 PC 指示当前地址。片内 ROM 的地址为 0000H～0FFFH。单片机启动复位后，PC 的内容为 0000H，系统将从 0000H 单元开始执行。

程序存储器中的 0000H～0032H，共 48B，用于保留专用中断处理程序，称为中断矢量区，用户编写程序时必须跳过这个区域。

（1）0000H～0002H：单片机系统复位后，PC=0000H，即程序从 0000H 单元开始执行程序，若程序不从 0000H 单元开始执行，则应在这 3 个单元中存放一条无条件转移指令，让系统跳过这个区域，直接去执行用户指定的程序，这主要针对汇编语言编程，用 C51 编程就不需要考虑了。

（2）0003H：外部中断 0 入口地址。

（3）000BH：定时器 T0 溢出中断入口地址。

（4）0013H：外部中断 1 入口地址。

（5）001BH：定时器 T1 溢出中断入口地址。

（6）0023H：串行口中断入口地址。

（7）002BH：定时器 T2 溢出中断入口地址（仅 52 系列单片机有）。

在使用汇编语言编写程序时，通常在这些中断入口地址处放一条绝对跳转指令，CPU 响应中断时会自动跳转到用户安排的中断服务子程序的起始地址。用户的初始主程序入口处地址通常确定在 0032H 以后的地址单元，运行时从 0000H 单元启动，无条件跳转到该入口处执行程序。

MCS-51 单片机的 $\overline{EA}$ 引脚接地，单片机从片外程序存储器读取程序，需进行程序存储器扩展，片外程序存储器扩展框图如图 3-9 所示。P2 口作为 16 位地址总线的高 8 位，P0 口分时复用为地址总线低 8 位和 8 位数据总线，ALE 为地址锁存允许信号，用于控制锁存器锁存低 8 位地址。$\overline{PSEN}$ 引脚为程序存储器读允许信号，连接到片外程序存储器的输出使能脚 $\overline{OE}$。

图 3-9　片外程序存储器扩展框图

MCS-51 单片机从片外程序存储器读指令的时序图如图 3-10 所示，从外部程序存储器读指令，有两个信号进行控制，即 ALE（地址锁存信号）信号和 $\overline{PSEN}$（外部 ROM 读选通脉冲）信号，单片机 CPU 首先输出指令所在的地址信号，找到所存储指令的地址单元，P0 口先输出低 8 位地址，P2 口输出高 8 位地址，在机器周期的第 2 状态周期 S2 结束前，P0 口上的低 8 位地址是有效的，在 S2 的第 2

图 3-10　单片机从片外程序存储器读指令的时序图

个脉冲的上升沿，ALE 引脚输出一个由正向负的下降沿，使锁存器锁存寻址地址的低 8 位，之后出现在 P0 口上的就不再是低 8 位的地址信号，而是指令数据信号，当然地址信号与指令数据信号之间有一段缓冲的过渡时间，而 P2 口只输出地址信号，而没有指令数据信号，整个机器周期地址信号都是有效的，因而无须锁存这一地址信号。然后在机器周期的第 2 个状态周期 S2 结束时，$\overline{PSEN}$ 输出低电平，P0 口立即切换到悬空输入状态，等待接收程序存储中的指令数据。

**2．数据存储器**

数据存储器主要用于存放运算中间结果、数据暂存和缓冲及标志位等。51 系列单片机的数据存储器在物理逻辑上可分为两个地址空间，即片内数据存储区和片外数据存储区。51 系列单片机片内数据存储器分为特殊功能寄存器与数据存储器，对于汇编语言而言，必须采用不同的寻址方式，才能区分出是访问特殊功能寄存器还是访问数据存储器。

51 系列单片机片内低 128B（00H～7FH）的地址区域为片内 RAM，对其访问采用直接寻址和间接寻址方式。高 128B（80H～0FFH）地址区域分布着 21 个特殊功能寄存器，只能采用直接寻址方式访问。

52 系列单片机片内低 128B 与 51 系列单片机相同，高 128B 地址区域又分为两个：一个为特殊功能寄存器区，分布着 26 个特殊功能寄存器，只能采用直接寻址方式访问；另一个为 128B 的 RAM 区，只能采用间接寻址方式访问。

单片机 C 语言并没有寻址指令，但可以用 data、idata 和 bdata 三种不同的存储器形式区分操作对象，即 data 存储器形式可直接存取 0X00～0X7F 数据存储器；idata 存储器形式可以通过间接寻址方式访问 0X00～0XFF 数据存储器；bdata 存储器形式可以通过位寻址方式访问 0X20～0X2F 数据存储器。因此 51 系列单片机的片内 RAM 区的地址范围为 00H～0FFH，这 256 个单元按其功能分为两部分：低 128B 片内 RAM 区和高 128B 片内 RAM 区，片内 RAM 区有 256B 的用户数据存储区域（不同的型号有区别），片内 RAM 区地址分配图如图 3-11 所示。

（1）低 128B 片内 RAM。

低 128B 片内 RAM 的地址空间为 00H～7FH 单元，为用户数据 RAM，可以存放运算结果和标志位等。该区域按其功能，还可分为以下 3 个区域。

① 工作寄存器区。

00H～1FH 单元为工作寄存器区，工作寄存器也称通用寄存器，在用户编程时使用，临时寄存 8 位数据。工作寄存器区划分为 4 个区，每个区都有 R0～R7 这 8 个工作寄存器，共 32 字节单元。每个工作

图 3-11　片内 RAM 区地址分配图

| 字节地址 | 符号 |
|---|---|
| 0FFH | B |
| 0F0H | ACC |
| 0E0H | PSW |
| 0D0H | IP |
| 0B8H | P3 |
| 0B0H | IE |
| 0A8H | WDTR |
| 0A6H | ST |
| 0A2H | AUXR |
| 0A0H | 1 |
| 99H | P2 |
| 98H | SBUF |
| 90H | SCON |
| 8EH | P1 |
| 8DH | AUXR |
| 8CH | TH1 |
| 8BH | TH0 |
| 8AH | TL1 |
| 89H | TL0 |
| 88H | TMOD |
| 87H | TCON |
| 85H | PCON |
| 84H | DP1H |
| 83H | DP1L |
| 82H | DP0H |
| 81H | DP0L |
| 80H | SP |
| | P0 |

（中间一列标注：特殊功能寄存器区）

高128B片内RAM区

低128B片内RAM区：

| 地址 | 区域 |
|---|---|
| 7FH | 用户RAM区（数据缓冲堆栈） |
| 30H～2FH | 位寻址区 位地址：00H～7FH |
| 20H | |
| 1FH～18H | 第3工作寄存器区 |
| 17H～10H | 第2工作寄存器区 |
| 0FH～08H | 第1工作寄存器区 |
| 07H～00H | 第0工作寄存器区 |

寄存器都有 8 位,可以用寄存器寻址方式寻址,也可用直接字节地址方式寻址。当用寄存器寻址方式时,由程序状态字(PSW)中的 RS1 和 RS0 两位确定工作寄存器区,但每次只能允许其中一组被选中。CPU 复位有效时,自动选中第 0 区的工作寄存器组,其余 3 个区的工作寄存器组仅能作为普通 RAM 存储单元使用,工作寄存器及 RAM 地址对照表如表 3-6 所示。

表 3-6　工作寄存器及 RAM 地址对照表

| RS1 RS0 | 区　号 | 寄存器名 | 字节地址 | RS1 RS0 | 区　号 | 寄存器名 | 字节地址 |
|---|---|---|---|---|---|---|---|
| 0　0 | 0 区 | R0~R7 | 00H~07H | 0　1 | 1 区 | R0~R7 | 08H~0FH |
| 1　0 | 2 区 | R0~R7 | 10H~17H | 1　1 | 3 区 | R0~R7 | 18H~1FH |

② 位寻址区。

20H~2FH 单元为位寻址区,该区的每位都被赋予了一个位地址,位寻址区共有 16 字节地址单元,共有 128 位,如表 3-7 所示。有了位地址就可以进行位寻址,可以对特定的位进行处理、内容传输或条件转移等操作,给编程带来了很大方便。例如,在汇编程序中执行 SETB 00H 后,片内的 RAM 20H 单元的 D0 位被置 1,而该单元的其他各位则保持不变。通常可以将程序中用到的状态标识、位控制变量等放在位寻址区。

表 3-7　RAM 位寻址区地址映像

| 字 节 地 址 | 位 地 址 | | | | | | | |
|---|---|---|---|---|---|---|---|---|
| | D7 | D6 | D5 | D4 | D3 | D2 | D1 | D0 |
| 2FH | 7F | 7E | 7D | 7C | 7B | 7A | 79 | 78 |
| 2EH | 77 | 76 | 75 | 74 | 73 | 72 | 71 | 70 |
| 2DH | 6F | 6E | 6D | 6C | 6B | 6A | 69 | 68 |
| 2CH | 67 | 66 | 65 | 64 | 63 | 62 | 61 | 60 |
| 2BH | 5F | 5E | 5D | 5C | 5B | 5A | 59 | 58 |
| 2AH | 57 | 56 | 55 | 54 | 53 | 52 | 51 | 50 |
| 29H | 4F | 4E | 4D | 4C | 4B | 4A | 49 | 48 |
| 28H | 47 | 46 | 45 | 44 | 43 | 42 | 41 | 40 |
| 27H | 3F | 3E | 3D | 3C | 3B | 3A | 39 | 38 |
| 26H | 37 | 36 | 35 | 34 | 33 | 32 | 31 | 30 |
| 25H | 2F | 2E | 2D | 2C | 2B | 2A | 29 | 28 |
| 24H | 27 | 26 | 25 | 24 | 23 | 22 | 21 | 20 |
| 23H | 1F | 1E | 1D | 1C | 1B | 1A | 19 | 18 |
| 22H | 17 | 16 | 15 | 14 | 13 | 12 | 11 | 10 |
| 21H | 0F | 0E | 0D | 0C | 0B | 0A | 09 | 08 |
| 20H | 07 | 06 | 05 | 04 | 03 | 02 | 01 | 00 |

该区域既可以采用字节直接寻址方式访问,也可以采用位寻址方式访问。128 位中的每位都有一个单独的位地址编码(00H~7FH),能对位地址直接寻址,执行置位、清零、取反、为 0 跳转或为 1 跳转等操作,能实现复杂的组合逻辑功能。通常把各种程序状态标志、位控制变量都设置在位寻址区。另外部分特殊功能寄存器也具有位地址功能。

③ 数据缓冲区。

30H~7FH 是数据缓冲区,即用户 RAM 区,共 80 个单元。52 系列单片机片内 RAM 有 256 字节单元，前面的工作寄存器区、位寻址区和 51 系列单片机一致，但 52 系列单片机的数据缓冲区为 30H～0FFH，共 208 个单元。

作为普通 RAM 存储单元，用户可在此设置堆栈、数据的暂存、缓冲等数据空间，CPU 对这个空间只能进行字节直接寻址，不能采用位寻址。堆栈原则上可以设在片内 RAM 的任意区域，但 SP 在复位后的值为 07H，也就是将从 08H 单元开始堆放数据，显然，这和工作寄存器区重叠，因此，必须将 SP 的初值设为 30H 或者更大的地址值，堆栈一般设在 30H～7FH。

（2）特殊功能寄存器。

51 系列单片机片内 RAM 的高 128B（80H～0FFH）地址单元为特殊功能寄存器区，其作用是控制、管理单片机内部的算术运算单元、并行 I/O、串行 I/O、定时/计数器、中断系统等功能模块的工作。用户在编程时可以设定初值，不能挪作他用。除 PC 外，51 系列单片机有 18 个专用寄存器，其中 3 个为双字节寄存器，共占用 21B；52 系列单片机有 21 个专用寄存器，其中 5 个为双字节寄存器，共占用 26B。表 3-8 按地址顺序给出了各特殊功能寄存器的名称、符号、地址，特殊功能寄存器的地址能被 8 整除，具有位寻址功能。

表 3-8　特殊功能寄存器一览表

| 名　称 | 符　号 | 地　址 | 名　称 | 符　号 | 地　址 |
|---|---|---|---|---|---|
| P0 口 | P0 | 80H | P2 口 | P2 | A0H |
| 堆栈指针 | SP | 81H | 中断允许控制 | IE | A8H |
| 数据指针 | DPL | 82H | P3 口 | P3 | B0H |
| | DPH | 83H | 中断优先级控制 | IP | B8H |
| 电源控制 | PCON | 87H | *定时/计数器 2 控制 | T2CON | C8H |
| 定时/计数器控制 | TCON | 88H | *定时/计数器 2 方式控制 | T2MOD | C9H |
| 定时/计数器方式控制 | TMOD | 89H | *定时/计数器 2 自动重载低字节 | RCAP2L | CAH |
| 定时/计数器 0 低字节 | TL0 | 8AH | *定时/计数器 2 自动重载高字节 | RCAP2H | CBH |
| 定时/计数器 1 低字节 | TL1 | 8BH | *定时/计数器 2 低字节 | TL2 | CCH |
| 定时/计数器 0 高字节 | TH0 | 8CH | *定时/计数器 2 高字节 | TH2 | CDH |
| 定时/计数器 1 低字节 | TH1 | 8DH | 程序状态寄存器 | PSW | D0H |
| P1 口 | P1 | 90H | 累加器 | ACC | E0H |
| 串行口控制 | SCON | 98H | B 寄存器 | B | F0H |
| 串行数据缓冲器 | SBUF | 99H | | | |

注：带"*"的特殊功能寄存器与定时/计数器 2 有关，只存在于 52 系列单片机中。

特殊功能寄存器（PC 除外）与片内 RAM 进行统一编址，仅允许使用直接寻址方式。在 51 系列单片机的 21 个特殊功能寄存器中，有 11 个特殊功能寄存器还支持按位寻址，它们的字节地址能被 8 整除（字节地址的低 3 位一定是 000H）。例如，特殊功能寄存器 P0～P3 都支持按位寻址，因此采用位处理指令和按位寻址方式，可高效、快速地控制 I/O。

特殊功能寄存器并未占满 80H～0FFH 整个地址空间，对于空闲地址的写操作是无意义的，从这些空闲的地址读出的是随机数。为了保证系统的稳定性，用户应避免对未定义功能的空闲地址的写操作，否则可能引起不期望的问题，因为厂家可能会将空闲地址用于其他用途。

累加器（A）、寄存器（B）、程序状态字（PSW）、数据指针（DPTR）在本章的前面内容已经介绍，不再赘述。

对于 P0、P1、P2、P3、定时/计数器、中断及串行口的特殊功能寄存器的含义和使用将在后续的章节中进行介绍。

（3）数据存储器的扩展。

图 3-12 所示为 51 单片机扩展 64KB 外部 RAM 的框图，其中，单片机仅使用片内的程序存储器，通过 16 位地址总线和 8 位数据总线访问片外 RAM；P0 口复用为地址总线低 8 位和 8 位数据总线，P2 口提供高 8 位地址线，$\overline{\text{RD}}$ 引脚和 $\overline{\text{WR}}$ 引脚分别连接到片外 RAM 的 $\overline{\text{OE}}$ 和 $\overline{\text{WE}}$。51 单片机对片外数据存储器的读/写时序如图 3-12 所示，从图 3-12 中可以看出，完成一次总线（读/写）操作周期为 $T$，在 $T_0$ 期间，P0 口送出低 8 位地址，在 ALE 的下降沿完成数据锁存，送出低 8 位地址信号与 P2 口的高 8 位地址，确定数据存储中某个存储单元的地址；在 $T_1$ 期间，P0 口上输出 8 位数据。作为数据总线使用，送出或读入数据，当 $\overline{\text{RD}}$ 引脚输出低电平时启动片外的数据存储器的读操作，片外数据存储就将前面所确定的地址单元中的数据送到 P0 口；当 $\overline{\text{WR}}$ 引脚输出低电平启动片外的数据存储器的写操作时，单片机就通过 P0 口将数据送到片外数据存储中前面所确定的地址单元。需要注意的是，在控制信号（读、写信号）有效期间，P2 口送出高 8 位地址，配合数据锁存器输出的低 8 位地址，实现 16 位地址总线，即 64kB 范围的内的寻址。由于 CPU 不可能同时执行读和写操作，因此读、写信号不可能同时有效。

图 3-12　51 单片机扩展 64KB 外部 RAM 的框图（仅使用片内 ROM）

图 3-13　51 单片机对片外数据存储器的读/写时序

# 3.3　单片机最小系统

能使单片机正常工作的最小硬件单元电路称为单片机最小系统。对 51 系列单片机来说，最小系统至少包括单片机、晶振电路、复位电路和电源等部分。

8051 单片机的最小系统电路如图 3-14 所示。XTAL1 和 XTAL2 引脚外接一个 12MHz 石英晶体为单片机提供时钟源。$V_{CC}$ 引脚接+5V 电源，GND 引脚接地，为单片机提供工作电源。RST 引脚接复位电路，支持上电复位和手动复位。8051 单片机片内集成 4KB 程序存储器，故 $\overline{EA}$ 引脚接+5V 电源，系统只使用片内的程序存储器。如果 8031 单片机内部没有程序存储器，则 $\overline{EA}$ 引脚接地，还需要扩展程序存储器。所有 51 单片机的控制系统都是在单片机最小系统的基础上设计完成的。

图 3-14 　8051 单片机的最小系统电路

# 本章小结与课程思政

　　本章介绍了 51 单片机硬件基础知识，主要包括 8051 单片机内部的基本结构、存储器配置、引脚功能和 51 单片机最小系统。

　　51 单片机的 CPU 由运算器、控制器和位处理器组成。CPU 是 51 单片机的核心部件，控制着单片机的各部件，单片机的 CPU 就像党中央，全国各级党政机关都要服从党的领导。

　　单片机内部各组成部分需要按照一定的时序完成设定的操作，就像团队人员要相互合作，体现团队协作精神。

　　单片机通过 4 个双向的 8 位并行接口与外界进行信息交换，就像我们的世界是一个开放的社会，只有交流学习，人才能变得聪明和强大。

　　通过对单片机基本结构的学习，希望大学生在大学阶段能够建立正确的价值观和人生观。

# 习　题　3

## 一、选择题

1. 51 单片机的 CPU 是（　　）位的单片机。

　　A．16　　　　　　　　　　B．4　　　　　　　　　　C．8　　　　　　　　　　D．准 16

2. 51 单片机的 CPU 的主要功能有（　　）。
　　A．产生控制信号　　　　B．存储数据　　　C．算术运算、逻辑运算及位操作
　　D．I/O 端口数据传输　　E．驱动 LED
3. 51 单片机的 CPU 的主要组成部分为（　　）。
　　A．运算器、控制器　　　　　　　　　　B．加法器、寄存器
　　C．运算器、寄存器　　　　　　　　　　D．运算器、指令译码器
4. 对于 8031 单片机来说，$\overline{EA}$ 引脚总是（　　）。
　　A．接地　　　　　　B．接电源　　　　C．悬空　　　　　D．不用
5. 在 51 单片机中，通常将一些中间计算结果放在（　　）中。
　　A．累加器　　　　　　B．控制器　　　　C．程序存储器　　　D．数据存储器
6. 51 单片机的程序计数器 PC 用来（　　）。
　　A．存放指令　　　　　　　　　　　　　B．存放正在执行的指令地址
　　C．存放下一条执行的指令地址　　　　　D．存放上一条执行的指令地址
7. 51 单片机的应用程序一般存放在（　　）中。
　　A．RAM　　　　　　B．ROM　　　　　C．寄存器　　　　D．CPU
8. 51 单片机复位后，工作寄存器 R0 在（　　）。
　　A．0 区 00H 单元　　B．0 区 01H 单元　C．1 区 09H 单元　D．SFR
9. 51 单片机的进位标志 CY 在（　　）中。
　　A．累加器 A　　　　　　　　　　　　　B．算术逻辑运算部件 ALU
　　C．程序状态字寄存器 PSW　　　　　　　D．DPTR
10. 51 单片机的 XTAL1 和 XTAL2 引脚是（　　）引脚。
　　A．外接定时器　　B．外接串行口　　C．外接中断　　　D．外接晶振
11. 51 单片机复位后，PC 与 SP 的值分别为（　　）。
　　A．0000H，00H　　B．0000H，07H　　C．0003H，07H　　D．0800H，00H
12. 51 单片机的并行口作输入用途之前必须（　　）。
　　A．相应端口先置 1　　B．相应端口先清零　C．外接高电平　　D．外接上拉电阻
13. 在 51 单片机中既可位寻址又可字节寻址的单元是（　　）。
　　A．20H　　　　　　B．30H　　　　　　C．00H　　　　　D．70H
14. 51 单片机中，片内 RAM 共有（　　）字节。
　　A．128　　　　　　B．256　　　　　　C．4K　　　　　　D．64K
15. 当标志寄存器 PSW 的 RS0、RS1 分别为 1 和 0 时，系统选用的工作寄存器组为（　　）。
　　A．组 0　　　　　　B．组 1　　　　　　C．组 2　　　　　D．组 3
16. 在 51 单片机的内部 RAM 中，可以进行位寻址的地址空间为（　　）。
　　A．00H～2FH　　　B．20H～2FH　　　C．00H～FFH　　　D．20H～FFH
17. 51 单片机的程序计数器 PC 为 16 位计数器，其寻址范围是（　　）。
　　A．8K　　　　　　B．16K　　　　　　C．32K　　　　　D．64K
18. 51 单片机中，唯一的不能被用户直接修改内容的寄存器是（　　）。
　　A．PSW　　　　　　B．DPTR　　　　　C．PC　　　　　　D．B
19. 51 单片机的 4 个并行 I/O 端口作为通用 I/O 端口使用，在输出数据时，必须外接上拉电阻的是（　　）。

A. P0 口　　　　　　　B. P1 口　　　　　　　C. P2 口　　　　　　　D. P3 口

20. 51 单片机的 ALE 引脚是以晶振振荡频率的（　　）固定频率输出的，因此它可作为外部时钟或外部定时脉冲使用。

A. 1/2　　　　　　　　B. 1/4　　　　　　　　C. 1/6　　　　　　　　D. 1/12

21. 51 单片机应用系统需要扩展外部存储器或其他接口芯片时，（　　）可分时复用为低 8 位地址总线使用和 8 位数据总线。

A. P0 口　　　　　　　B. P1 口　　　　　　　C. P2 口　　　　　　　D. P3 口

22. 51 单片机应用系统需要扩展外部存储器或其他接口芯片时，（　　）可作为高 8 位地址总线使用。

A. P0 口　　　　　　　B. P1 口　　　　　　　C. P2 口　　　　　　　D. P3 口

23. 51 单片机的位处理器的累加器是（　　）。

A. 累加器 A　　　　　　　　　　　　　　B. PSW 寄存器的 CY 位

C. 寄存器 B　　　　　　　　　　　　　　D. 以上都不对

## 二、填空题

1. 51 单片机存储器分为_____和_____两种。

2. 51 单片机内部 RAM 的低 128 单元，按其用途，划分为_____、_____和_____这 3 个区域。

3. 当单片机的外接晶振频率为 12MHz 时，一个机器周期为_____；当外接晶振频率为 6MHz 时，一个机器周期为_____。

4. 单片机的复位电路有两种，即_____和_____。

5. 当 51 单片机的复位信号持续_____以上的高电平时，用于完成 51 单片机的复位初始化操作。

## 三、简答题

1. 什么是单片机的时钟周期、状态周期、机器周期和指令周期？当主频为 24MHz 时，一个机器周期的时间是多长？执行一条最长的指令需要多长时间？

2. 51 单片机系统复位有效时，片内特殊功能寄存器 P0～P3、PC、DPTR、SP、ACC、PSW 等的内容各是什么？复位能否改变内部 RAM 单元的内容？

3. 51 单片机有多少个特殊功能寄存器？哪些既可以进行字节操作，又可以进行位操作？

4. 51 单片机的引脚有几根 I/O 线？它们与单片机对外的地址总线和数据总线之间有什么关系？地址总线和数据总线各有几位？

5. 51 单片机的 P0～P3 口在结构上有何异同？

6. 当 51 单片机系统需要外扩存储器时，为什么只能由 P0 口作数据总线，P0 口和 P2 口作地址总线？

# 第4章 单片机 C51 语言基础知识简介

**内容概要**

目前，单片机应用设计与开发多使用 C51（Keil C51 的简称）语言来编程。C51 语言在标准 C 的基础上，根据单片机存储器的硬件结构及内部资源，扩展相应的数据类型和变量；在语法规定、程序结构与设计方法上，与标准 C 相同。

在单片机应用开发中，软件编程占有非常重要的地位。编程人员应在短时间内编写出执行效率高、运行可靠的程序代码。由于实际系统日趋复杂，因此为方便多位工程师协同开发，对程序的可读性、升级与维护及模块化的要求越来越高。

C51 语言是近年来国内外单片机开发中普遍使用的一种程序设计语言。C51 语言能直接对单片机硬件进行操作，既有高级语言的特点，又有汇编语言的特点，因此其在单片机应用的程序设计中得到了非常广泛的使用。

**本章内容特色**

本章对精选的 C51 语言内容进行介绍，内容相对比较简单。对于学过 C 语言编程的读者，重点学习 C51 语言与标准 C 不同的部分；对于没有学过 C 语言编程的读者，通读本章内容基本可以解决单片机 C 语言的语法设计问题。

一个微处理器控制的系统，如果只有硬件而没有软件（程序），是不能工作的，8086 微处理器与单片机也不例外。机器语言是 8086 微处理器和单片机唯一能识别的语言，只有用汇编语言和高级语言编写的程序（称为源程序）最终被翻译成机器语言的程序，才能被 8086 微处理器和单片机识别。汇编语言能直接使用 CPU 的指令系统和寻址方式，在实现对硬件控制时具有速度快的优势，对于一些需要直接控制硬件的场合，汇编语言是必不可少的。

汇编语言产生于 DOS 操作系统，不是一种结构化的程序设计语言，对于复杂的微处理器控制系统，它的编写效率很低。为了提高软件的开发效率，许多软件公司致力于微处理器的高级语言 C 编译器的开发研究，现在许多 C 编译器的效率已经接近汇编语言的效率，对于复杂的应用程序，C 语言产生的代码效率甚至超出汇编语言，加之目前微处理器内部程序存储器的迅速发展，许多型号的微处理器内部 ROM 已经达到 64KB 甚至更大，且具备在系统编程（In System Programmable，ISP）功能，进一步推动了 C 语言在位处理应用系统中的应用。

## 4.1 C51 语言在单片机开发中的应用

单片机应用系统的程序设计可以采用汇编语言完成，也可以采用 C 语言完成。汇编语言对单片机内部资源的操作直接简洁、生成的代码紧凑高效；C 语言在可读性和可重用性上具有明显优势，特别是 C51 语言，设计人员更趋于采用 C51 语言进行单片机程序的设计。

### 4.1.1 C51 语言简介

C51 语言在标准 C 语言的基础上针对 51 系列单片机的硬件特点进行扩展，并向 51 系列单片机上移植，经多年努力，C51 语言已成为公认的 51 系列单片机的高效、简洁的实用高级编程语言。

与汇编语言相比，用 C51 语言进行软件开发，具有以下优点。

（1）可读性好。C51 语言程序比汇编语言程序的可读性好，因此编程效率高，程序便于修改、维护及升级。

（2）模块化开发与资源共享。C51 语言开发的模块可以直接被其他项目使用，能很好地利用已有的标准 C 程序资源与丰富的库函数，减少重复劳动，有利于多位工程师的协同开发。

（3）可移植性好。为某型号单片机开发的 C51 程序，只需要将与硬件相关之处和编译链接的参数进行适当修改，就可以移植到其他型号的单片机上。例如，为 51 系列单片机编写的程序通过改写头文件及少量的程序行，就可以移植到 PIC 单片机上。

（4）在编写单片机 C51 程序时，设计者不需要对单片机的指令系统进行了解，也不用为单片机系统的寄存器分配、不同存储器的寻址及数据类型等细节问题耗费精力，这一切都由编译器来管理。

为了对比 C51 语言和汇编语言的程序设计，先来看一段程序。向外部 RAM 地址单元 0BB00H 传输数据 55H，使用汇编语言，程序段如下所示。

```
MOV   DPTR,  #0BB00H
MOV   A,  #55H
MOVX  @DPTR,  A
...
```

由上述代码可知，在使用汇编语言访问外部存储器时，只有使用 DPTR 寄存器作为地址指针间接寻址以及使用 MOVX 指令才能完成对外部地址的访问。

使用 C51 语言的程序段如下所示。

```
#include<absacc.h>
void main(void)
{
        XBYTE[0XBB00]=0X55;
        ...
}
```

显然，使用 C51 语言更方便。程序员不需要知道单片机要求区分片内或片外存储器，不需要知道访问片外地址要使用间接寻址，也不需要知道访问片外地址是使用 MOVX 指令还是使用 MOV 指令。程序员只需要知道关键字 XBYTE 的含义后，使用一个简单的“=”就可以实现这一功能。

## 4.1.2　C51 语言与标准 C 的比较

C51 语言的语法与标准 C 的语法基本相同，C51 语言在标准 C 的基础上进行了适合 51 系列单片机硬件的扩展。深入理解 C51 语言对标准 C 的扩展部分及不同之处，是掌握 C51 语言的关键。

C51 语言与标准 C 的主要区别如下。

（1）库函数不同。标准 C 中的部分库函数不适合嵌入式控制器系统，被排除在 C51 语言之外，如字符屏幕和图形函数。有些库函数可继续使用，但这些库函数都必须针对 51 系列单片机的硬件特点进行相应的开发。例如，库函数 printf 和 scanf 在标准 C 中常用于屏幕打印和接收字符，而在 C51 语言中主要用于串行口数据的收发。

（2）数据类型有一定区别。在 C51 语言中增加了几种针对 51 系列单片机的数据类型，在标准 C 的基础上又扩展了 4 种类型。例如，51 系列单片机包含位操作空间和丰富的位操作指令，因此，与标准 C 相比，C51 语言的位类型更多。

（3）C51 语言的变量存储模式与标准 C 的变量存储模式不同。标准 C 是为通用计算机设计的，计算机中只有一个程序和数据统一寻址的内存空间，而 C51 语言中变量的存储模式与 51 系列单片机的存储器紧密相关。

（4）数据存储类型不同。51 系列单片机的存储区可分为内部数据存储区、外部数据存储区及程序存储区。内部数据存储区分为 3 个不同的 C51 存储类型：data、idata 和 bdata。外部数据存储区分为 2 个不同的 C51 存储类型：xdata 和 pdata。程序存储区只能读不能写，在 51 系列单片机内部或外部。

（5）标准 C 没有处理单片机中断的定义。C51 语言中有专门的中断函数。

（6）C51 语言与标准 C 的输入/输出处理不同。C51 语言中的输入/输出是通过 51 系列单片机的串行口完成的，在输入/输出指令执行前必须对串行口进行初始化。

（7）头文件不同。C51 语言头文件与标准 C 头文件的差异是 C51 语言头文件必须将 51 系列单片机内部的外设硬件资源（如定时器、中断、I/O 等）相应的功能寄存器写入头文件。

（8）程序结构有差异。由于 51 系列单片机的硬件资源有限，因此它的编译系统不允许太多程序嵌套。另外，标准 C 具备的递归特性不被 C51 语言支持。

从数据运算操作、程序控制语句及函数的使用上说，C51 语言与标准 C 几乎没有明显的差别。如果程序设计者具备了有关标准 C 的编程基础，那么只要注意 C51 语言与标准 C 的不同之处，并熟悉 51 系列单片机的硬件结构，就能较快地掌握 C51 语言的编程。

# 4.2　C51 语言基础

## 4.2.1　标识符

标识符是程序设计者为自定义的变量、函数、类型起的名字。标识符由字母、数字和下画线组成，数字不能作为标识符的开头，不能与关键字相同。标识符的取名要尽量"见名知意"。标识符区分大小写，因此 hour 和 HOUR 是不同的标识符。

以下是合法的标识符。

Min, min, t1_counter, con3, _bell, a3_1

以下是不合法的标识符。

5a, x-y, char, data, !z

## 4.2.2　关键字

关键字又称保留字，是程序设计语言中规定的、有固定含义的特殊标识符。在编写程序时，不允许标识符与关键字相同。标准 C 规定了 32 个关键字，如表 4-1 所示，C51 语言扩充的关键字如表 4-2 所示。

表 4-1　标准 C 的关键字

| auto | break | case | char | const | continue | default | do |
|------|-------|------|------|-------|----------|---------|-----|
| double | else | enum | extern | float | for | goto | if |
| int | long | register | return | short | signed | sizeof | static |
| struct | switch | typedef | unsigned | union | void | volatile | while |

表 4-2　C51 语言扩充的关键字

| _at_ | alien | bdata | bit | code | compact | data | idata |
|---|---|---|---|---|---|---|---|
| interrupt | large | pdata | _priority | reentrant | sbit | sfr | sfr16 |
| small | _task_ | using | xdata | | | | |

### 4.2.3　数据类型

数据是单片机操作的对象，是具有一定格式的数字，数据的格式称为数据类型。C51 语言支持的基本数据类型如表 4-3 所示。针对 51 系列单片机的硬件特点，C51 语言在标准 C 的基础上扩展了 4 种数据类型（表 4-3 中的最后 4 行），对于扩展的 4 种数据类型，不能使用指针对它们进行存取。

表 4-3　C51 语言支持的基本数据类型

| 数 据 类 型 | 类 型 名 称 | 长度/bit | 取 值 范 围 |
|---|---|---|---|
| unsigned char | 无符号字符型 | 8 | 0～255 |
| signed char | 带符号字符型 | 8 | −128～127 |
| unsigned int | 无符号整型 | 16 | 0～65 535 |
| signed int | 带符号整型 | 16 | −32 768～32 767 |
| unsigned long | 无符号长整型 | 32 | 0～4 294 967 295 |
| signed long | 带符号长整型 | 32 | −2 147 483 648～2 147 483 647 |
| float | 单精度浮点型 | 32 | $\pm(1.754\,94\times10^{-38}\sim3.402\,823\times10^{38})$ |
| double | 双精度浮点型 | 64 | $\pm(1.754\,94\times10^{-38}\sim3.402\,823\times10^{38})$ |
| bit | 位类型 | 1 | 0，1 |
| sbit | 可寻址位型 | 1 | 0，1 |
| sfr | 特殊功能寄存器型 | 8 | 0～255 |
| sfr16 | 16 位特殊功能寄存器型 | 16 | 0～65 535 |

#### 1．字符型 char

字符型 char 包括无符号字符型 unsigned char 和带符号字符型 signed char，占 1 字节存储空间。unsigned char 表示的取值范围是 0～255，signed char 表示的取值范围是−128～127。字符型一般用于存放字符的 ASCII 码。51 系列单片机是 8 位单片机，其存储单元和寄存器均为 1 字节，因此，在 51 系列单片机程序设计中，常用 unsigned char 定义 0～255 的整数。例如，将并行口 P1 的数据输入变量 temp中，相关的程序段如下所示。

```
unsigned char temp;
temp=P1;
```

#### 2．整型 int

整型 int 分为带符号整型 signed int 和无符号整型 unsigned int，占 2 字节存储空间，用于存放双字节数据。signed int 表示的取值范围是−32 768～32 767，unsigned int 表示的取值范围是 0～65 535。在程序设计中，如果估计变量的取值范围超过字符型表示的范围，那么可将变量定义为整型。

#### 3．长整型 long

长整型 long 分为带符号长整型 signed long 和无符号长整型 unsigned long，占 4 字节存储空间。程序设计中，如果估计变量的取值范围超过整型 int 能表示的范围，那么可将变量定义为长整型。

**4. 浮点型**

浮点型分为单精度浮点型 float 和双精度浮点型 double，float 占 4 字节存储空间，double 占 8 字节存储空间。浮点型数据可以直接表示小数，因此许多复杂的数学表达式都采用浮点型数据。51 系列单片机使用浮点型数据进行运算时消耗资源较大，运行速度也较慢，因此在实时性要求非常高的单片机程序中，一般不进行浮点型数据的运算。

**5. 位类型 bit**

位类型 bit 是 C51 语言扩充的数据类型，利用它可定义一个位标量，但不能定义位指针，也不能定义位数组。bit 占 1 位的存储容量，只有 0 或 1 两种取值。位变量必须定义在 51 系列单片机片内 RAM 的可位寻址空间中，也就是字节地址为 20H～2FH 的 16 个字节单元，每 1 字节的每 1 位都可以单独寻址，共有 128 位。例如，定义一个位变量 flag，若 flag 的值为 0，则将 P1 口的状态送入变量 temp1 中，否则将 P1 口的状态送入变量 temp2 中，相关程序段如下所示。

```
unsigned char temp1,temp2;
bit    flag;
if(flag= =0)
    temp1=P1;
else    temp2=P1;
```

**6. 可寻址位型 sbit**

sbit 是 C51 语言中的一种扩充数据类型，利用它可以访问单片机内部的 RAM 中的可寻址位或特殊功能寄存器中的可寻址位。sbit 常用于定义并行口的单独使用的位。例如，将并行口 P1 的第 1 位、第 2 位分别定义为 LED1、LED2，相关程序段如下所示。

```
sbit    LED1=P1^1;
sbit    LED2=P1^2;
```

注意：一个 sbit 只能定义一个端口，以下定义方式是错误的。

```
sbit    LED1=P1^1, LED1=P1^2;
```

**7. 特殊功能寄存器型 sfr**

51 单片机内部包含各种寄存器，如各种控制寄存器、状态寄存器及 I/O 端口锁存器、定时器、串行口数据缓冲器等，它们离散地分布在 80H～FFH 的地址空间范围，这些寄存器统称为特殊功能寄存器。特殊功能寄存器型 sfr 和 sfr16 就是用于定义这些特殊功能寄存器的。例如，定义并行口 P1，相关程序段如下所示。

```
sfr P1=0X90;
```

为了用户处理方便，Keil C51 编译器对 51 系列单片机（包括 52 增强型）常用的特殊功能寄存器和其中的可寻址位进行了定义，放在名为 reg51.h（或 reg52.h）的头文件中。当用户要使用特殊功能寄存器时，只要在使用之前用一条预处理命令#include<reg51.h>将这个头文件包含到程序中，就可以使用特殊功能寄存器名和其中的可寻址位名了。用户可以通过文本编辑器对头文件进行增减。对于程序开发人员来说，一般情况下不必使用这种类型。

## 4.2.4　数据的存储类型

51 单片机的存储区包括内部数据存储区、外部数据存储区和程序存储区，因此，在使用 C51 语言定义变量时，需要同时定义变量的存储类型，默认为 data 类型。C51 的十六进制是以 0X 或 0x 开头的。

在讨论 C51 语言的数据类型时，必须同时提及它的存储类型，以及它与 51 系列单片机存储器结构的关系，C51 语言定义的任何数据类型必须以一定的方式定位在 51 系列单片机的某一存储区中，否则没有任何实际意义。C51 语言存储类型与 51 系列单片机存储空间的对应关系如表 4-4 所示。

表 4-4　C51 语言存储类型与 51 系列单片机存储空间的对应关系

| 存储类型 | 长度/位 | 值域范围 | 与 51 系列单片机存储空间的对应关系 |
|---|---|---|---|
| data | 8 | 0～127 | 指内部数据存储器区 0X00～0X7F 的 128 个 RAM 空间，可以用 ACC 直接读/写，速度最快，生成的代码也最少 |
| bdata | 8 | 0～127 | 位寻址内部 RAM（0X20～0X2F）空间，允许位和字节混合访问 |
| idata | 8 | 0～255 | 固定指前面 0X00～0XFF 的 256 个 RAM 空间，其中，前 128 个 RAM 空间和 data 的 128 个 RAM 空间完全相同，只是访问的方式不同，读取速度比 data 里的数据的读取速度慢，idata 是用类似标准 C 中的指针方式访问的，对应汇编指令 MOVX　ACC, @Rx |
| pdata | 8 | 0～255 | 外部扩展 RAM 的低 256 字节，地址出现在 A0～A7 上时进行读/写，以 R0、R1 方式分页寻址外部数据存储器，这个比较特殊，而且 C51 语言对此好像有 Bug，建议少用 |
| xdata | 16 | 0～65 535 | 外部数据存储器区（64KB 地址范围），对应汇编指令 MOVX @DPTR, A |
| code | 16 | 0～65 535 | 程序存储器区（64KB 地址范围），对应汇编指令 MOVC A, @A+DPTR |

### 1. data 区

位于内部 RAM 区的低 128 字节，可以直接寻址，而且读/写速度最快，所以通常将常用变量放在 data 区。定义在 data 区的整型变量 sum 和字符型变量 temp，如下所示。

```
unsigned  int  data  sum;
unsigned  char  data  temp;
```

注意，若定义变量不加存储类型声明，则默认为 data 存储类型。

### 2. bdata 区

bdata 区是指内部 RAM 中地址为 20H～2FH 的位寻址区，共有 16 字节 128 位，在这个区中，声明变量可以进行位寻址。需要注意的是，不能在 bdata 区声明浮点类型变量。声明整型 temp 变量为 bdata 类型变量，如下所示。

```
unsigned  int  bdata  temp;
```

### 3. idata 区

增强型 52 系列单片机有 256 字节的内部 RAM，00H～FFH 地址范围的存储空间称为 idata 区。idata 区与特殊功能寄存器区的地址重叠，只能通过寻址方式区分。idata 区用间接寻址方式访问，访问速度比 data 区稍慢，但比外部 RAM 访问速度快，因此也可用于存放使用较为频繁的变量。idata 区声明举例如下所示。

```
unsigned  char  idata  sum;
unsigned  int  idata  i;
float  idata  f_value;
```

### 4. pdata 区和 xdata 区

pdata 区和 xdata 区位于单片机外部扩展的 RAM 区。pdata 区有 256 字节的地址空间，使用 8 位地址间接寻址。xdata 区有 65 536 字节的地址空间，需要 16 位地址进行间接寻址，寻址速度比 pdata 区慢，所以在程序设计时尽量将外部数据放在 pdata 区。对 pdata 区和 xdata 区的声明举例如下所示。

```
unsigned   char   xdata   temp;
unsigned   int    pdata   seg[16];
```

### 5．code 区

code 区即程序存储器 ROM 区，是只读类型，有 64KB 存储空间。code 区一般用于存放应用程序，有时也用于存放常数类型的数组，以节省内部 RAM 空间。

```
unsigned char code str[   ]={0x00,0x01,0x02,0x03,0x04,0x05,0x06,0x07,0x08};
```

如果把上述举例中的 code 字符去掉，那么程序一般也能正常运行，但是会增加 8 字节的 RAM 使用量，而在一般情况下 51 系列单片机可用的内部 RAM 不到 128 字节，所以在程序设计时应把常数类型的数组定义为 code 存储类型。

## 4.2.5　局部变量与全局变量

### 1．局部变量

局部变量是某个函数中存在的变量，它只在该函数内部有效。

### 2．全局变量

全局变量是在整个源文件中都存在的变量。有效区间从定义点开始到源文件结束，其中所有函数都可直接访问该变量。若定义前的函数需要访问该变量，则需要使用 extern 关键词对该变量进行说明；若全局变量声明文件之外的源文件需要访问该变量，则也需要使用 extern 关键词进行说明。

由于全局变量一直存在，因此其占用了大量的内存单元，且提高了程序的耦合性，不利于程序的移植或复用。

全局变量可以使用 static 关键词进行定义，该变量只能在变量定义的源文件内使用，不能被其他源文件引用，这种全局变量称为静态全局变量。若其他文件的一个非静态全局变量需要被某文件引用，则需要在调用该文件前使用 extern 关键词对该变量进行声明。

## 4.2.6　预处理命令

程序编写完成后，需要在编译系统（如 Keil μVision 5）中进行编译，形成机器码文件，并将其下载到单片机的程序存储器 ROM 中才能运行。只在编译过程中有效，编译完成不会形成机器码的语句就是预处理命令。预处理命令以"#"开头，放在程序所有函数的外面，并且一般都放在程序开头。C51 语言提供了 3 种预处理命令，即文件包含、宏定义和条件编译。

### 1．文件包含

文件包含是指在一个文件中将另一个文件包含到本文件中，文件包含的格式为

```
#include <文件名>
或者
#include "文件名"
```

使用<>方式包含的头文件，编译程序时将从包含目录中查找（包含目录是由用户在设置环境时设置的），而不是在源文件目录中查找；使用" "方式包含的头文件，编译程序时将从源程序所在的文件夹中查找所选择的头文件，若未找到，则到包含目录中查找。被包含的文件可以是编译器提供的文件（如 reg51.h），也可以是程序编写人员自己编写的头文件。一个 include 命令只能指定一个被包含文件，若有多个文件要包含，则需要用多个 include 命令。例如：

```
#include <reg51.h>
```

上述文件包含命令的作用是，C51编译器将定义51系列单片机内部特殊功能寄存器的文件reg51.h包含到本文件中。

### 2. 宏定义

对于程序编写来说，宏定义不是必需的，但使用宏定义可以使变量类型的书写简化，方便程序的维护和移植。宏定义的作用是用一个标识符代替一个字符串，这个字符串称为宏，被定义为宏的标识符称为宏名。在进行编译时，用宏定义中的字符串去代换程序中出现的所有宏名，称为宏代换或宏展开。宏定义可以放在程序的任何地方，一般习惯放在程序的开头、文件包含命令的后面。宏定义分为不带参数宏定义和带参数宏定义。

（1）不带参数宏定义。

格式：#define　宏名　字符串

例如：

```
#define   uchar   unsigned   char
#define   uint    unsigned   int
#define   Pai    3.14
```

第1个宏定义用uchar代替unsigned char；第2个宏定义用uint代替unsigned int，其作用是简化书写；第3个宏定义用Pai代替3.14这个常数，其目的是方便维护与修改。

（2）带参数宏定义。

格式：#define　宏名(形参表)(字符串)

宏定义中的参数称为形式参数（简称形参），宏调用中的参数称为实际参数（简称实参）。对带参数的宏，在调用中，不仅要进行宏展开，而且要用实参去替换形参。带参数宏定义将一个带形参的表达式定义为一个带形参表的宏名。将程序中所有带实参表的宏名都用指定的表达式替换，同时用参数表中的实参替换表达式中对应的形参。

### 3. 条件编译

一般情况下，C语言源程序中的所有代码都要编译，形成目标代码。但有时出于对程序代码优化的考虑，只对其中一部分代码进行编译。在这种情况下，需要在程序中加上条件，让编译器只对满足条件的代码进行编译，舍弃不满足条件的代码，这就是条件编译。条件编译一般用于编写自定义头文件，防止重复编译导致代码冗余。

条件编译命令有以下3种形式。

（1）第1种形式。

```
#ifdef 标识符
      程序段1
#else
      程序段2
#endif
```

作用：若标识符已经被定义过（一般用 #define 命令定义），则编译程序段1；否则编译程序段2。若程序段2为空，则 #else 部分可以省略。

（2）第2种形式。

```
#ifndef 标识符
      程序段1
#else
      程序段2
```

```
#endif
```
作用：若标识符没有被定义，则编译程序段 1；否则编译程序段 2。

（3）第 3 种形式。

```
#if 表达式 1
    程序段 1
#else
    程序段 2
#endif
```
作用：若表达式 1 成立，则编译程序段 1；否则编译程序段 2。

# 4.3　C51 语言的基本运算

C51 语言的基本运算与标准 C 基本相同，主要包括赋值运算、算术运算、关系运算、逻辑运算、位运算、复合赋值运算符与表达式等。

## 1．赋值运算符与表达式

赋值运算符的功能是将数据赋给变量。用赋值运算符将一个变量与一个表达式连接起来的赋值表达式的一般形式如下所示。

```
变量=表达式;
```

如果赋值号两侧的类型不一致，那么编译系统会自动将右侧表达式求得的数据按赋值号左边的变量类型进行转换。

## 2．算术运算符与表达式

C51 语言的算术运算符有以下 7 种。

（1）"+" 加或取正值运算符；

（2）"−" 减或取负值运算符；

（3）"*" 乘运算符；

（4）"/" 除运算符；

（5）"%" 取余运算符；

（6）"++" 增量运算符；

（7）"−−" 减量运算符。

运算符 "+" "−" "*" 符合一般的算术运算规则，值得注意的是，"/" 和 "%" 这两个符号都涉及除法运算，其中 "/" 运算符是取商，"%" 运算符是取余数。例如，"10/3" 的结果为 3，"5%3" 的结果为 2。

运算符 "++" 和 "−−" 的作用是使变量自加 1 或自减 1 后，再回存变量。自加 1 和自减 1 运算符放在变量前和放在变量后的结果往往不相同。例如：

```
unsigned   char   i=5, x;
x=++i;              //执行这条指令后，i 先加 1，后将 i 的值赋给 x；结果 x=6，i=6
x=i++;              //执行这条指令后，i 的值先赋给 x，后将 i 加 1；结果 x=6，i=7
```

"++i" 和 "i++" 的操作都是分两步完成的，但赋值顺序不同，"++i" 是先加后赋值，"i++" 是先赋值后加。当变量的自加 1 或自减 1 表达式自成一个语句时，其运算符放在变量前面和后面没有区别。例如，语句 "i++;" 和语句 "++i;" 没有区别。

### 3．关系运算符与表达式

关系运算是"比较运算"，将两个表达式进行比较以判断，判断结果为"真"或"假"。关系运算符包括"<"（小于）、"<="（小于或等于）、">"（大于）、">="（大于或等于）、"=="（等于）、"！="（不等于）。关系运算表达式的一般形式：表达式 1　关系运算符　表达式 2。

关系表达式的结果只有两种：1（true）或 0（false）。例如：

```
unsigned   char   a=3, b=4,c=5,x;
x=b>a+c;           //算术运算的优先级高于关系运算, 赋值运算的优先级最低
```

运行结果 x 为 0（不成立）。

### 4．逻辑运算符与表达式

逻辑运算符是用于逻辑运算的符号。逻辑运算符有以下 3 种。

（1）"&&"逻辑与；

（2）"||"逻辑或；

（3）"！"逻辑非。

逻辑与"&&"和逻辑或"||"的表达式的形式为：表达式 1　逻辑运算符　表达式 2。

逻辑非"！"的表达式的形式为：！表达式。

逻辑表达式的运算的判断结果为"真"或"假"，注意在采用 C51 语言编写程序时，往往将逻辑与"&&"看成"并且"，即表达式 1 和表达式 2 只有同时成立，整个表达式才成立；将逻辑或"||"看成"或者"，即表达式 1 和表达式 2 只要有一个成立，整个表达式就成立。

表 4-5　位运算符及其说明

| 位 运 算 符 | 说　　明 |
|:---:|:---:|
| & | 按位与 |
| \| | 按位或 |
| ^ | 按位异或 |
| ~ | 按位取反 |
| << | 位左移 |
| >> | 位右移 |

### 5．位运算符与表达式

在使用 C51 语言编写控制应用程序的过程中，往往需要改变 I/O 口中的某一位的值，而不影响其他位，如果 I/O 口是可位寻址的，那么这个问题就很容易解决。但有时需要对并行口整体按字节操作，因此在这种场合可以采用位操作。位运算符及其说明如表 4-5 所示。

（1）按位与。

参与按位与"&"运算的两个运算量，若相应的位都是 1，则结果为 1，否则为 0。任意一个二进制位和 0 "与"被清零，和 1 "与"不变，常用这个特性实现将并行口的某些位清零，其余位不变。例如，将 P3 口的 D7、D1、D0 位清零，其余位不变的语句如下。

```
P3=P3&0X7C;
```

（2）按位或。

参与按位或"|"运算的两个运算量，若两个相应的位中至少有一个是 1，则结果值中的该位为 1，否则为 0。一个位数，与 1 "或"被置 1，与 0 "或"不变，该特性常用于实现将并行口的某些位置 1，其余位不变。例如，将 P2 口的 D6、D0 位置 1，其余位不变的语句如下。

```
P2=P3|0X41;
```

（3）按位异或。

参与按位异或"^"运算的两个运算量，若相应的位相同，则为 0，不同则为 1。一个位数，与 1 "异或"被取反，与 0 "异或"不变。例如，将 P1 口的 D5、D2 位取反，其余位不变的语句如下。

```
P1=P1^0X24;
```

（4）按位取反。

按位取反 "~" 用于对一个二进制数按位取反，即将 0 变 1，将 1 变 0。

（5）位左移。

位左移 "<<" 用于将一个数的各二进制位全部左移若干位，移到左端的高位被舍弃，右边的低位补 0。例如，a=0x52，a<<2，结果 a 为 0x48。

左移 1 位相当于乘以 2，左移 $n$ 位相当于乘以 $2^n$。例如，将变量 a 乘以 4 后回存 a 的语句如下。

a=a<<2;

（6）位右移。

位右移 ">>" 用于将一个数的各二进制位全部右移若干位，移到右端的低位被舍弃。对无符号数或者带符号数中的正数，左边高位移入 0；对带符号数中的负数，左边高位移入 1。右移 1 位相当于除以 2，右移 $n$ 位相当于除以 $2^n$。例如，a 除以 8 后回存 a 的语句如下。

a=a>>3;

### 6．复合赋值运算符与表达式

双目运算符可以和赋值运算符结合组成复合赋值运算符。C 语言规定可以使用以下 10 种复合赋值表达式：

+=、=、*=、/=、%=、<<=、>>=、&=、|=、^=

复合赋值表达式的一般形式：　变量　复合赋值运算符　表达式。例如：

"a*=10" 等价于 "a=a*10"

# 4.4　C51 语言基本语句

## 4.4.1　C51 语言语句概述

C51 语言语句用于向单片机发出操作指令。一个完整的 C51 语言程序包括数据描述和数据操作。数据描述定义数据结构和数据初值，由数据定义部分实现；数据操作是对已提供的数据进行加工，这部分功能是由语句实现的。这里的 "数据" 既包括与底层硬件无关的数据，又包括特殊功能寄存器等与底层硬件状态直接相关的数据。

C51 语言程序由语句组成，这些语句主要包括说明语句、表达式语句、空语句、复合语句和流程控制语句，每种语句都以分号结束，本书 C51 语言程序中用到的分号都是半角分号。

### 1．说明语句

C51 语言的说明语句是用于定义变量的类型的，同时可以在需要时给变量赋初值。C51 语言规定，所有变量在使用前必须定义。每个变量都被定义为确定的类型，才能在编译时为其分配相应的存储单元，并且可以据此检查该变量进行的运算是否合法，若不合法，则会报错，提示程序员修改。以下语句为说明语句。

```
unsigned  char  a=10, b=20, c;
bit  flag=0;
sbit  LED0=P1^0;
```

### 2．表达式语句

将表达式加上分号 ";" 即可构成表达式语句，这是 C51 语言程序最基本的可执行语句之一。以下语句是表达式语句。

```
total=a+b*c;
```

### 3．空语句

空语句就是什么都不做的语句。常用的空语句有两种形式：一种是只有一个分号的语句；另一种是只有一个花括号且里面是空的语句。

```
   ;
   { }
```

在 51 系列单片机程序设计中，常常用空语句实现延时功能。例如：

```
for(i=0; i<123 ; i++)
   { }
```

另外，C51 编译器还提供了一个空语句的库函数：

```
   void   _nop_(void);
```

这个库函数调用一次，会延时 1 个机器周期的时间。在使用这个库函数前，需要将其所在的头文件 intrins.h 包含到当前文件中。

### 4．复合语句

用花括号 "{ }" 将一些语句组合在一起，使其在语法上等价于一个语句，这样的语句称为复合语句。复合语句中的最后一个语句中最后的分号不能忽略不写，结束一个复合语句的右花括号之后不能带分号。复合语句在程序运行时，花括号 "{ }" 中的各行单语句是依次顺序执行的。在 C51 语言的函数中，函数体就是一个复合语句。例如：

```
if(++con==20)
   {
       con=0;
       LED=~LED;
   }
```

### 5．流程控制语句

流程控制语句是用于控制程序中各语句执行顺序的语句，可以将语句组合成能完成一定功能的小逻辑模块，流程控制语句有 3 种类型：分支控制语句、循环控制语句和转移语句。

## 4.4.2　分支控制语句

分支控制语句包括 if 语句和 switch 语句两种类型，if 语句又可分为 if…语句、if…else…语句、多级 if…else…语句。其中，if…语句和 if…else…语句用于实现二分支选择结构，多级 if…else…语句和 switch 语句用于实现多分支选择结构。

### 1．if…语句

if…语句的格式如下所示。

```
if  (表达式)
   { 语句组; }
```

if…语句的执行过程为：当表达式的结果为 "真" 时，执行其后的语句组，否则跳过该语句组，继续执行下面的语句。

if…语句中的表达式通常为逻辑表达式或关系表达式，也可以是其他表达式或类型数据，只要表达式的值非 0，就为 "真"。以下语句都是合法的：

```
if  (100)   {…}
if  (x=100) {…}
if  (P30)   {…}
```

在 if…语句中，表达式必须用括号"( )"括起来。如果花括号"{}"里面的语句组只有一条语句，那么可以省略花括号，如"if(con==0)led=0;"语句。但是为了提高程序的可读性和防止程序书写错误，建议读者在任何情况下都加上花括号。

### 2．if…else…语句

if…else…语句的格式如下所示。

```
if  (表达式)
    {语句组 1; }
else
    {语句组 2; }
```

if…else…语句的执行过程为：当表达式的结果为"真"时，执行其后的"语句组 1"，否则执行"语句组 2"。

【例 4-1】　如图 4-1 所示，P2.0 接一个发光二极管，P1.0 接一个按键，要求当按键按下时，发光二极管发光；当按键弹开时，发光二极管不发光。

分析：对于 51 系列单片机，其 I/O 口在高电平时输出电流的能力很弱，一般为几十微安；而低电平时灌入电流的能力较强，约为 10mA。所以在设计 51 系列单片机控制电路时，如果外设需要较大的电流，那么一般采用低电平驱动的方式。图 3-3 中的发光二极管采用低电平驱动的方式，P2.0 输出低电平时发光，P2.0 输出高电平时不发光。

图 4-1　一个按键控制一个发光二极管

发光二极管是单片机控制系统常用的输出设备，常用于指示系统的运行状态等。普通二极管的导通压降一般为 0.3V 或 0.7V，而发光二极管的导通压降一般为 1.8～2V。发光二极管工作时的亮度与通过的电流有关，电流越大，亮度越高。在设计发光二极管电路时，必须串联一个限流电阻。图 4-1 中，如果 D1 导通时的压降约为 2V，那么限流电阻的压降约为 3V，通过的电流为 $I=3/R_1 \approx 6mA$。当减小 R1 的阻值时，电路的电流增大，发光二极管亮度增加，当流过发光二极管的电流超过 10mA 时，亮度将不再明显增加，而发热会快速增加。在设计电路时，流过发光二极管的电流取 5～10mA 较合适。

图 4-1 中，按键一端接在 P1.0 口，另一端接地。单片机复位后，所有 I/O 口均为高电平，所以当按键没有按下时，I/O 口输入为高电平；当按键按下时，I/O 口与地端接通，I/O 口输入为低电平。因为 51 系列单片机 P0 口内部无上拉电阻，所以如果按键接在 P0 口上，那么需要接上拉电阻，阻值一般取 1～10kΩ。

按照上述要求，编写程序如下所示。

```c
#include < reg51.h >
sbit   LED = P2^0 ;
sbit   S = P1^0 ;
void   main( void )
{
  while( 1 )
  {
    if  ( S = = 0 )  LED = 0 ;
    else   LED = 1 ;
  }
}
```

上述程序也可以采用两个独立的 if…语句编写，程序如下所示。

```
#include < reg51.h >
sbit   LED = P2^0 ;
sbit   S = P1^0 ;
void   main( void )
{
  while ( 1 )
  {
    if  ( S = = 0 )   LED = 0 ;
    if  ( S = = 1 )   LED = 1 ;
  }
}
```

### 3. 多级 if…else…语句

多级 if…else…语句是由 if…else…语句组成的嵌套，用于实现多个条件分支的选择，其格式如下所示。

```
if  (表达式 1)
{语句组 1; }
  else  if  (表达式 2)
    {语句组 2; }
     else  if  (表达式 3)
    {语句组 3; }
       …
        else  if  (表达式 n)
          {语句组 n; }
            else
              {语句组 n+1; }
```

这种结构是由上向下逐个对条件进行判断的，一旦发现条件满足，就执行与它有关的语句，并跳过其他剩余语句；若没有一个条件满足，则执行最后一个 else 语句。最后这个 else 语句常起着"默认条件"的作用。

【例 4-2】 如图 4-2 所示，P2 口接 8 个发光二极管，P1.0、P1.1 分别接按键 S1、S2，要求当没有按键按下时，8 个发光二极管全灭；当按键 S1 按下时，左边 4 个发光二极管亮；当按键 S2 按下时，右边 4 个发光二极管亮；当 2 个按键均按下时，8 个发光二极管全亮。

图 4-2　2 个按键控制 8 个发光二极管

这是一个四选一的分支结构，可采用多级 if…else…语句实现功能，编写程序如下所示。

```
#include < reg51.h >
sbit    S1 = P1^0 ;
sbit    S2 = P1^1 ;
void    main( void )
{
    while( 1 )
        {
            if   ((S1 = =0)&&(S2 = = 0)) P2 = 0 ;
            else   if   ((S1 = =0)&&(S2 = = 1)) P2 = 0x0f ;
            else   if   ((S1 = =1)&&(S2 = = 0)) P2 = 0xf0 ;
            else   P2 = 0xff ;
        }
}
```

### 4．switch 语句

switch 语句是多分支选择语句，比多级 if…else…语句简洁明了。switch 语句的格式如下所示。

```
switch    (变量表达式)
{
    case 值 1: 语句组 1; break;
    case 值 2: 语句组 2; break;
    …
    case 值 n: 语句组 n; break;
    default:    语句组 n+1;
}
```

该语句的执行过程为：先计算表达式的值，并与 case 后的常量表达式的值逐个进行比较，当表达式的值与某个常量表达式的值相等时，执行该常量表达式后对应的语句组，再执行 break 语句，跳出 switch 语句的执行，继续执行下一条语句。若表达式的值与所有 case 后的常量表达式均不相同，则执行 default 后的语句组。

使用 switch 语句时应注意以下几点。

（1）switch 语句中的变量可以是数值，也可以是字符；

（2）可以省略一些 case 和 default；

（3）case 或 default 后的语句可以是语句体，但不需要用花括号括起来；

（4）每个 case 的常量表达式必须是互不相同的，否则将出现混乱；

（5）case 和 default 出现的次序不影响程序执行的结果；

（6）在执行一个 case 分支后，要使流程跳出 switch 结构，即中止 switch 语句的执行，可以用一个 break 语句完成。如果在 case 语句中遗忘了 break 语句，那么程序执行了本行之后，将不会按规定退出 switch 语句，而是执行后续的 case 语句。switch 语句的最后一个分支可以不加 break 语句，结束后直接退出 switch 结构。

【例 4-3】 如图 4-3 所示，P2.0～P2.3 接 4 个发光二极管，P2.4～P2.7 接 4 个按键，现要求在一般情况下，4 个发光二极管全亮，只按 S1 时，D1 灭；只按 S2 时，D2 灭，以此类推。

这是一个多选一的分支结构，可采用多级 if…else…语句实现，也可以采用 switch 语句实现，采用 switch 语句实现的程序

图 4-3　4 个按键控制 4 个发光二极管

如下所示。

```
#include<reg51.h>
#define  uchar   unsigned  char
void   main( void )
{
    uchar   temp ;
    P2 = 0xf0 ;                    //输入端口写 1
    while(1)
    {
        temp = P2 ;
            temp =temp & 0xf0 ; //屏蔽低 4 位，低 4 位为输出端口，防止影响按键值判断
            switch   ( temp )
            {
              case   0xe0 : P2 = 0xf1 ; break ;
              case   0xd0 : P2 = 0xf2 ; break ;
              case   0xb0 : P2 = 0xf4 ; break ;
              case   0x70 : P2 = 0xf8 ; break ;
              default : P2 = 0xf0 ;
            }
    }
}
```

### 4.4.3　循环控制语句

单片机重复运行一条或多条指令，直到满足一定条件时才退出，称为循环。在 C51 语言中，循环可用循环语句实现。C51 语言有 3 种基本的循环语句：while 语句、do…while 语句和 for 语句。

#### 1．while 语句

while 语句的格式如下所示。

```
while   (表达式)
{循环体语句; }
```

该语句的执行过程为：如果表达式为真，那么重复执行循环体语句；反之，则终止循环体语句。表达式必须用括号 "( )" 括起来，表达式可以是常量、变量、函数和各种运算表达式。

while 语句结构的特点在于，循环条件的测试在循环体的开头，要想执行重复操作，首先必须进行循环条件的测试，若条件不成立，则循环体内的重复操作一次也不能执行。

一般情况下，单片机应用程序是一个无限循环结构，即从程序开头执行到结尾，再返回开头，往复不断。可以使用 "while(1)" 语句实现该结构。例如：

```
void   main (void)
{
    …
    while( 1 )
    {
      …
    }
}
```

#### 2．do…while 语句

do…while 语句的格式如下所示。

```
do
{
    循环体语句;
} while （表达式）;
```

do…while 语句的执行过程为：先执行循环体语句，再计算表达式，若表达式的值为"真"，则继续执行循环体语句，直到表达式的值为"假"，结束循环。

do…while 语句构成的循环与 while 循环语句十分相似，它们之间的主要区别是：while 语句循环的控制出现在循环体之前，只有当 while 后面表达式的值非 0 时，才可能执行循环体，在 do…while 语句构成的循环中，总是先执行一次循环体，然后求表达式的值的，因此无论表达式的值是否为 0，循环体都至少被执行一次。

do…while 循环用得并不多，用 while 语句实现会更直观。

### 3．for 语句

for 语句是用得最多、使用最灵活的循环语句之一。它不仅可以用于循环次数已知的情况，也可用于循环次数不确定、只给出循环条件的情况，完全可以替代 while 语句。

for 语句的格式如下所示。

```
for （表达式 1; 表达式 2; 表达式 3）
{ 循环体语句; }
```

关键字 for 后面的括号中通常含有 3 个表达式，各表达式之间用";"隔开。这 3 个表达式可以是任意形式的表达式，通常主要用于对 for 循环的控制。紧跟在 for( )之后的循环体，在语法上要求是一条语句；若循环体内有多条语句，则应该用花括号括起来组成复合语句。

该语句的执行过程如下所示。

（1）计算"表达式 1"，表达式 1 通常为循环次数变量赋初值。

（2）计算"表达式 2"，表达式 2 通常为能够进行循环的条件，若满足条件，则运行循环体语句；若不满足条件，则退出循环。

（3）执行一次循环体。

（4）计算"表达式 3"，表达式 3 通常是控制循环次数的变量修改表达式，然后转步骤（2）。

（5）结束循环，执行 for 循环之后的语句。

编写单片机控制程序时，常常会用到延时功能，可以利用循环语句和"空"循环体达到延时的目的。例如：

```
for （i=0 ; i<10000 ; i++）
{  }
```

上述语句循环 10 000 次，然后退出，达到延时的目的。还可通过循环语句的嵌套，达到更长时间延时的目的。例如：

```
uchar  i, ms=100 ;
while ( ms-- )
  for( i = 0 ; i < 123 ; i++ );
```

【例 4-4】 如图 4-4 所示，P2.0 接 1 个发光二极管，系统上电后让其不停闪烁。

程序如下所示。

```
#include<reg51.h>
#define  uint   unsigned  int
sbit  LED = P2^0 ;
```

图 4-4 单个发光二极管闪烁

```
void   main( void )
{
    uint   i ;
      while(1)
      {
        LED = ～ LED ;              //LED 端口电平取反
        for( i = 0 ; i < 12300 ; i++ )   //延时约 100ms
        {  }                       //此花括号可以用 "；" 代替
      }
}
```

### 4.4.4　转移语句

分支语句和循环语句都能控制程序流程，除此之外，还有一些语句能够控制程序流程，但其自身不具备完整的流程结构，这就是转移语句。转移语句包括 break 语句、continue 语句和 goto 语句。在循环体语句的执行过程中，如果想在满足循环判定条件的情况下跳出代码段，那么可以使用 break 语句或 continue 语句；如果想从任意位置跳转到代码的某个地方，那么可以使用 goto 语句。

#### 1. break 语句

break 语句的格式为
```
break;
```
break 语句只能用在 switch 语句和循环语句中。break 语句用在 switch 语句中的作用是跳出 switch 语句，转到 switch 之后的语句。break 语句用在循环语句中的作用是跳出本层循环体，执行循环语句后面的语句。

【例 4-5】　如图 4-1 所示，要求：若与 P2.0 相连的发光二极管 D1 不停地闪烁，则当与 P1.0 相连的按键 S1 按下时，停止闪烁。

程序如下所示。
```
#include < reg51.h >
#define   uint   unsigned   int
sbit   LED = P2^0 ;
sbit   S = P1^0 ;
void   main( void )
  {
    uint   i ;
      while (1)
      {
        LED = ～ LED ;
        for( i = 0 ; i < 12300 ; i++ );   //延时
        if(S == 0 )   break ;
      }
    while (1);
  }
```

#### 2. continue 语句

continue 语句的格式为
```
continue;
```

continue 语句只能用在循环语句中。其作用及用法与 break 语句相似，二者的区别：若循环遇到 break 语句，则直接结束循环；若循环遇上 continue 语句，则停止当前这次循环，然后进行下一次循环。可见，continue 语句并不结束整个循环，仅仅是中断这次循环，然后跳到循环条件处，继续下一次循环。当然，如果跳到循环条件处发现条件已不成立，那么循环也会结束。

【例 4-6】　如图 4-1 所示，当与 P1.0 相连的按键 S1 按下时，与 P2.0 相连的发光二极管 D1 暂停闪烁；当按键 S1 弹开时，发光二极管继续闪烁，试编写程序。

程序如下所示。

```
#include < reg51.h >
#define  uint  unsigned  int
sbit  LED = P2^0 ;
sbit  S = P1^0 ;
void  main ( void )
{
    uint  i ;
    while(1)
    {
      if( S == 0 ) continue ;
      LED = ～ LED ;
      for( i = 0 ; i < 12300 ; i++ );
    }
}
```

## 3. goto 语句

goto 语句的格式为

```
goto     标号;
```

goto 是一条无条件转移语句，当执行 goto 语句时，程序指针跳转到 goto 给出的下一条代码。goto 语句在 C51 语言程序编写中经常被用于无条件跳转某条必须执行的语句，以及在死循环程序中退出循环。为了方便阅读，也为了避免跳转时引发错误，在程序设计中要慎重使用 goto 语句。

# 4.5　C51 函数简介

## 4.5.1　C51 函数概述

函数是一个完成一定相关功能的执行代码段。在高级语言中，函数与另外两个名词"子程序"和"过程"一样，用于描述同样的事情。在 C51 语言中使用的是"函数"这个术语。

C51 语言程序由主函数和若干普通函数构成，函数是构成 C51 语言程序的基本模块。从功能上来说，一个 C51 语言程序可以只有一个主函数 main ( )，但是程序员在编写程序时，往往用自定义函数来编写不同功能模块，由这些自定义函数和主函数构成一个完整的程序。这样做的好处是：程序的整体结构清晰明了；这些函数可以重复使用，减少重复工作；将经常使用的程序段编写成自定义函数，可以明显地缩短程序代码。

C51 语言中函数的数目是不受限制的，但是一个 C51 语言程序至少有一个以 main 命名的函数，该函数称为主函数。主函数是唯一的，整个程序从这个主函数开始执行。主函数之外的函数称为普通函数，普通函数在 C51 语言中又可分为库函数、用户自定义函数和中断函数。

库函数由编译器提供，有固定格式，一般不需要用户对其进行修改，只需要在程序中包含具有该函数说明的头文件即可直接调用。例如，调用循环左移函数_crol_( )时，要求程序在调用输出库函数前包含 include 命令"#include <intrins.h>"。

用户自定义函数是用户根据需要编写的函数。

中断函数是 C51 语言特有的，标准 C 没有这种函数。

## 4.5.2　用户自定义函数

根据函数定义的形式，用户自定义函数可分为无参函数、有参函数和空函数。

### 1. 函数的定义

函数定义的一般形式：

```
类型标识符  函数名(数据类型 形式参数 1,  数据类型 形式参数 2,…)
{
    函数体;
}
```

类型标识符是指调用函数后的返回数据的数据类型，可以是字符型、整型、实型和位型等。若没有返回值，则类型标识符必须写为"void"。

函数名是程序员给该函数起的名字，必须符合标识符的命名规则。

函数名后面的用括号括起来的是形式参数，每个形式参数都必须单独指明其数据类型，如果没有形式参数，那么括号内可以写"void"，也可以空着。根据形式参数的有无，函数可分为无参函数和有参函数。

无参函数程序如下所示。

```
void   delay ( void )
{
    unsigned  int  i ;
    for( i = 0 ; i < 10000 ; i++);
}
```

有参函数程序如下所示。

```
void   delay ( unsigned   int   ms )
{
    unsigned int   i ;
    for( i = 0 ; i < ms ; i++);
}
```

花括号括起来的部分是函数体，是函数的可执行功能部分，如果函数体没有语句，那么此函数称为空函数。调用空函数时，什么工作也不做，不起任何作用。定义空函数的目的并不是执行某种操作，而是扩充程序功能。先将一些基本模块的功能函数定义成空函数，占好位置，并写好注释，之后用一个编好的函数代替它。这样整个程序的结构清晰，可读性好，方便以后扩充新功能。

在进行函数定义时应注意以下几点。

（1）在同一工程中，函数名必须唯一；

（2）形式参数在同一个函数中必须唯一，但可以与其他函数中的变量同名；

（3）不能在一个函数中再定义函数；

（4）在定义函数时应指明函数返回值的类型，如果没有函数返回值，那么应将其设为"void"，若省略了函数返回值的类型，则默认为 int 型；

（5）函数的返回值是通过函数中的 return 语句获得的，若不需要返回函数值，则可以省略 return 语句；

（6）函数名后面的括号不可以省略，且括号后面不可加分号 ";"。

### 2. 函数的原型声明

函数的原型声明的格式如下所示。

类型标识符　函数名(数据类型名　形式参数 1, 数据类型名　形式参数 2, …);

函数的原型声明与函数的定义是完全不同的，函数的定义是对函数功能的确立，是一个完整的函数单位。函数的原型声明中的类型标识符、函数名、形式参数的数据类型名都要和函数的定义一致（形式参数名可写可不写），在括号后面必须加分号 ";"。

函数的原型声明必须放在所有函数的外面。C 语言规定，当被调函数放在主调函数的前面时，函数的原型声明可以不写，否则必须写函数的原型声明。所以，在一般情况下，如果程序中的函数不太多，那么可以将自定义函数放在主函数的前面，省略函数原型声明，以使程序简洁。

### 3. 形式参数与实际参数

C 语言采用函数之间的参数传递方式，使一个函数能对不同的变量进行功能相同的处理，从而大大提高函数的通用性与灵活性。函数之间的参数传递，由主调函数的实际参数与被调函数的形式参数之间进行数据传递实现。被调函数的最后结果由被调函数的 return 语句返给主调函数。

形式参数：函数的函数名后面的括号中的变量名称为形式参数，简称形参。

实际参数：在函数调用时，主调函数名后面括号中的表达式称为实际参数，简称实参。

在 C 语言的函数调用中，实际参数与形式参数之间的数据传递是单向进行的，只能由实际参数传递给形式参数，而不能由形式参数传递给实际参数。实际参数与形式参数的类型必须一致，否则会发生类型不匹配的错误。被调函数的形式参数在函数未调用之前并不占用实际内存单元，只有当函数调用发生时，被调函数的形式参数才分配给内存单元，此时内存中调用函数的实际参数和被调函数的形式参数位于不同的单元。在调用结束后，形式参数占有的内存被系统释放，而实际参数占有的内存单元仍保留并维持原值。

### 4. 函数的返回值

函数的返回值是通过函数体中的 return 语句获得的。一个函数可以有一个以上的 return 语句，但是多于一个的 return 语句必须在选择结构（if 语句或 switch 语句）中使用，因为被调函数只能返回一个变量。

函数返回值的类型在定义函数时，由返回值的标识符指定。如果定义函数时没有指定函数的返回值类型，那么默认返回值类型为整型。当函数没有返回值时，使用标识符 "void" 进行说明。

### 5. 函数的调用

在一个函数中需要用到某个函数的功能时，就调用该函数。调用者称为主调函数，被调用者称为被调函数。函数调用的一般形式为

函数名　{实际参数列表};

若被调函数是有参函数，则主调函数必须将被调函数所需的参数传递给被调函数。传递给被调函数的数据称为实际参数，与形式参数的数据在数量、类型和顺序上都必须一致。实际参数可以是常量、变量和表达式。实际参数对形式参数的数据是单向的，即只能将实际参数传递给形式参数。

### 4.5.3　中断函数

由于标准C没有处理单片机中断的定义，因此为了进行51系列单片机的中断处理，C51编译器对函数的定义进行了扩展，增加了一个扩展关键字interrupt。使用interrupt可以将一个函数定义成中断函数。由于C51编译器在编译时对声明为中断服务程序的函数自动添加了相应的现场保护、阻断其他中断、返回时自动恢复现场等程序段，因此在编写中断函数时可不必考虑这些问题，降低用户编写中断服务程序的烦琐程度。

中断函数的一般形式为

```
void　函数名(void)　interrupt　m　using　n
```

关键字interrupt后面的"m"是中断号，对于51系列单片机，m的取值为0~4。关键字using后的"n"是所选择的寄存器组，using是一个选项，可省略。如果没有使用using关键字指明寄存器组，那么中断函数中的所有工作寄存器的内容都将被保存到堆栈中。

有关中断函数的具体使用注意事项，将在后续章节详细介绍。

【例4-7】　编写一个带形式参数的毫秒级延时函数。

分析：延时函数的功能是调用后实现延时，无须返回值，所以类型标识符为"void"；函数名命名必须符合标识符规则，且最好"见名知意"，所以将函数命名为"delayms"；为了使本函数实现不同时间的延时，需要带一个形式参数。延时函数编写如下所示。

```
void　delayms ( uchar　ms )
{
uchar　i ;
while ( ms--)                    //循环嵌套，达到长时间延时
for( i = 0 ; i < 123 ; i ++ );    //12MHz晶振，for语句循环123次的时间刚好为1ms
}
```

在调用此函数的过程中，如果没有中断发生，那么延时的时间将非常精确。形式参数ms为无符号char型，最大值为255，因此调用一次该函数最长能延时255ms，如果将形式参数ms的类型改为int型，那么将能实现更长时间的延时，但是精度不如char型。

【例4-8】　如图4-5所示，编程实现发光二极管从左到右的流水灯功能，间隔时间为100ms，晶振频率为12MHz。

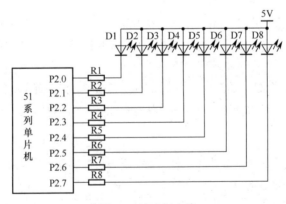

图4-5　流水灯电路

程序如下所示。

```
#include < reg52.h >
```

```
#define   uchar unsigned   char            //宏定义，简化书写
void   delayms( uchar   ms )                //毫秒级延时函数，放在主函数前可省略原型声明
{
    uchar   i;
    while ( ms-- )
    for( i = 0 ;i < 123 ; i++ );
}
void   main ( void )                        //主函数
{
    P2 = 0xfe ;                             //先点亮最左边的发光二极管 D1
    while(1)                                //主循环
    {
        delayms ( 100 );                    //调用延时函数，延时 100ms
        P2=( P2<<1 )|( P2>>7 );             //循环左移一位
    }
}
```

本例可将流水灯的状态对应的 I/O 口数据放在数组中，在主循环中依次输出数组中的数据；也可用循环移位的库函数_crol_( )实现，注意使用_crol_( )库函数需要添加的文件包含语句 "#include < intrins.h >"。

# 本章小结与课程思政

本章比较系统地介绍了 C51 语言的基本语法，包括标识符、关键字、数据类型、变量的存储类型与存储器类型、预处理命令、运算符与表达式、基本语句、函数等。

要求掌握的重点内容包括以下几点：

（1）数据类型、运算符和表达式，特别是单片机的 sbit 类型和 sfr 类型的使用；

（2）变量的存储器类型与存储器种类；

（3）C51 语言的基本语句主要包括表达式语句、分支控制语句、循环控制语句和转移语句等；

（4）函数是 C51 语言程序的基本组成单元，一个 C51 源程序至少包含一个函数，一个 C51 源程序中有且仅有一个主函数 main( )，C51 语言程序总是从主函数 main( )开始执行的；

（5）掌握程序设计思想，培养科学思维方式，掌握软件的开发方法，设计满足特定需求的程序并在设计环节中体现创新意识，培养学生的严谨求实态度、工匠精神、创新精神，提高其创新能力。

# 习　题　4

## 一、选择题

1. 下面叙述不正确的是（　　）。

   A. 一个 C 源程序可以由一个或多个函数组成

   B. 一个 C 源程序必须包含一个 main( )主函数

   C. 在 C 程序中，注释说明只能位于一条语句的后面

   D. C 程序的基本组成单位是函数

2. C 程序总是从（　　）开始执行的。

   A. 主函数　　　　　B. 主程序　　　　　　　　　　C. 子程序　　　　　　　　D. 主过程

3. 最基本的 C 语言语句是（　　　）。

　　A．赋值语句　　　　　　B．表达式语句　　　　　　　C．循环语句　　　　D．空语句

4. 在 C51 程序中常常把（　　　）作为循环体，用于消耗 CPU 的运行时间，产生延时效果。

　　A．赋值语句　　　　　　B．表达式语句　　　　　　　C．循环语句　　　　D．空语句

5. 在 C 语言的 if 语句中，用作判断语句的表达式为（　　　）。

　　A．关系语句表达式　　　　　　　　　　　　B．逻辑语句表达式

　　C．算术表达式　　　　　　　　　　　　　　D．任意表达式

6. 如果 i=3，那么程序在执行 while(i=0)语句时，while 循环执行（　　　）。

　　A．0 次　　　　　　　　B．无限次　　　　　　　　　C．1 次　　　　　　D．2 次

7. 以下描述正确的是（　　　）。

　　A．continue 语句的作用是结束整个循环体执行

　　B．只能在循环体内和 switch 语句体内使用 break 语句

　　C．在循环体内使用 break 语句或 continue 语句的作用相同

　　D．以上 3 种说法都不正确

8. 在 C51 语言的数据类型中，unsigned char 型的数据长度和值域分别为（　　　）。

　　A．单字节，−128～127　　　　　　　　　　B．双字节，−32 768～32 767

　　C．单字节，0～255　　　　　　　　　　　　D．双字节，0～65 535

9. 在 C 语言中，函数类型（　　　）。

　　A．由 return 语句中表达式值的数据类型确定

　　B．由调用该函数时的主调函数的类型确定

　　C．由在调用该函数时的系统临时决定

　　D．由在定义该函数时指定的类型决定

## 二、填空题

1. 一个 C 源程序有且仅有一个_____函数。

2. C51 语言程序中定义一个可位寻址的变量 FLAG 访问 P3 口的 P3.1 引脚的方法是_____。

3. C51 语言扩充的数据类型_____用于访问 51 系列单片机内部的所有特殊功能寄存器。

4. 结构化程序设计的 3 种基本结构是_____、_____和_____。

5. 表达式语句由_____和_____组成。

6. _____语句一般用于单一条件或分支数目较少的场合，如果编写超过 3 个分支程序，那么可以用多分支选择_____语句。

7. do…while 语句和 while 语句的区别在于：_____语句先执行后判断，而_____语句先判断后执行。

8. C51 语言中的字符串总是以“_____”作为字符串的结束符的。

9. C51 语言程序总是从_____开始执行的。

10. C51 源程序有且只能有_____。

11. 关系表达式“8==4”的值为_____。

12. 关系表达式“5>0”的值为_____。

13. 下述程序实现了什么功能？

（1）
```
void   main ( void)
{ int i,y=0;
  for(i=1;i<=10;i++)
  {   y=y+i;   }
}
```

（2）
```
void main ( void)
{ int i,sum=0;
    do
    {   sum=sum+i;
        i++;
    }while (i<=100);
}
```

（3）
```
void   main ( void)
{ int i,sum=0;
  while (i<=10)
  {   sum=sum+i;
    i++;
  }
}
```

14．请说明程序运行之后 x、y、z、m、n 的值分别是多少。
```
main()
{
    int x=6,y,z,m,n;
    y=++x;
    z=x--;
    m=y/z;
    n=y%z;
}
```

# 第 5 章  微处理器控制系统的人机交互接口设计

**内容提要**

人机交互是微处理器控制系统不可缺少的部分，其中，显示器和键盘是人机交互的最基本设备。本章将以单片机为代表，介绍微处理器控制系统常用的键盘和常用的显示器件的工作原理及其接口电路，重点掌握键盘和 LED 数码管的电路及程序设计，难点是液晶显示器（LCD）的程序设计。通过对本章案例的学习，读者可将案例中的程序设计和电路设计有机地结合起来，也可巩固前面所学的 C51 语言和单片机的基础知识，还可掌握 Proteus 和 Keil C51 的设计步骤。

**本章内容特色**

（1）本章的单元电路和小程序经典实用，可以用于各种单片机控制的小系统。

（2）较为详细地分析单片机控制系统中典型的单元电路中元器件的作用。

（3）详细地介绍基于 Keil C51 的单片机的键盘、LED 显示程序设计。

（4）较详细地介绍基于 Keil C51 的单片机程序的错误修改及调试方法。

（5）设计案例程序有点评分析。

## 5.1  键盘的接口设计

### 5.1.1  按键概述

#### 1. 常见按键及电路连接

按键按照结构原理可分为两类：一类是触点式开关按键，如机械式开关、导电橡胶式开关等；另一类是无触点开关按键，如电气式按键、磁感应按键等，前者造价低，后者寿命长。按键按照接口原理可分为编码键盘和非编码键盘两类，这两类键盘的主要区别是识别键符及给出相应键码的方法。编码键盘主要通过硬件实现对按键的识别，硬件结构复杂；非编码键盘主要通过软件实现按键的定义与识别，硬件结构简单，软件编程量大。编码键盘内部带有硬件编码器，它通过硬件识别键盘上的闭合键，优点是工作可靠、按键编码速度快且基本不占 CPU 的时间，缺点是电路复杂、成本较高；非编码键盘通过软件识别键盘上的闭合键，优点是硬件电路简单、成本较低，缺点是占用 CPU 的时间长。在实际的单片机应用系统设计中，为了降低成本，大多采用非编码键盘。

在单片机应用系统设计中，常常使用轻触按键组成键盘。轻触按键具有自动弹回的特点，即按下按键，两个触点接通，放开按键，两个触点断开。轻触按键的外形及电路符号如图 5-1 所示。通常轻触按键有 4 个引脚，4 个引脚组成两对，每对引脚相通，相当于两个触点。

#### 2. 按键与单片机的电路连接

由于 51 系列单片机的 I/O 口在系统复位后为高电平，因此在设计按键接口时，将按键一端接地，另一端连接单片机的 I/O 口，如图 5-2 所示。在图 5-2 中，当按下按键 S 时，I/O 口接地，输入为低电平；当按键 S 弹开时，接地端断开，I/O 口输入高电平。通过检测 I/O 口的电平可以判断按键 S 是否按下。图 5-2 中，若按键 S 没有接在 P0 口的引脚上，则可以不接上拉电阻 R。

图 5-1　轻触按键的外形及电路符号

图 5-2　单个按键与 51 系列单片机连接

### 3．按键的抖动及消抖方法

由于轻触按键内部为弹簧接触式结构，因此按键在闭合和断开时，触点会存在抖动现象。按键抖动波形和硬件消抖电路如图 5-3 所示。抖动时间的长短与开关的机械特性有关，一般为 5～10ms。如果不处理，那么会产生按下一次按键进行多次处理的问题。

（a）按键抖动波形　　　　　　（b）硬件消抖电路

图 5-3　按键抖动波形和硬件消抖电路

消抖可采用硬件消抖和软件消抖的方法。常用的硬件消抖方法是使用一个切换开关及互锁电路组成 RS 触发器，如图 5-3（b）所示，这个电路可以降低抖动产生的噪声，但是所需的元器件较多，增加了产品的成本、提高了电路的复杂程度，一般不使用。

软件消抖是单片机设计中的常用方法，其过程为当检测到按键端口为低电平时，不立即确认按键按下，延时 10ms 后再进行判断，若该端口仍为低电平，则确认该端口引脚所接按键确实是被按下的，这样做避开了按键按下时的抖动时间。

### 4．按键重复处理问题

在一般情况下，按键的功能是按下一次就处理一次。按键扫描检测程序必须放在主循环中，主循环中的每次循环都要调用一次按键扫描检测程序，而单片机的使用者按下按键的时间有长有短，这样就会产生按键只按下一次却被多次处理的问题。通常有两种解决方法：一种方法是等按键弹开再处理按键功能；另一种方法是在检测按键是否按下的程序段中加入一个静态变量，若按键没被处理过，则将此变量置 0；若按键已被处理，则将此变量置 1。而按键按下是否需要处理，需要"按键按下"和"此变量为 0"两个条件，这样就能很好地解决按键重复处理的问题。

## 5.1.2　独立式按键案例分析

独立式按键的电路结构：每个按键占用一个 I/O 口，按键一端接 I/O 口，另一端接地。通过程序检测 I/O 口的输入电平，即可判断是哪个按键按下，然后转去运行对应按键功能的程序段。8 个按键的独立式按键电路如图 5-4 所示。这种按键电路的特点：电路简单，各条检测线独立，识别按键号的

图 5-4  8 个按键的独立式按键
电路

软件编写简单；需要占用的 I/O 口较多，只适用于按键数较少的应用场合，如果系统需要较多的按键，那么最好采用矩阵式键盘。

【例 5-1】 51 系列单片机的 P1.1 引脚和 P1.0 引脚分别接两个按键，P2.0 引脚接一个发光二极管，系统初始化时，发光二极管亮，当 P1.0 引脚所接按键 S1 按下时，P2.0 引脚所接的发光二极管开始闪烁（亮 100ms，灭 100ms）；当 P1.1 引脚所接按键 S2 按下时，P2.0 引脚所接的发光二极管熄灭。

### 1．电路设计

在 Proteus 中根据设计要求，设计如图 5-5 所示的电路原理图，电路原理图元器件清单如表 5-1 所示。

图 5-5  两个按键的独立式按键电路原理图

表 5-1  51 系列单片机按键控制发光二极管电路原理图元器件清单

| 元器件编号 | Proteus 中元器件的名称 | 元器件标称值 | 说　　明 |
| --- | --- | --- | --- |
| U1 | AT89C51 | AT89C51 | 单片机 |
| R1～R3 | RES | 10kΩ | 电阻 |
| R4 | RES | 300Ω | 电阻 |
| C1、C2 | CAP | 30pF | 无极性电容 |
| C3 | CAP-ELEC | 10μF | 电解电容 |
| X1 | CRYSTAL | 12MHz | 石英晶体 |
| K、S1、S2 | BUTTON | 无 | 按键 |
| D1 | LED-BIBY | 无 | 黄色发光二极管 |

## 2．电路功能介绍

（1）AT89C51 单片机在整个电路中起中心控制作用，其中，引脚 31 接电源，系统使用单片机内部程序存储器存放程序。

（2）C1、C2 和 X1 构成一个振荡电路，为 AT89C51 单片机提供时钟信号，常称为单片机的时钟电路。51 系列单片机系统的时钟电路基本都一样。

（3）K、C3 和 R1 构成单片机的复位电路，可以实现手动和自动复位，常称为单片机的复位电路。

（4）R2 和 R3 为按键电路中的上拉电阻，保证在没有按键按下时，系统引脚的电平是高电平。

（5）R4 在这里是限流电阻，对发光二极管 D1（仿真用的发光二极管）起保护作用，避免单片机的引脚和发光二极管被大电流烧坏。R4 阻值的确定方法如下所示。

51 系列单片机的输出端口为灌电流（低电平输出，可达 20mA）时其驱动能力强，为拉电流（高电平输出仅几十到几百微安）时其驱动能力弱，因此通常使用 51 系列单片机的并行口中的引脚输出低电平控制发光二极管，如图 5-5 所示。为了保护 51 系列单片机的引脚和发光二极管，还要在单片机与发光二极管的回路中串接一个限流电阻，下面对如何计算该限流电阻进行简单分析。当 51 系列单片机的引脚输出低电平时，输出端的场效应管将导通，输出端电压接近 0V，当发光二极管正向导通时，其两端电压 $V_D$ 为 2V，则限流电阻 R 两端将存在 3V 的电压降。

若希望将流过发光二极管的电流 $I_D$ 限制为 10mA，则此限流电阻为

$$R = \frac{5V - 2V}{10mA} = 300\Omega \tag{5-1}$$

若要发光二极管点亮，则可使流过发光二极管的电流 $I_D$ 为 15mA，此时限流电阻为

$$R = \frac{5V - 2V}{15mA} = 200\Omega \tag{5-2}$$

（6）在 51 系列单片机控制系统中，常常将单片机、时钟电路和复位电路称为单片机的最小系统，其他单片机控制系统都包含最小系统。只要在最小系统的基础上再增加一些功能电路，就可以实现不同的控制电路。

## 3．C51 程序设计

（1）根据设计要求绘制如图 5-6 所示的程序流程。

图 5-6　程序流程

（2）程序初始化，主要对程序中涉及的 P1.0 引脚、P1.1 引脚、P2.0 引脚，以及后面主程序要调用的延时程序进行说明。

（3）根据图 5-5 中的按键电路可以判断按键 S1 和按键 S2 是否按下，当按键按下时，对应的引脚变为低电平，当按键松开时，对应的引脚变为高电平，要读取对应引脚电平并进行判断可以用 if 语句实现。

（4）判断后延时，主要用于消除按键的抖动。延时程序可以用循环的空语句实现，具体的延时时间需要通过调试得到，在后面的调试过程中加以说明。

（5）根据图 5-5 中的电路，发光二极管 D1 亮，单片机的 P2.0 引脚必须输出低电平；发光二极管 D1 灭，单片机的 P2.0 引脚必须输出高电平。为了让人看清楚发光二极管的工作状态，单片机的 P2.0 引脚输出低电平和高电平都必须持续一段时间，这段时间可以在程序中通过调用延时程序实现。

（6）根据硬件电路编写其 C51 语言程序，在 Keil μVision 5 中保存为 5-1.c，建立 5-1 工程文件并进行编译。参考程序清单如下所示。

```
#include<reg51.h>                    //单片机内部资源头文件
#define uchar unsigned char          //定义 uchar 为无符号字符，是宏定义
sbit LED=P2^0;                       //将发光二极管定义为 P2.0，sbit 是可寻址位型
sbit S1=P1^0;                        //将 S1 定义为 P1.0
sbit S2=P1^1;                        //将 S2 定义为 P1.1
void   delayms (int ms)              //声明延时函数，是带形参的函数
{   uchar i;                         //定义 i 为无符号字符
        while (ms--)                 //while 循环，只要 ms≥1，条件就为真，执行后面的语句
        for(i=0;i<123;i++);          //for 循环，执行 123 次空语句，消耗 CPU 时间
}                                    //delayms 函数结束
void   main(void)                    //主函数
{                                    //函数都以"{"开始
        LED=0;                       //程序开始运行，发光二极管亮
    while (1)                        //单片机程序是一个死循环，一直在该 while 控制的循环中运行
    {
P1=0xff;                             //下面需要读 P1 口的值，先对 P1 口写"1"
        if  (S1==0)                  //判断按键 S1 是否按下，按下则为"0"，执行该 if 语句
    {  delayms (10);                 //延时去抖动，延时约 10ms
        if (S1==0)                   //再次判断按键 S1 是否按下，按下则为"0"，执行该 if 语句
        {  LED= ~LED;                //LED 值取反输出
           delayms(100);             //延时约 100ms
        }
    }
    if   (S2==0)                     //判断按键 S2 是否按下，按下则为"0"，执行该 if 语句
    {  delayms(10);
       if(S2==0)
       LED=1;
    }
    }                                //对应 while 循环
}                                    //对应主函数
```

## 4．基于 Keil C51 的 C 语言程序编译中存在的语法错误的修改方法及步骤

按照第 1 章中 Keil 软件的操作步骤，打开 Keil μVision 5 软件，执行"File"→"New"命令，创建源程序文件，并将其保存为 5-1.c，注意保存的路径；执行"Project"→"New μVision Project"命令，创建 5-1 项目，并选择（Ateml 公司）单片机的型号为 AT89C51；在"Project"窗格中右击"Target

1"选项，在弹出的窗口设计编译环境（可以参考第 1 章的案例说明），然后右击"Source Group 1"选项，在弹出的窗口中选择"Add Existing Files to Group 'Source Group 1'"选项，将源程序"5-1.c"文件添加到项目中。

下面主要就 Keil 软件中的 C51 语言程序编译存在的语法错误的修改方法及步骤进行说明。

在图 5-7 中的 Keil C51 编辑器的工具栏中单击 ▦ 按钮，即可对上述程序进行编译，如果有语法错误，那么在图 5-7 中的"Build Output"信息框中就会提示出错信息的错误类型。图 5-7 提示的错误信息"5-1.c(9): error C202: 'm': undefined identifier"的含义是"5-1.c 程序的第 9 行的"m"是未定义的标识符"，错误类型是"C202"，错误的原因是 while 语句中的条件"m"字符在使用前没有说明。C 语言程序编程遵循"使用前先说明"的原则，程序员在这里是想用 delayms 函数的形参变量"ms"，却误写成"m"。修改错误的方法有两种：一种是将 delayms 后面的形参改为"m"；另一种是将 while(m- -)改成 while(ms- -)。对于其他类型的错误，这里就不一一列举了，读者可在编程过程中慢慢积累经验。

如何修改编译后的语法错误呢？如果在编译中有很多错误，那么应该先修改编译过程中的第一个错误，再修改后面的错误，原因是后面的错误有可能是前面的错误引起的，有时第一个错误修改好后，其后面的错误也许就没有了。修改编译时出现的语法错误的方法是双击第一个编译错误处，光标会自动跳到有错误的那一行。如图 5-7 所示，双击错误的地方，图 5-7 就变成了图 5-8。在图 5-8 中的第 9 行将 while(m- -)改成 while(ms- -)，再单击 ▦ 按钮进行编译，就会发现程序原来的错误被修改了。注意，若没有编译错误，则生成单片机可以执行的*.hex 文件。为了保证生成的*.hex 文件在烧录到单片机程序存储器中后能可靠执行，最好在 Keil 软件中进行调试。

图 5-7　C51 编译信息提示界面

图 5-8　错误指示行示意图

### 5. 基于 Keil C51 的 C 语言程序的仿真调试方法及步骤

（1）打开调试窗口。

C 语言程序进行编译和链接以后，如想查看程序的运行状态及运行结果，Keil 软件可以进行仿真调试，在如图 5-8 所示的界面中，执行"Debug"→"Start/Stop Debug Session"命令或者单击工具栏上的 ⊞ 按钮，即可进入仿真调试状态，如图 5-9 所示。在如图 5-9 所示的仿真调试状态下，执行"Debug"→"Start/Stop Debug Session"命令或者单击工具栏上的 ⊞ 按钮，就会退出调试状态。

在如图 5-9 所示的仿真调试状态下，项目窗口会自动打开"Registers"标签页，该标签页用于显示调试过程中的单片机内部工作寄存器 r0～r7、累加器 a、寄存器 b、堆栈 sp、数据指针 dptr、程序计数器 PC、程序状态字 psw 及程序运行时间 sec 等的当前值。

（2）打开仿真结果观察窗口。

在如图 5-9 所示的界面中，执行"Peripherals"→"I/O-Ports"命令，选择"Port 1"选项，系统会弹出"Parallel Port 1"对话框；执行"Peripherals"→"I/O-Ports"命令，选择"Port 2"选项，系统会弹出"Parallel Port 2"对话框，如图 5-10 所示。单击工具栏上的 ⌕ 按钮，退出调试状态，"Parallel Port 1"和"Parallel Port 2"对话框会一起关闭，再次单击 ⌕ 按钮，又会自动回到上次的设置状态。

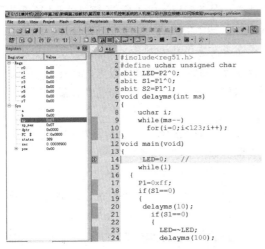

图 5-9　Keil C51 仿真调试状态

图 5-10　Keil C51 仿真调试及端口信息

（3）仿真调试。

现在重新单击工具栏上的 ⌕ 按钮，系统回到仿真调试的初始界面，如图 5-10 所示，在这个界面上调试的箭头指到程序的第 14 行 ⏵ 14　　　　LED=0;，表明 PC 指针是从主函数的第 1 条语句开始执行的，其中单片机内部工作寄存器 r0~r7、累加器 a、寄存器 b、数据指针 dptr 和程序计数器 PC 的值都为 0，堆栈 sp 为 0x07。

在如图 5-10 所示的界面中，执行"Debug"→"Step"命令或单击工具栏上的 ⨁ 按钮，执行程序的单步调试，系统会在 PC 指针的指示下一步一步向下执行语句，同时可发现"Registers"标签页内寄存器的值发生了变化。

图 5-10 中的"Parallel Port 1"对话框 P1: 0xFF / Pins: 0xFF 共有 8 位，从左到右分别对应单片机的 P1.7~P1.0 这 8 个引脚的状态，"√"状态对应引脚的高电平，空白状态对应引脚的低电平。如果图 5-5 的 P1.0 引脚所接按键 S1 按下，那么 P1.0 引脚应该为低电平。在调试过程中模拟硬件的变化，需要将对应"Parallel Port 1"对话框的 P1.0 位置的"√"去掉，变成空白状态 P1: 0xFE / Pins: 0xFE 。相应方法是单击对应"√"的位置，该位置就变成空白状态。注意该位置的"√"状态可以反复操作，如果当前状态为"√"状态，那么单击它就会变成空白状态；如果当前状态为空白状态，那么单击它就会变成"√"状态。

当用 ⨁ 按钮单步调试将程序调试到图 5-10 中的第 18 行 ⏵ 18　　　　if(S1==0)时，将 Port 1 P1.0 位置的"√"去掉，表示按键 S1 按下，再单击 ⨁ 按钮，单步调试，程序就会进入第 1 个 if 语句，PC 指针会指到图 5-10 中的第 20 行语句 delayms(10)，这时要注意观察左边的"Registers"标签页内的时间 sec　　0.00039400，然后单击 ⨁ 按钮，执行完当前子程序调试，PC 指针指到图 5-10 中的第 21

行程序,再观察"Registers"标签页内的时间 sec　　0.01041000 , 0.010 410 00 − 0.000 394 00= 0.010 016s≈
10ms,也就是说,调用 delayms(10)函数约延时了 10ms,如果想更改延时时间,那么只需要改变 delayms( )
函数内实参的值,并通过 Debug 调试就可以得到一个相对准确的延时时间。

　　单击 按钮,单步调试,Port 1 的 P1.0 引脚的状态依然为低电平,PC 指针会继续向下走,注意
PC 指针在图 5-10 中的第 23 行的时候,再单击 按钮,单步调试,Port 2 的 P2.0 引脚的状态会发生改
变,同时 PC 指针指到图 5-10 中的第 24 行,观察"Registers"标签页内的时间 sec　　0.01041300 ,然
后单击 按钮,执行完当前子程序调试;PC 指针指到图 5-10 中的第 27 行,再观察"Registers"标签
页内的时间 sec　　0.11042900 , 调用 delayms(100)函数延时了 0.110 429 00−0.010 413 00= 0.100
016s≈100ms。这个调试步骤可以验证所编写的 C 语言程序能完成题目中的设计要求。然后将 Keil 软件
中编译、链接生成的*.hex 文件加载到图 5-5 中的单片机 U1 的属性中,如图 5-11 所示,窗口中加载的
文件××.hex 是笔者的调试项目生成的 hex 文件,读者的项目文件名称可能不一样,单击"OK"按钮,
最后单击图 5-11 中的 ▶ 按钮,即可完成 Proteus 硬件的仿真。

图 5-11　将 Keil 软件中编译、链接生成的*.hex 文件加载到单片机 U1 的属性中

【例 5-2】　根据如图 5-4 所示的独立式键盘,编写程序检测哪个按键按下了,然后进行相应处理。
参考程序如下所示。

```
#include<reg51.h>
#define uchar unsigned char
void    delayms(uchar ms)
{
        uchar i;
        while(ms--)
        for(i=0;i<123;i++);
}
uchar    key_scan(void)
{
```

```
        static kp=0;                         //静态变量，0 表示按键未处理，1 表示已处理
        if(P1!=0XFF)
        {
            delayms(10);
            if((P1!=0XFF)&&(kp= =0))
            {
                kp=1;
                if(P1= =0Xfe)return 1;       //S1 按下
                if(P1= =0Xfd)return 2;       //S2 按下
                if(P1= =0Xfb)return 3;       //S3 按下
                if(P1= =0Xf7)return 4;       //S4 按下
                if(P1= =0Xef)return 5;       //S5 按下
                if(P1= =0Xdf)return 6;       //S6 按下
                if(P1= =0Xbf)return 7;       //S7 按下
                if(P1= =0X7f)return 8;       //S8 按下
            }
        }
        else kp=0;
        return   0;                          //无按键按下，返回无效代码
}
void   main(void)
{
        uchar key_val;                       //键值
        …
        while(1)
        {
            key_val=key_scan();              //得到键值
            if(key_val==1)                   //处理 S1 的按键功能
            {
                …
            }
            f(key_val==2)                    //处理 S2 的按键功能
            {
                …
            }
            …
            if(key_val==8)                   //处理 S8 的按键功能
            {
                …
            }
        }
}
```

程序点评：该案例的程序段是一个典型的独立按键程序，可以移植到其他独立按键的单片机系统中。该程序段中加入了一个静态变量 kp，其作用是处理按键的重复处理问题。

### 5.1.3　矩阵式按键案例分析

矩阵式键盘用于按键数目较多的场合，由行线和列线组成，一组为行线，另一组为列线，按键位于行、列的交叉点上。图 5-12 所示为一个 4×4 矩阵式键盘电路。一个 4×4 的行、列结构可以构成一个

16 个按键的键盘。与独立式键盘相比，矩阵式键盘能够节省
较多的 I/O 口，但是其程序编写较为复杂。按键检测可采用逐
行扫描法和线反转法。

### 1. 逐行扫描法

在如图 5-12 所示的电路中，P1.0～P1.3 作为列线（输出），
P1.4～P1.7 作为行线（输入）。当按键没有按下时，所有行线
与列线是断开的，行线均为高电平。当某个按键按下时，该键
对应的行线和列线短接，此时该行线的状态将由被短接的列
线的低电平决定。逐行扫描法的按键识别过程主要有以下 3
个步骤。

图 5-12　4×4 矩阵式键盘电路

（1）判断有无按键按下。将列线设置为输出口，输出全 0
（所有列线为低电平），然后读行线状态，若行线状态不全为高
电平，则可断定有按键按下。

（2）判断哪个按键按下。先置列线 C0 为低电平，其余列线为高电平，读行线状态，若行线状态
不全为 1，则说明按下的按键在该列；否则按下的按键不在该列，再置 C1 列线为低电平，其他列为高
电平，判断 C1 列有无按键按下，以此类推。

（3）获得相应按键编号。按键编号=按键对应的行首号+按键对应的列号，其中，行首号为行数乘
以行号。根据键号就可以进入相应的按键功能实现程序。

【例 5-3】　对如图 5-12 所示的矩阵式键盘编写按键扫描函数。

程序段如下所示。

```
uchar code colcode[ 4 ]={ 0xfe, 0xfd, 0xfb, 0xf7};
uchar   key_scan(void)
{
        uchar temp, row, column, i;
        P1=0XF0;                  //P1 口为高 4 位且为行号，需要被读取，所以先赋 "1111"
        temp=P1&0xf0;             //目的是获取 P1 口高 4 位的值
        if(temp!=0xf0)            //是否有按键按下，若有，则行线会被按键短接到地，变为 0
        {
            delayms(10);          //有按键按下，去抖动
            temp=P1&0xf0;         //再次读取 P1 口的值
            if(temp!=0xf0)        //再次判断按键是否按下
            {
                switch(temp)      //判断具体的行号
                {
                        case   0x70: row=3; break;
                        case   0xb0: row=2; break;
                        case   0xd0: row=1; break;
                        case   0xe0: row=0; break;
                        default: break;
                }
                for(i=0; i<4; i++) //判断按下的按键所在的列号
                {
                    P1=colcode[i];
                    temp=P1&0xf0;
                    temp=~temp;
```

```
                    if(temp!=0x0f) column=i;
                }
                return row*4+column ;            //计算按键的编号
            }
        }
        else P1=0xff;
        return 16;                               //无键按下，返回无效代码
    }
```

程序点评：该程序简短精练，利用 switch 复合语句判断被按下按键的行号，利用 for 语句判断被按下按键的列号。该程序段以函数的形式编写，可以用作 16 个按键的逐行扫描用户函数。

### 2. 线反转法

线反转法识别按键的依据是键号与键值的对应关系。对于某个按下的按键，如按下 2 号键，先使列线输出全 0，读行线，结果为 11100000，即 E0H；再使行线输出全 0，读列线，结果为 00001011，即 0BH。将两次读到的结果拼成 1 字节——11101011，即 EBH，该值称为键值。每个按键均有一个确定的键值，键号与键值的对应关系如图 5-13 所示。

图 5-13　键号与键值的对应关系

【例 5-4】 用线反转法对如图 5-13 所示的矩阵式键盘编写按键扫描程序。

程序段如下所示。

```
uchar code keyvalue[ 16 ]={ 0xee, 0xed, 0xeb, 0xe7, 0xde, 0xdd, 0xdb, 0xd7, 0xbe, 0xbd, 0xbb, 0xb7, 0x7e, 0x7d,
0x7b, 0x77};//键号
uchar   key_scan(void)
{
    uchar scan1, scan2, temp, i;
    P1=0XF0;                      //先输出列扫描信号，读取行信号
    scan1=P1&0xf0;                //读取行扫描信号
    if(scan1!=0xf0)               //判断是否有按键按下
    {
    delayms(10);                  //按键去抖动
        scan1=P1&0XF0;
        if(scan1!=0xf0)
        {
            P1=0xf0;
            scan2=P1&0xf0;        //读取列信号
```

```
            temp=scan1|scan2;              //合并行线和列线
            for(i=0; i<16 ; i++)
            {
                   if(temp= =keyvalue[i])
                   return i;
            }
      }
      return   16;                          //返回无效代码
   }
   else   return   16;                      //无键按下，返回无效代码
}
```

程序点评：该程序根据图 5-13 编写，与图 5-12 相比多了 4 个电阻，其实在很多电路板中 8 个限流电阻被省略了，但从电路的安全性能来说，还是应该保留限流电阻的。该程序算法简单易懂，该程序段以函数形式编写，可用作 16 个按键的逐行扫描用户函数。

# 5.2　LED 数码管接口设计

LED 数码管是单片系统中一种常用的显示器件，具有显示清晰、亮度高、寿命长、结构简单、价格低廉等优点。

## 5.2.1　LED 数码管的结构及工作原理

### 1. LED 数码管的结构

LED 数码管由 8 个或 7 个发光二极管构成，每个发光二极管都对应一个显示笔画段，其中 7 个条形笔画段构成 "8" 字形，最后一个圆形笔画段用于显示小数点，带显示小数点的 LED 数码管称为 8 段数码管，不带小数点的 LED 数码管称为 7 段数码管。LED 数码管能够显示数字 0～9 和部分符号。

LED 数码管的外形及引脚如图 5-14（a）所示，其中 7 个条形的发光二极管的编号分别为 a、b、c、d、e、f、g，圆形的发光二极管的编号为 dp，有的参考书将圆形的发光二极管定义为 h，LED 数码管有共阳极数码管和共阴极数码管两种。在图 5-14（b）中，LED 数码管的 8 个发光二极管的阴极连接在一起，构成一个公共端 com，此 LED 数码管称为共阴极数码管，只有共阴极数码管的公共端 com 接地，8 个发光二极管才能正常工作。例如，图 5-14（b）中公共端 com 接地，发光二极管 a 的阳极接高电平时，发光二极管 a 点亮，相应的笔画段被显示。在图 5-14（c）中，LED 数码管的 8 个发光二极管的阳极连接在一起，构成一个公共端 com，此 LED 数码管称为共阳极数码管，只有共阳极数码管的公共端接高电平，8 个发光二极管才能正常工作。例如，在图 5-14（c）中，公共端 com 接高电平，当发光二极管 a 的阴极接地时，发光二极管 a 点亮，相应的笔画段被显示。

（a）外形及引脚　　　（b）共阴极数码管　　　（c）共阳极数码管

图 5-14　LED 数码管

### 2．LED 数码管的工作原理

为了使 LED 数码管显示不同的数字或符号，需要将某些笔画段的发光二极管点亮，因此要为 LED 数码管提供代码，这些代码可使相应的笔画段发光，从而显示不同字形，该代码也称段码（或字形码）。LED 数码管共有 8 个笔画段，因此提供给 LED 数码管的段码正好是 1 字节。习惯上以 a 段对应段码字节的最低位，段码与字节中各位的对应关系如表 5-2 所示。有一些特别保密的地方也可以按不同顺序编制。

表 5-2　段码与字节中各位的对应关系

| 段 码 位 | D7 | D6 | D5 | D4 | D3 | D2 | D1 | D0 |
|---|---|---|---|---|---|---|---|---|
| 显 示 段 | dp | g | f | e | d | c | b | a |

按照上述格式，8 段数码管的段码与显示字符对应表如表 5-3 所示。值得注意的是，将此表中的共阴极字形码输送给共阴极的 8 段数码管，共阴极数码管的小数点是不亮的；但将此表中共阳极字形码输送给共阳极的 8 段数码管，共阳极数码管的小数点是亮的。

表 5-3　8 段数码管的段码与显示字符对应表

| 段 码 位 | D7 | D6 | D5 | D4 | D3 | D2 | D1 | D0 | 字 形 码 | |
|---|---|---|---|---|---|---|---|---|---|---|
| 显 示 段 | dp | g | f | e | d | c | b | a | 共 阴 极 | 共 阳 极 |
| 0 | 0 | 0 | 1 | 1 | 1 | 1 | 1 | 1 | 3FH | C0H |
| 1 | 0 | 0 | 0 | 0 | 0 | 1 | 1 | 0 | 06H | F9H |
| 2 | 0 | 1 | 0 | 1 | 1 | 0 | 1 | 1 | 5BH | A4H |
| 3 | 0 | 1 | 0 | 0 | 1 | 1 | 1 | 1 | 4FH | B0H |
| 4 | 0 | 1 | 1 | 0 | 0 | 1 | 1 | 0 | 66H | 99H |
| 5 | 0 | 1 | 1 | 0 | 1 | 1 | 0 | 1 | 6DH | 92H |
| 6 | 0 | 1 | 1 | 1 | 1 | 1 | 0 | 1 | 7DH | 82H |
| 7 | 0 | 0 | 0 | 0 | 0 | 1 | 1 | 1 | 07H | F8H |
| 8 | 0 | 1 | 1 | 1 | 1 | 1 | 1 | 1 | 7FH | 80H |
| 9 | 0 | 1 | 1 | 0 | 1 | 1 | 1 | 1 | 6FH | 90H |
| A | 0 | 1 | 1 | 1 | 0 | 1 | 1 | 1 | 77H | 88H |
| B | 0 | 1 | 1 | 1 | 1 | 1 | 0 | 0 | 7CH | 83H |
| C | 0 | 0 | 1 | 1 | 1 | 0 | 0 | 1 | 39H | C6H |
| D | 0 | 1 | 0 | 1 | 1 | 1 | 1 | 0 | 5EH | A1H |
| E | 0 | 1 | 1 | 1 | 1 | 0 | 0 | 1 | 79H | 86H |
| F | 0 | 1 | 1 | 1 | 0 | 0 | 0 | 1 | 71H | 8EH |
| — | 0 | 1 | 0 | 0 | 0 | 0 | 0 | 0 | 40H | BFH |
| · | 1 | 0 | 0 | 0 | 0 | 0 | 0 | 0 | 80H | 7FH |
| 灭 | 0 | 0 | 0 | 0 | 0 | 0 | 0 | 0 | 00H | FFH |

## 5.2.2　单片机与 LED 数码管的静态显示接口案例分析

LED 数码管有静态显示和动态显示两种显示方式。

静态显示是指无论有多少位 LED 数码管，其都同时处于显示状态。数码管工作于静态显示方式时，各位的共阴极（或共阳极）连接在一起并接地（或接+5V）；每位的段码线（a～dp）分别与一个 8 位的 I/O 口锁存器输出相连。送往各 LED 数码管所显示字符的段码一经确定，则相应 I/O 口锁存器锁存的段码输出将维持不变，直到送入另一个字符的段码为止。正因如此，静态显示无闪烁，亮度较高，软件控制比较容易，CPU 不必经常扫描显示器，节约了 CPU 的工作时间。但静态显示的缺点是占用的 I/O 口较多，硬件成本也较高，因此静态显示方式适用于显示位数比较少的场合。图 5-15 所示为 LED 数码管的静态显示电路原理图，该 LED 数码管为共阳极数码管，电阻 RP1 的作用为限流。

图 5-15　LED 数码管的静态显示电路原理图

【例 5-5】　如图 5-15 所示，共阳极数码管的段码端接单片机 P0 口，P1.0 引脚接一个按键，开始时数码管显示 "0"，每按一次按键，数码管显示的数字加 1，加到 "10" 回 "0"。

## 1. 电路设计

根据设计要求，在 Proteus 软件的编辑界面放置如图 5-15 所示的元器件并连线，即可得到如图 5-15 所示的电路原理图，电路原理图元器件清单如表 5-4 所示。该电路与前面设计的单片机控制电路有一个共同的特点是都包含单片机最小系统。该电路的特点是使用 P0 口作为准 I/O 口，由于 P0 口内部是漏极开路的，因此需要接上拉电阻。其中 P1.0 引脚外接一个独立式按键用于产生计数信号，低电平有效。注意共阳极数码管 SHMG 的引脚与单片机 P0 口的连接顺序，不要连错。

表 5-4　51 系列单片机与 LED 数码管的静态显示电路原理图元器件清单

| 元器件编号 | Proteus 软件中元器件名称 | 元器件标称值 | 说　明 |
|---|---|---|---|
| U1 | AT89C51 | AT89C51 | 单片机 |
| R1 | RES | 10kΩ | 电阻 |
| R2 | RES | 4.7kΩ | 电阻 |
| RP1 | RESPEAK-8 | 4.7kΩ | 排阻 |
| C1、C2 | CAP | 30pF | 无极性电容 |
| C3 | CAP-ELEC | 10μF | 电解电容 |
| X1 | CRYSTAL | 12MHz | 石英晶体 |
| K、S1 | BUTTON | 无 | 按键 |
| SHMG | 7SEG-COM-ANODE | 无 | 共阳极数码管 |

## 2．参考程序

根据硬件电路编写其 C51 语言程序，在 Keil μVision 5 软件中保存为 5-5.c，建立 5-5 工程文件并进行编译。参考程序如下所示。

```
#include<reg51.h>
#define uchar unsigned char
sbit S1=P1^0;
uchar code seg[] =                                    //段码
{0xC0,0xF9,0xA4,0xB0,0x99,0x92,0x82,0xF8,0x80,0x90};  //0～9 的段码
void    delayms(uchar ms)                             //延时函数
{
    uchar i;
    while(ms--)
    for(i=0;i<123;i++);
}
uchar    key_scan(void)                               //按键扫描函数
{
  static kp=0;
  if((P1&0x01)!=0x01)          //读取 P1.0 引脚的值，判断是否为 0，若为 0，则有按键按下
{
    delayms(10);               //延时 10ms（时钟是 12MHz），去按键抖动
    if(((P1&0x01)!=0x01)&&(kp==0))
    {
        kp=1;
        return 1;              //S1 按下
    }
  }
  else kp=0;
  return    0;
}
void    main(void)
{
    uchar key_val;            //定义键值变量
    uchar num=0;              //定义显示变量
    while(1)
    {
        key_val=key_scan( );  //取键值
        if(key_val==1)        //若按键按下，则处理按键对应的功能
        {
            if(++num==10) num=0;
        }
        P0= seg[num];
    }
}
```

## 3．程序点评

该程序采用模块化设计，简洁明了。在程序中运用数组的功能实现了将十进制数转换为数码管的显示码。

## 4．程序调试与仿真

将上面的 C 语言程序在 Keil 软件中进行软件调试与仿真，若出现错误或非预期的状态，则检查源程序，并进行修改，注意对问题的分析和总结。最后将正确程序生成的 5-5.hex 程序加载到 Proteus 软件绘制的原理图中，单片机便可以进行模拟仿真。

## 5.2.3　单片机与 LED 数码管的动态显示接口案例分析

当显示位数较多时，静态显示所需的 I/O 口太多，这时常采用动态显示方式。动态显示方式是将所有 LED 数码管的段码端的相应段并接在一起，由一个 8 位 I/O 口控制，而各位显示位的公共端分别由相应的 I/O 线控制，称为位选端。显示过程通过段码端向所有 LED 数码管输出所要显示字符的段码，每个时刻只有一条位选线有效，其他位选线都无效。每隔一定时间轮流点亮各显示器（扫描方式），由于存在 LED 数码管的余辉和人眼的视觉暂留作用，因此只要控制好每位显示的时间和间隔，就能达到同时显示的效果。发光二极管不同位显示的时间间隔（扫描间隔）应根据实际情况而定。发光二极管从导通到发光有一定的延时，如果导通时间太短，那么发光太弱，显示的笔画段好像连在一起，显示的都是"8"字；如果扫描时间间隔较长，那么闪烁感就比较严重，同时占用 CPU 的时间更长。一般每个 LED 数码管的扫描间隔时间取 1～2ms 较为合适。

与静态显示相比，动态显示的优点是节省 I/O 口，数码管越多，优势越明显；缺点是有一定的闪烁感，占用 CPU 时间较长，程序编写较复杂。

LED 数码管动态显示电路如图 5-16 所示，8 个共阴极数码管的段码端对应接在一起，通过锁存器 74HC573 与单片机的 P0 口连接，共阴极数码管的段码端需要高电平驱动且电流较大，单片机 P0 口的高电平驱动能力较弱，锁存器 74HC573 接成直通方式相当于一个驱动器。8 个共阴极数码管的公共端通过 3-8 译码器 74HC138 与单片机的 P2 口连接，其目的是将 8 个位选端节约成 3 个。

图 5-16　LED 数码管动态显示电路

【例 5-6】　运用 51 单片机实现 8 位 8 段数码管的动态数字显示，LED 数码管的段选信号由 51 单片机的 P0 口控制，LED 数码管的位选信号由 51 单片机 P2 口的低 3 位控制，8 位 LED 数码管显示 0～7 这 8 个十进制数。

### 1．电路设计

根据要求在 Proteus 原理图编辑器设计如图 5-17 所示的电路原理图，电路原理图元器件清单如表 5-5 所示。该电路由 51 单片机、复位电路、时钟电路、8 位 8 段数码管及驱动电路组成。为了提高单片机的驱动能力，单片机的 P0 口通过 74HC573 与 8 位 8 段数码管的段码相连，其中 74HC573 的片选信号 $\overline{\text{OE}}$ 接地，74HC573 的锁存信号 LE 接高电平，74HC573 一直工作于直通状态，74HC573 的 Q0～Q7 分别接数码管 8-SEG 的 A、B、C、D、E、F、G、DP 引脚，在电路图中是用网络标号连接的，网络标号相同的引脚在电气上是相通的。74LS138 译码器在电路中起译码作用，将 3 位编码信号译成 8 个输出信号，节约了单片机的输出端口，74LS138 的输入信号与单片机 P2 口的 P2.0 引脚、P2.1 引脚和 P2.2 引脚相连，74LS138 的 3 个控制信号 E1 接高电平、E2 和 E3 接低电平，74LS138 的 Y0～Y7 引脚分别接 8-SEG 的引脚 1～引脚 8，在电路图中通过网络标号 W1～W8 连接，低电平有效。

图 5-17　8 位 8 段数码管动态显示电路原理图

表 5-5　51 单片机与 8 位 8 段数码管动态显示电路原理图元器件清单

| 元器件编号 | Proteus 软件中元器件名称 | 元器件标称值 | 说　明 |
|---|---|---|---|
| U1 | AT89C51 | AT89C51 | 单片机 |
| R1 | RES | 10kΩ | 电阻 |
| RP1 | RESPEAK-8 | 4.7kΩ | 排阻 |
| C1、C2 | CAP | 30pF | 无极性电容 |

| 元器件编号 | Proteus 软件中元器件名称 | 元器件标称值 | 说　明 |
|---|---|---|---|
| C3 | CAP-ELEC | 10μF | 电解电容 |
| X1 | CRYSTAL | 12MHz | 石英晶体 |
| U3 | 74LS138 | 无 | 3-8 译码器 |
| U11 | 74HC573 | 无 | 地址锁存器 |
| 8-SEG | 7SEG-MPX7-CC-BLUE | 无 | 共阴极数码管 |

## 2．C 语言程序设计

根据硬件电路编写其 C51 语言程序，并在 Keil μVision 5 软件中将其保存为 5-6.c，建立 5-6 工程文件并进行编译。参考程序如下所示。

```
#include<reg51.h>
#define uchar unsigned char
uchar code    seg[]=
{0x3f,0x06,0x5b,0x4f,0x66,0x6d,0x7d,0x07,0x7f,0x6f};       //0～9 共阴极数码管段码
uchar dis[8]dis[8]={0,1,2,3,4,5,6,7};                      //位码，对应位的编码值
void    delayms(uchar ms)                                  //延时函数
{
                uchar i;
                while(ms--)
                for(i=0;i<123;i++);
}
void    main(void)
{    unsigned char i;
                while(1)
                {   for (i=0;i<8;i++)
                    {
                        P0=seg[i];     //取显示的数据，送段码
                        P2=dis[i];     //取位码
                        delayms(1);    //扫描保持时间，大概 1ms，太长会闪烁，太短有重影
                    }
                }
}
```

# 5.3　液晶显示器接口设计

液晶显示器（LCD）具有显示内容丰富、功耗低、电路设计简单和抗干扰能力强的优点，因此作为显示器件被广泛地应用于各类电子产品中。由于 LCD 面板较脆弱，而且需要专用的驱动和控制电路连接，因此一般不会单独使用，而是用 PCB 将 LCD 面板、驱动电路和控制电路连接在一起，组合成液晶显示模块（LCM）一起使用。

液晶显示器种类繁多，可根据不同的使用场合选择不同类型的 LCM。LCM 可分为字段型 LCM、字符型 LCM 和点阵图形型 LCM。

（1）字段型 LCM，以长条状组成字符显示。应用此类显示模块的 LCD 主要用于显示数字，也可用于显示西文字母或某些字符，已广泛应用于电子表、计算器、数字仪表。

（2）字符型 LCM，专门用于显示字母、数字、符号等，由若干 5×7 或 5×10 的点阵组成，每个点

阵显示一个字符，广泛应用于各类单片机的应用系统。

（3）点阵图形型 LCM，在平板上排列多行或多列形成矩阵式的晶格点，点的大小可根据显示的清晰度来设计。应用此类显示模块的 LCD 可广泛应用于显示图形，如用于笔记本电脑、彩色电视机和游戏机等。

本节主要介绍 LCM1602 字符型 LCM，它能够显示 2 行，每行 16 个字符，能显示的内容包括所有可显示的 ASCII 码字符和日文字符，还能显示由用户自定义的字符。LCM1602 与单片机的接口简单，使用时灵活方便，只要向 LCM1602 送入相应的命令和数据就可显示所需的内容，常用于单片机系统设计领域。

### 5.3.1　字符型 LCM 的外形及引脚功能

LCM1602 采用 16 个引脚接线，其外形如图 5-18 所示。

图 5-18　LCM1602 的外形

引脚 1：GND，接地。

引脚 2：V$_{DD}$，接+5V。

引脚 3：VO，对比度调整端，接地时对比度最高。

引脚 4：RS，1 表示数据寄存器，0 表示命令寄存器。

引脚 5：RW，1 表示读，0 表示写。

引脚 6：E，使能端。

引脚 7～引脚 14：D0～D7，8 位双向数据线。

引脚 15：BLA 背光正极

引脚 16：BLK 背光负极。

### 5.3.2　字符型 LCM 的组成结构

LCM1602 由 LCD 面板、控制器、驱动器及各种存储器构成，如图 5-19 所示。

图 5-19　LCM1602 的组成结构

## 1．LCD 面板

在 LCD 面板上分两行排列着 32 个 5×7 或 5×10 点阵的字符显示位。

## 2．控制器和驱动器

HD44780 是 LCM1602 的控制器，可以驱动单行 16 个字符位，对于 2 行 16 个字符位，需要增加 HD44100 驱动器。控制器 HD44780 内部包括字符发生存储器 CGROM、自定义字符发生存储器 CGRAM 和数据存储器 DDRAM。

字符发生存储器 CGROM 固化 192 个 5×7 点阵字符，包括可显示的 ASCII 码和日文字符，如图 5-20 所示。由该字符库可看出 LCM1602 显示的数字和字母部分的代码值与 ASCII 码表中的数字和字母相同，所以在显示数字和字母时，只需向 LCM1602 送入对应的 ASCII 码即可。

图 5-20　LCM1602 的 CGROM 字符库

自定义字符发生存储器 CGRAM 可由用户自己定义 8 个 5×7 点阵字符。地址的高 4 位为 0000 时对应 CGRAM 空间（0000x000B～0000x111B）。每个字形由 8 字节编码组成，且每字节编码仅用到低 5 位。显示的点用 1 表示，不显示的点用 0 表示。最后 1 字节要留给光标，所以通常是 00000000B。

程序初始化时将字节编码写入 CGRAM 中，就可以像 CGROM 一样使用这些自定义字符了。图 5-21 所示为自定义字符的构造示例。

| CGRAM地址 | 字形 | 数据 |
|---|---|---|
| 00000000B | | 00000100B |
| 00000001B | | 00000100B |
| 00000010B | | 00011111B |
| 00000011B | | 00000100B |
| 00000100B | | 00000100B |
| 00000101B | | 00000000B |
| 00000110B | | 00011111B |
| 00000111B | | 00000000B |
| 字符00H（或08H） | | 该字符的点阵 |

数据存储器 DDRAM 的作用是与 LCD 上的显示位置相对应，共有 80 个单元，由于 LCM1602 只有 32 个显示位，因此实际仅用到 0x00～0x0f 和 0x40～0x4f 共 32 个地址单元。DDRAM 地址与显示位置的关系如图 5-22 所示。DDRAM 单元存放的是要显示字符的编码，控制器 HD44780 以该编码为索引，从 CGROM 或 CGRAM 中取点阵数据，然后送至 LCD 面板显示。

图 5-21　自定义字符的构造示例

图 5-22　DDRAM 地址与显示位置的关系

## 5.3.3　字符型 LCM 的操作命令

LCM1602 的操作命令有 11 条，如表 5-6 所示。

表 5-6　LCM1602 的操作命令

| 序　号 | 指　令 | RS | RW | D7 | D6 | D5 | D4 | D3 | D2 | D1 | D0 |
|---|---|---|---|---|---|---|---|---|---|---|---|
| 1 | 清除显示器 | 0 | 0 | 0 | 0 | 0 | 0 | 0 | 0 | 0 | 1 |
| 2 | 光标归位 | 0 | 0 | 0 | 0 | 0 | 0 | 0 | 0 | 1 | * |
| 3 | 设定输入模式 | 0 | 0 | 0 | 0 | 0 | 0 | 0 | 1 | I/D | S |
| 4 | 开/关显示器 | 0 | 0 | 0 | 0 | 0 | 0 | 1 | D | C | B |
| 5 | 光标或字符移位方式 | 0 | 0 | 0 | 0 | 0 | 1 | S/C | R/L | * | * |
| 6 | 功能设定 | 0 | 0 | 0 | 0 | 1 | DL | N | F | * | * |
| 7 | CGRAM 寻址 | 0 | 0 | 0 | 1 | 字符发生存储器地址 | | | | | |
| 8 | DDRAM 寻址 | 0 | 0 | 1 | 显示数据存储器地址 | | | | | | |
| 9 | 读忙标志或地址 | 0 | 1 | BF | 地址计数器（AC）数据位共 7 位 | | | | | | |
| 10 | 写入数据 | 1 | 0 | 写入的数据内容 | | | | | | | |
| 11 | 读数据 | 1 | 1 | 读出的数据内容 | | | | | | | |

各条指令的说明如下。

### 1．清除显示器指令

功能：清除 LCD，即将 DDRAM 中的内容全部填入 20H（空白字符），光标撤回显示器左上方，将地址计数器（AC）设为 0，光标移动方向由左向右，并且 DDRAM 的自增量为 1（I/D=1）。

## 2．光标归位指令

功能：将地址计数器设为 00H，DDRAM 的内容保持不变，光标移至左上角。

## 3．设定输入模式指令

功能：设置光标的移动方向，并指定整体显示是否移动。其中，I/D=1，为增量方式；I/D=0，为减量方式。例如，S=1，表示移位；S=0，表示不移位。

## 4．开/关显示器指令

功能：D 位（D2）控制整体显示的开关，D=1，开显示；D=0，关显示。C 位（D1）控制光标的开关，C=1，光标开；C=0，光标关。B 位（D0）控制光标处字符的闪烁，B=1，字符闪烁；B=0，字符不闪烁。

## 5．光标或字符移位方式指令

功能：整体显示内容的移动或光标移动，DDRAM 的内容不变。当 S/C=0，R/L=0 时，光标左移，地址计数器减 1（显示内容和光标一起左移）；当 S/C=0，R/L=1 时，光标右移，地址计数器加 1（显示内容和光标一起右移）；当 S/C=1，R/L=0 时，显示内容左移，光标不移动；当 S/C=1，R/L=1 时，显示内容右移，光标不移动。

## 6．功能设定指令

功能：DL 位设置接口数据位数，DL=1 为 8 位数据接口；DL=0 为 4 位数据接口。N 位设置显示行数，N=0 单行显示，N=1 双行显示。F 位设置字形大小，F=1 为 5×10 点阵，F=0 为 5×7 点阵。

## 7．CGRAM 寻址指令

功能：设置 CGRAM 的地址，地址范围为 0~63。

## 8．DDRAM 寻址指令

功能：设置 DDRAM 的地址，地址范围为 0~127。

## 9．读忙标志或地址指令

功能：BF 位为忙标志。BF=1，表示忙，此时 LCM1602 不能接收命令和数据；BF=0，表示不忙，LCM1602 可以接收命令和数据。AC 位为地址计数器的值，范围为 0~127。

## 10．写入数据指令

功能：将数据写入 CGRAM 或 DDRAM 中，应与 CGRAM 或 DDRAM 的寻址指令结合使用。

## 11．读数据指令

功能：从 CGRAM 或 DDRAM 中读取数据，应与 CGRAM 或 DDRAM 的寻址指令结合使用。

## 5.3.4　单片机与 LCM1602 的接口设计

对 LCD 主要有 4 种基本操作：写命令、写数据、读状态和读数据。在进行写命令、写数据和读数据 3 种操作之前，必须先查询 BF 位，当 BF 位为 0 时，才能进行这 3 种操作。LCD 上电时，必须按照一定时序对 LCD 进行初始化操作，主要分为以下 4 步。

（1）设置 LCD 的工作方式：确定表 5-6 中的功能设定指令（001DL N F＊＊）相关位的值，例如，初始化 LCD 的数据位数为 8 位，采取 2 行 5×7 点阵字符格式显示，则指令值设为 00111000B（0x38）。

（2）设置显示状态：确定表 5-6 中开/关显示器指令（00001DCB）相关位的值。例如，初始化 LCD 的显示状态为开显示，开光标但不闪烁，则指令设为 00001100B（0x0c）。

（3）清屏：确定表 5-6 中清除显示器指令（00000001）相关位的值，将光标设置为第 1 行第 1 列。

（4）设置输入模式：确定表 5-6 中设定输入模式指令（000001 I/D S）相关位的值。例如，设置光标增量方式右移，显示字符不移动，则指令设为 00000110B（0x06）。

当写一个显示字符时，若没再给光标重新定位，则 DDRAM 地址会自动加 1 或减 1。对 LCM1602 的读/写操作必须符合读/写操作时序，并要有一定的延时。读操作时，先设置 RS 和 RW 状态，再设置 E 信号为高，这时从数据口读取数据，然后将 E 信号置低；写操作时，先设置 RS 和 RW 状态，再设置数据，然后产生 E 的脉冲。

下面给出 3 个关于 LCM1602 操作的函数。

### 1. 写指令寄存器函数

```
void w_com(uchar com)
{
    RS=0;              //选择指令寄存器
    RW=0;              //写
    E=1;
    P0=com;            //指令代码从 P0 口送出，按电路修改
    E=0;               //E 端下降沿执行命令
    delayms(1);        //等待命令执行完毕，可用查忙代替
}
```

此函数的形参为写入的命令，无返回值，有以下两个功能。

（1）写入指令代码，如执行清除显示器命令为"w_com(0x01);"。

（2）显示定位指令，确定 LCD 面板上的写入位置，其中，显示命令的最高位为 1，所以设置显示地址第一行的地址为 0x80～0x8f，第二行的地址为 0xc0～0xcf。例如，定位在第一行第二个字符位显示的语句为"w_com(0x81);"。

### 2. 写数据寄存器函数

```
void   w_dat(uchar dat)
{
    RS=1;              //选择数据寄存器
    RW=0;              //写
    E=1;
    P0=dat;            //数据从 P0 口送出，按电路修改
    E=0;               //E 端下降沿执行命令
    delayms(1);        //等待命令执行完毕，可用查忙代替
}
```

此函数的形参为要写入的数据，无返回值。形参是什么代码，对应 LCD 上就显示什么。例如，需要显示小写字母"a"，则语句为"w_dat('a');"或者"w_dat(97);"。

### 3. LCD 初始化函数

```
void   lcd_ini( void )
{
```

```
    delayms(10);
    w_com(0x38);                    //功能设置: 8 位口，2 行，5×7 点阵
    delayms(10);
    w_com(0x0c);                    //显示设置: 开显示，关光标，无闪烁
    delayms(10);
    w_com(0x06);                    //输入模式: 右移一格，地址加 1
    delayms(10);
    w_com(0x01);                    //清显示
    delayms(10);
    w_com(0x38);                    //功能设置: 8 位口，2 行，5×7 点阵
    delayms(10);
}
```

此函数无形参，无返回值，作用是对 LCM1602 进行功能设置，系统上电后运行一次即可，因此要放在主函数中的主循环外面调用一次。

【例 5-7】 完成 51 单片机与 LCM1602 的接口电路设计，并编写一个简易秒表的功能，第一行的中间位置显示 "0→99 stopwatch:"，第二行的中间位置显示 00～99，用软件延时实现定时功能。

（1）电路设计。

根据 LCM1602 的引脚功能，在 Proteus 中绘制如图 5-23 所示的电路原理图，其元器件清单如表 5-7 所示。单片机的 P0 口作为准 I/O 口时外接上拉电阻，通过排阻 RP1 完成，排阻 RP1 的引脚 1 接电源，P0.0～P0.7 引脚分别与 LCD1 的数据口 D0～D7 连接；单片机的 P1.0 引脚、P1.1 引脚和 P1.2 引脚分别与 LCD1 的控制位 RS、RW 和 E 连接。

图 5-23　51 单片机与 LCM1602 连接电路原理图

表5-7　51单片机与LCM1602连接电路原理图元器件清单

| 元器件编号 | Proteus软件中元器件名称 | 元器件标称值 | 说　　明 |
|---|---|---|---|
| U1 | AT89C51 | AT89C51 | 单片机 |
| R1 | RES | 10kΩ | 电阻 |
| RP1 | RESPEAK-8 | 4.7kΩ | 排阻 |
| RV1 | POT-HG | 10kΩ | 可变电阻 |
| C1、C2 | CAP | 30pF | 无极性电容 |
| C3 | CAP-ELEC | 10μF | 电解电容 |
| X1 | CRYSTAL | 12MHz | 石英晶体 |
| LCD1 | LM016L | 无 | LCM1602 |

（2）C语言程序设计。

分析：显示的固定字符"0→99 stopwatch:"用字符串存储，因字符串最后以"\0"结束，显示的时候可用for语句循环，遇到"\0"即循环显示结束。固定字符的显示应放在主循环外，以节约CPU资源。变化的字符显示应放在主循环内部，显示内容才能改变。

根据硬件电路编写C51语言程序，在Keil μVision 5软件中保存为5-7.c，建立5-7工程文件并进行编译。参考程序如下所示。

```
#include<reg51.h>
#define uchar unsigned char
#define uint unsigned int
sbit RS=P1^0;
sbit RW=P1^1;
sbit E=P1^2;
uchar    code str[]=" 0～99 stopwatch:";
uchar    sec=0;
uchar    con=0;
void    delayms(uint ms)              //延时子函数
{
     uchar i;
     while(ms--)
     for(i=0;i<123;i++);
}
void    w_com(uchar com)              //写指令寄存器函数
{
     RS=0;
     RW=0;
     E=1;
     P0=com;
     E=0;
     delayms(1);
}
void    w_dat(uchar dat)              //写数据寄存器函数
{
     RS=1;
     RW=0;
     E=1;
     P0=dat;
```

```
        E=0;
        delayms(1);
}
void    lcd_ini(void)                    //LCD 初始化函数
{
        delayms(10);
        w_com(0x38);
        delayms(10);
        w_com(0x0c);
        delayms(10);
        w_com(0x06);
        delayms(10);
        w_com(0x01);
        delayms(10);
        w_com(0x38);
        delayms(10);
}
void    main(void)
{
        uchar i,num;
        lcd_ini();
        w_com(0x80);
        for(i=0;str[i]！='\0';i++)
        w_dat(str[i]);
        while(1)
        {
            w_com(0xc7);
            w_dat(num/10+0x30);
            w_dat(num%10+0x30);
            delayms(1000);
            if(++num==100)num=0;
        }
}
```

程序点评：该程序采用模块化设计，简洁明了，具有较好的实用性，可移植到其他 LCM1602 的程序设计中。

# 5.4　单片机与 LED 点阵显示器的接口设计

　　LED 点阵显示器由发光二极管（有各种形状，通常为圆形）组成，通过灯珠的"亮"与"灭"显示文字、图片、动画、视频等，通常由显示模块、控制系统及电源系统组成。LED 点阵显示器制作简单、安装方便，被广泛地应用于汽车报站器、广告屏及公告牌等公共场合。

　　LED 点阵显示器有单色、双色和全彩 3 类，可显示红、黄、绿、橙等颜色。根据 LED 点阵的构成来划分，LED 点阵可分为 4×4、4×8、5×7、5×8、8×8、16×16、24×24、40×40 等多种类型。LED 点阵根据图素的数目，可分为单原色、双原色、三原色，因 LED 图素颜色不同，所显示的文字、图像等内容的颜色也不同，单原色点阵只能显示固定色彩，如红色、绿色、黄色等单色，双原色和三原色点阵显示内容颜色由图素内不同颜色发光二极管的点亮组合方式决定，如红色和绿色都亮时可显示黄色，假如按照脉冲方式控制发光二极管的点亮时间，则可实现 256 或更高级灰度显示，即可实现真彩色显示。

以简单的 8×8 点阵为例，它由 64 个发光二极管组成，且每个发光二极管被放置在行线和列线的交叉点上，当对应的某行置 1 电平、某列置 0 电平时，相应的发光二极管点亮；若要将第一个点对应的发光二极管点亮，则需要引脚 9 接高电平；若要将第一行点亮，则引脚 9 接高电平，而引脚 13、引脚 3、引脚 4、引脚 10、引脚 6、引脚 11、引脚 15、引脚 16 接低电平，此时第一行就会点亮；如要将第一列点亮，则引脚 13 接低电平，而引脚 9、引脚 14、引脚 8、引脚 12、引脚 1、引脚 7、引脚 2、引脚 5 接高电平，此时第一列就会点亮。

大屏幕显示系统一般由多个小模块 LED 点阵以搭积木的方式组合而成，每个小模块都有自己独立的控制系统，组合在一起后需要引入一个总控制器来控制各模块的命令和数据，这种方法简单且具有易装、易维修的特点。

LED 点阵显示系统中各模块有静态显示和动态显示两种显示方式。静态显示原理简单、控制方便，但硬件接线复杂，在实际应用中一般采用动态显示。动态显示采用扫描的方式工作，由峰值较大的窄脉冲驱动，由上向下逐次不断地对显示器的各行进行选通，同时又向各列送出表示图形或文字信息的脉冲信号，反复循环以上操作，就可显示各种图形或文字信息。

由 LED 点阵显示器的内部结构可知，元器件宜采用动态扫描驱动方式工作。由于发光二极管的管芯大多为高型，因此某行或某列的单体发光二极管驱动电流可选用窄脉冲，但其平均电流应限制在 20mA 内。多数 LED 点阵显示器的单体发光二极管的正向压降在 2V 左右，但大亮点 10 点阵显示器单体发光二极管的正向压降约为 6V。

【例 5-8】 利用 51 单片机控制一块 8×8 LED 点阵式电子广告牌，要求在 8×8 LED 点阵式电子广告牌上循环显示 0～9 这 10 个数字。

### 1. 电路设计

用 51 单片机控制一块 8×8 LED 点阵式电子广告牌，硬件电路原理图如图 5-24 所示，其元器件清单如表 5-8 所示。8×8 LED 点阵显示器有 8 行和 8 列共 16 个引脚，单片机的 P1 口控制 8 条行线，

图 5-24　8×8 LED 点阵式电子广告牌的硬件电路原理图

P0 口控制 8 条列线。LED 点阵显示器通过 74LS245 与单片机的 P1 口相连，提高了单片机 P1 口的输出电流值，既保证了发光二极管的亮度，又保护了单片机的端口引脚。

表 5-8　51 单片机与 8×8 LED 点阵式电子广告牌的硬件电路原理图元器件清单

| 元器件编号 | Proteus 软件中元器件名称 | 元器件标称值 | 说　明 |
|---|---|---|---|
| U1 | AT89C51 | AT89C51 | 单片机 |
| R1 | RES | 10kΩ | 电阻 |
| RP | RESPEAK-8 | 4.7kΩ | 排阻 |
| C1、C2 | CAP | 30pF | 无极性电容 |
| C3 | CAP-ELEC | 10μF | 电解电容 |
| X1 | CRYSTAL | 12MHz | 石英晶体 |
| U2 | 74LS245 | 无 | 驱动芯片 |
| DIANZHEN | MATRIX-8×7-LED | 无 | 8×8 点阵 |

## 2．C 语言程序设计

在 8×8 点阵上显示一个字符的程序设计思路如下：首先选中 8×8 点阵的行，将该行要点亮状态所对应的字符码型送到列端口，延时 1ms；然后选中第二行，送该行对应的显示状态字符码型，延时 1ms；最后选中第三行，重复上述过程，直到每行显示一遍，时间约为 8ms，即完成一遍扫描显示。然后取第二个字符的码型，按照前面的方式循环扫描，采用二维数组实现。8×8 LED 点阵式电子广告牌上循环显示数字 0～9 的程序如下所示。

```
#include    "reg51.h"
void delay(unsigned int i);              //延时函数声明
void main()                              //主函数
{
     unsigned char code led[10][8]={
     {0x24,0x24,0x24,0x24,0x24,0x24,0x18,0x18},    //0
     {0x18,0x1c,0x18,0x18,0x18,0x18,0x18,0x00},    //1
     {0x1e,0x30,0x30,0x1c,0x06,0x06,0x3e,0x00},    //2
     {0x1e,0x30,0x30,0x1c,0x30,0x30,0x1e,0x00},    //3
     {0x30,0x38,0x34,0x32,0x3e,0x30,0x30,0x00},    //4
     {0x1e,0x02,0x1e,0x30,0x30,0x30,0x1e,0x00},    //5
     {0x1c,0x06,0x1e,0x36,0x36,0x36,0x1c,0x00},    //6
     {0x3f,0x30,0x18,0x18,0x0c,0x0c,0x0c,0x00},    //7
     {0x1c,0x36,0x36,0x1c,0x36,0x36,0x1c,0x00},    //8
     {0x1c,0x36,0x36,0x36,0x3c,0x30,0x1c,0x00}
     };                                  //9，定义二维数组，0～9 的显示码
     unsigned char w;
     unsigned int j,k,m;
     while(1)
     {
     for(k=0;k<10;k++)                   //第一维下标取值范围为 0～9
         {
             for(m=0;m<200;m++)          //每个字符扫描显示 200 次，控制显示时间
             {   w=0x01;
                 for(j=0;j<8;j++)        //第二维下标取值范围为 0～7
                 {   P1=w;               //行控制
```

```
            P0=led[k][j];            //将指定数组元素赋值给 P0 口，显示码
            delay(100);
            w<<=1;
            }
          }
        }
      }
    }
void  delay(unsigned int i)                    //延时函数
{   unsigned int k;
    for(k=0;k<i;k++);
}
```

程序点评：程序简单明了，程序设计中运用了二维数组实现了对点阵的控制。在 C51 语言程序设计中应注意"include"reg51.h""与"include <reg51.h>"的区别。

# 5.5 蜂鸣器接口设计

蜂鸣器是一种发声器件，被广泛地应用于各类电子产品。蜂鸣器从结构上划分，有压电式蜂鸣器

（a）电磁式蜂鸣器的外形

AT89S51

（b）蜂鸣器与单片机接口电路

图 5-25　电磁式蜂鸣器的外形及典型驱动电路

和电磁式蜂鸣器两种，单片机应用系统通常使用电磁式蜂鸣器发出提示音。电磁式蜂鸣器有两种：一种是内部带有多谐振荡器的有源蜂鸣器，接上直流电源即可发出声音；另一种是不带多谐振荡器的无源蜂鸣器，工作时需要接入音频方波，改变方波频率可以得到不同音调的声音。图 5-25（a）所示为电磁式蜂鸣器的外形。

蜂鸣器工作时，需要较大的电流，而 51 单片机的 I/O 口驱动较弱，无法直接驱动蜂鸣器，因此需要接电流放大电路。图 5-25（b）是一种常用的蜂鸣器驱动电路，当 P2.0 引脚输出低电平时，PNP 型三极管 8550 导通，电流流过蜂鸣器，发出声音；当 P2.0 引脚输出高电平时，PNP 型三极管 8550 截止，无电流流过蜂鸣器，蜂鸣器不发声。如果此蜂鸣器为无源蜂鸣器，那么可以通过改变 P2.0 引脚输出波形的频率调整蜂鸣器的音调。

【例 5-9】 假设图 5-25（b）中的蜂鸣器为有源蜂鸣器，编写程序让其发出响 1s、静音 1s 的间歇音。

程序如下所示。

```
#include<reg51.h>
#define uchar unsigned char
#define uint unsigned int
sbit BELL=P2^0;                      //蜂鸣器端口定义
void   delayms(uint ms)
{
    uchar i;
    while(ms--)
    for(i=0;i<123;i++);
}
```

```
void    main(void)
{
    while(1)
    {
        BELL=0;                    //发声
        delayms(1000);
        BELL=1;                    //不发声
        delayms(1000);
    }
}
```

【例 5-10】 假设图 5-25（b）中的蜂鸣器为无源蜂鸣器，编写程序让其以 500Hz 的频率发出响 1s、停 1s 的间歇音。

分析：500Hz 频率对应的周期为 2ms，每隔 1ms 将端口电平取反可得到 500Hz 的方波。编写的程序如下所示。

```
#include<reg51.h>
#define uchar unsigned char
#define uint unsigned int
sbit BELL=P2^0;                            //蜂鸣器端口定义
void    delayms(uint ms)
{
    uchar i;
    while(ms--)
    for(i=0;i<123;i++);
}
void    main(void)
{
    uint i;
    while(1)
    {
        for(i=0;i<1000;i++)                //500Hz 响 1s
        {
            BELL=~BELL;
            delayms(1);
        }
        for(i=0;i<1000;i++)                //不发声 1s
        {
            BELL=1;
            delayms(1);
        }
    }
}
```

# 本章小结与课程思政

本章主要介绍了键盘、LED 数码管、字符型 LCM、LED 点阵显示器和电磁式蜂鸣器等元器件与单片机的接口电路及其程序设计。

单片机的键盘接口电路主要有独立式和矩阵式两种，键盘程序需要注意消除按键抖动。

LED 数码管有共阴极和共阳极两种，需要将段码送给数码管才能使其显示对应的字符。数码管的接口电路有静态显示和动态显示两种，一般在数码管较多的场合使用动态显示。

LCM 内部包含驱动器和控制器，对 LCM 的操作就是对其内部的驱动器和控制器的操作。

蜂鸣器是一种常用的发声器件，单片机不能直接驱动蜂鸣器，需要加电流放大电路。

通过本章的学习可以更好地理解和应用人机交互技术，提高人与机器交互的效率和质量。同时，人机交互还能够引导我们思考人机交互的伦理和社会影响，培养我们的创新精神和社会责任感。人机交互的学习对于我们适应科技发展的需求、推动社会进步具有重要的意义。

# 习　题　5

## 一、选择题

1. 点亮一般的发光二极管所消耗的电流为（　　）。

 A. 1～20μA　　　　　B. 10～20μA　　　　　C. 1～10mA　　　　　D. 10～20mA

2. 当在 51 单片机的程序中需要从端口读入值时，应（　　）。

 A. 先输出高电平到该 I/O 口　　　　　　　　B. 先输出低电平到该 I/O 口

 C. 先读取该 I/O 口的状态　　　　　　　　　D. 先存储该 I/O 口的状态

3. 根据实验统计，当操作开关时，其不稳定状态的时间会持续（　　）。

 A. 1～5ms　　　　　B. 5～10ms　　　　　C. 100～150ms　　　　D. 150～250ms

4. 在电路板上的跳线（Jumper）常被（　　）代替。

 A. 闸刀开关　　　　B. 指拨开关　　　　　C. 按钮开关　　　　　D. 数字型拨码开关

5. 设计 4 位 LED 数码管显示时，其扫描的时间间隔大约为（　　）比较合适。

 A. 1ms　　　　　　B. 0.3s　　　　　　　C. 0.15s　　　　　　　D. 0.015s

6. 在数码管电路设计中，与使用多片单个 LED 数码管相比，使用多位数集成在一起的 7 段 LED 数码管模块电路最大的优点是（　　）。

 A. 数字显示好看　　B. 成本较低　　　　　C. 比较高级　　　　　D. 电路简单

7. 若将 4×4 键盘与 51 单片机相连，则至少需要使用 51 单片机（　　）的 I/O 口。

 A. 16 位　　　　　　B. 12 位　　　　　　C. 8 位　　　　　　　D. 4 位

8. 在单片机应用系统中，LED 数码管显示电路通常有（　　）显示方式。

 A. 静态　　　　　　B. 动态　　　　　　　C. 动态和静态　　　　D. 串行

9. 单片机数码管的（　　）显示方式编程简单，但占用 I/O 引脚数多，一般适用于显示位数不多的场合。

 A. 静态　　　　　　B. 动态　　　　　　　C. 动态和静态　　　　D. 串行

10. 若 LED 数码管采用动态显示方式，则下列说法错误的是（　　）。

 A. 将各位数码管的段选线并联

 B. 将各位数码管的公共端直接连在+5V 或者 GND 上

 C. 将段选线用一个 8 位 I/O 口控制

 D. 将各位数码管的位选线用各自独立的 I/O 口控制

11. 共阳极数码管加反向器驱动时，显示字符"6"的段码是（　　）。

 A. 0X06　　　　　　B. 0X7D　　　　　　C. 0X82　　　　　　　D. 0XFA

12．一个单片机应用系统用 LED 数码管显示字符"8"的段码是 0X80，可以断定该显示系统用的是（　　）。

　　A．不加反相器驱动的共阴极数码管

　　B．加反相器驱动的共阳极数码管

　　C．加反相器驱动的共阴极数码管或不加反相器驱动的共阳极数码管

　　D．以上都不是

13．在共阳极数码管的使用中，若只显示小数点，则其相应的码段是（　　）。

　　A．0X80　　　　　　B．0X10　　　　　　C．0X40　　　　　　D．0X7F

14．某个应用系统需要扩展 10 个功能键，采用（　　）比较好。

　　A．独立式按键　　　B．矩阵式按键　　　　C．动态按键　　　　D．静态按键

15．按键开关的结构通常是机械弹性元件，当按键按下和放开时，触点在闭合和断开瞬间会产生接触不稳定，为了消除抖动产生的不良后果，常采用的方法有（　　）。

　　A．硬件去抖动　　　　　　　　　　　B．软件去抖动

　　C．硬件、软件两种方法　　　　　　　D．单稳态电路去抖动

## 二、简答题

1．什么是抖动？如何防止抖动发生？常用的防止抖动的方法有几种？

2．LED 数码管的静态显示和动态显示在硬件连接上分别具有什么特点？在实际设计时应如何选择？

3．独立式按键和矩阵式按键分别具有什么特点？适用于什么场合？

## 三、程序设计题

1．如图 5-26 所示，编写程序实现：按键 S1 按下一次，流水灯 D1～D8 的流动方向改变一次。

2．数码管动态显示电路如图 5-17 所示，编写程序实现：上电后 8 个数码管显示 00000000，每隔 1s 数码管显示的数据全部加 1，加到 99999999 后返回 00000000。

3．图 5-27 中的蜂鸣器为有源蜂鸣器，其控制端口为 P2.0，按键 S1 接 P1.0 口，编写程序实现：按键 S1 按下，蜂鸣器发出 10ms 的短音。

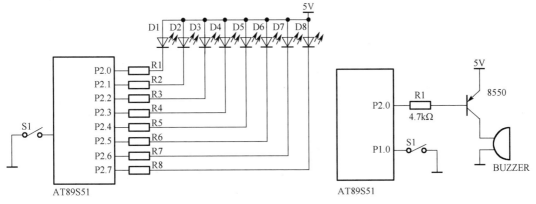

图 5-26　按键控制流水灯流动方向图　　　　　图 5-27　按键控制蜂鸣器电路

# 第6章 微处理器中断系统及定时/计数器应用设计

**内容提要**

　　微处理器的中断系统、定时/计数器系统各不相同，功能强弱也有区别，但设计方法大致相同。本章将以51单片机为例，介绍51单片机的中断控制和定时/计数器的基本概念、中断类型、中断控制寄存器、定时/计数器的工作方式及中断和定时/计数器的编程方法。

## 6.1　中断系统

### 1. 中断的定义

　　中断是指微处理器控制系统运行过程中，出现某些意外情况需主机干预时，机器能自动停止正在运行的程序并转入处理新情况的程序，处理完后又返回原被暂停的程序继续运行，这个过程称为中断。中断装置和中断处理程序统称中断系统。中断系统是微处理器控制系统的重要组成部分，实时控制、故障自动处理、微处理器控制系统与外围设备间的数据传输往往采用中断系统。中断系统的应用大大提高了计算机的效率。

　　不同的微处理器，其硬件结构和软件指令是不完全相同的，因此中断系统也是不相同的。微处理器的中断系统能够提高CPU对多任务事件的处理能力。中断机制是现代微处理器系统中的基础设施之

图6-1　中断响应和处理过程

一，它在系统中起着通信网络的作用，以协调系统对各种外部事件的响应和处理。中断是CPU对系统发生的某个事件做出的一种反应。引起中断的事件称为中断源。中断源向CPU提出处理的请求称为中断请求。发生中断时被打断程序的暂停点称为断点。CPU暂停现行程序而转为响应中断请求的过程称为中断响应。处理中断源的程序称为中断处理程序。CPU执行有关的中断处理程序称为中断处理。返回断点的过程称为中断返回，中断响应和处理过程如图6-1所示。中断是由软件和硬件综合完成的，硬件部分称为硬件装置，软件部分称为软件处理程序。

### 2. 中断的处理过程

　　大多数中断系统都具有如下几个方面的操作，这些操作是按照中断的执行先后次序排列的。①接收中断请求。②查看本级中断屏蔽位，若该位为1，则本级中断源参与优先级排队。③中断优先级选择。④若处理机执行完一条指令或者这条指令已无法执行完，则立即中止现行程序。接着，中断部件根据中断级指定相应的主存单元，并把被中断的指令地址和处理机当前的主要状态信息存放在此单元中。⑤中断部件根据中断级又指定另外的主存单元，从这些单元中取出处理机新的状态信息和该级中断控制程序的起始地址。⑥执行中断控制程序和相应的中断服务程序。⑦执行完中断服务程序，利用专用指令使处理机返回被中断的程序或转向其他程序。

### 3. 中断的程序状态字和中断向量

　　这是两个与中断响应和处理有密切关系的概念。

（1）程序状态字：每个程序均有自己的程序状态字。现行程序的程序状态字放在处理机的程序状态字寄存器中。程序状态字中最主要的内容有指令地址、条件码、地址保护键、中断屏蔽和中断响应时的中断源记录等。中断响应和处理操作的第④步和第⑤步就是交换程序状态字操作。

（2）中断向量：每级中断都对应一个向量，这些向量顺序存放在主存的指定单元中。向量的内容是相应的中断服务程序起始地址和处理机状态字（主要是指令地址）。当中断响应时，由中断部件提供中断向量的地址，就可取出该向量。中断响应和处理操作的第⑤步就是取中断向量操作。在采用向量中断的机器中一般不再使用程序状态字。

### 4．中断系统功能

（1）实现中断响应和中断返回。

CPU 在收到中断请求后，能根据具体情况决定是否响应中断，如果 CPU 没有更急、更重要的工作，则在执行完当前指令后响应这一中断请求。CPU 中断响应过程如下：首先，将断点处的 PC 值（下一条应执行指令的地址）推入堆栈保留下来，这称为保护断点，由硬件自动执行；然后，将有关的寄存器内容和标志位状态推入堆栈保留下来，这称为保护现场，由用户自己编程完成，最后保护断点和现场后即可执行中断服务程序，执行完毕，CPU 由中断服务程序返回主程序。中断返回过程如下：首先，恢复原保留寄存器的内容和标志位的状态，这称为恢复现场，由用户编程完成；然后，再加返回指令 RETI，其功能是恢复 PC 值，使 CPU 返回断点，这称为恢复断点；最后恢复现场和断点后，CPU将继续执行原主程序，中断响应过程到此为止。

（2）实现优先级排队。

通常，系统中有多个中断源，当有多个中断源同时发出中断请求时，要求计算机能确定哪个中断更紧迫，以便首先响应。为此，计算机给每个中断源都规定了优先级别，称为优先级。当多个中断源同时发出中断请求时，优先级高的中断先被响应，只有优先级高的中断处理结束后才能响应优先级低的中断。计算机按中断源优先级的高低逐次响应的过程称为优先级排队，这个过程可通过硬件电路实现，亦可通过软件查询实现。

（3）实现中断嵌套。

当 CPU 响应某一中断时，若优先级高的中断源发出中断请求，则 CPU 中断正在进行的中断服务程序，并保留这个程序的断点（类似于子程序嵌套），响应高级中断，高级中断处理结束以后，再继续进行被中断的中断服务程序，这个过程称为中断嵌套。如果发出新的中断请求的中断源的优先级与正在处理的中断源同级或更低时，CPU 不会响应这个中断请求，直至正在处理的中断服务程序执行完才能处理新的中断请求。

### 5．中断源分类

中断源是指能够引起中断的原因。一台处理机可能有很多中断源，但按其性质和处理方法，大致可分为如下 5 类。

（1）机器故障中断。

（2）程序性中断。

由现行程序本身的异常事件引起的中断可分为以下三种：一是程序性错误，如指令或操作数的地址边界错、非法操作码和除数为零等；二是产生特殊的运算结果，如定点溢出；三是程序出现某些预先确定要跟踪的事件，跟踪操作主要用于程序调试。有些机器把程序性中断称为"异常"，不称为中断。

（3）输入/输出设备中断。

（4）外中断。

外中断来自控制台中断开关、计时器、时钟或其他设备，这类中断的处理较简单，实时性强。

（5）调用管理程序。

用户程序利用专用指令"调用管理程序"发中断请求，是用户程序和操作系统之间的联系桥梁。

### 6. 中断优先级

几个中断请求可能同时出现，但中断系统只能按一定的次序来响应和处理。最先被响应的中断具有最高的优先级，按优先级顺序进行处理。优先级的高低是由中断部件的中断排队线路确定的。当机器设置很多中断源时，为了简化设计，对中断源分组管理。具有相同中断优先级的中断源构成一个中断级。同级中断使用同一个中断控制程序起点。

### 7. 中断屏蔽

对各中断级设置相应的屏蔽位。只有屏蔽位为1时，该中断级才能参加中断优先级排队。中断屏蔽位可由专用指令建立，因而可以灵活地调整中断优先级。有些机器针对某些中断源也设置屏蔽位，只有当屏蔽位为1时，相应的中断源才起作用。

## 6.2　单片机中断系统概述

51系列不同型号单片机的中断源的数量是不同的（5～11个），本节以8051单片机的中断系统为例分析51系列单片机的中断系统，其他各种51单片机的中断系统与之基本相同，8051单片机的中断系统结构框图如图6-2所示。8051单片机有5个中断源、2个中断优先级，可以实现二级中断服务程

图6-2　8051单片机的中断系统结构框图

序嵌套，每个中断源都可以编程为高优先级中断或低优先级中断，允许或禁止向 CPU 请求中断。与中断系统有关的特殊功能寄存器有中断允许控制寄存器 IE、中断优先级控制寄存器 IP 和中断源寄存器 TCON、SCON。

## 6.2.1　单片机的中断类型

8051 单片机有 5 个中断源：2 个外部中断源，分别为外部中断 0（$\overline{INT0}$ 引脚）和外部中断 1（$\overline{INT1}$ 引脚）；3 个内部中断源，分别为定时/计数器 T0 溢出中断、定时/计数器 T1 溢出中断和串行口的发送/接收中断。这些中断源分别锁存在 TCON 和 SCON 的相应位中。

### 1．外部中断

外部中断是由外部信号引起的。8051 单片机共有 2 个外部中断源，称为外部中断 0 和外部中断 1。外部中断 0 的中断信号由 51 单片机的 $\overline{INT0}$ 引脚（引脚 12）引入 CPU，外部中断 1 的中断信号由 51 单片机的 $\overline{INT1}$ 引脚（引脚 13）引入 CPU。

外部中断的中断请求有两种信号触发方式。

（1）电平触发方式。

电平触发方式是一种静态方式，中断请求信号时低电平有效。CPU 在每个机器周期的 S5P2 时刻都要对 $\overline{INT0}$ 引脚和 $\overline{INT1}$ 引脚的电平进行采样，若采样值为低电平，则表示有效的中断请求信号。

（2）脉冲触发方式。

脉冲触发方式的中断请求是一种动态方式，中断请求信号时脉冲的后沿负跳有效。CPU 在每个机器周期的 S5P2 时刻都要对 $\overline{INT0}$ 引脚和 $\overline{INT1}$ 引脚的电平进行采样，若相继两次采样均为前高后低，则表示中断信号有效。

外部中断的中断请求的这两种信号触发方式，可通过设置 TCON 寄存器的相关控制位的值进行设定。

注意，若为电平触发方式，则其中断请求信号必须保持低电平，直到 CPU 响应此中断请求，但在返回主程序前必须采取措施，撤销中断请求信号引脚上的低电平，否则会造成错误中断；若外部中断方式选择脉冲触发，由于每个机器周期采样中断请求信号一次，因此在这种中断方式的中断请求信号的高电平与低电平的持续时间必须各保持一个机器周期以上。

### 2．定时/计数器中断

定时/计数器中断发生在单片机的内部，在 8051 单片机内部有两个定时/计数器 T0 和 T1，它们以加法计数的方法实现定时或计数的功能。当它作为定时器使用时，其计数信号来自 CPU 内部的机器周期脉冲；当它作为计数器使用时，其计数信号来自 CPU 的 T0 引脚（P3.4，引脚 14）、T1 引脚（P3.5，引脚 15）。

在启动定时/计数器后，当来一个机器周期或在对应的引脚上每检测到一个脉冲信号时，定时/计数器就加 1，当定时/计数器的值从全 1 变为全 0 时，置位一个溢出标志位，即 TF0 或 TF1 置 1，CPU 查询到后，就知道有定时/计数器的溢出中断的申请。

### 3．串行中断

串行中断是为串行数据传输的需要而设置的。当串行口发送完一帧串行数据时，就会使串行发送中断标志位 TX 置 1；当串行口接收完一帧串行数据时，就会使串行接收中断标志位 RX 置 1，作为串行中断请求标志，产生一个中断请求。串行中断请求是在单片机芯片内部自动发生的，不需要在芯片上设置引入端。

## 6.2.2　单片机的中断控制寄存器

8051 单片机的每个中断请求都对应一个中断请求标志位，它们分别在特殊功能寄存器 TCON 和 SCON 的相应位中。运行中，CPU 通过查询这些寄存器中的中断请求标志位的值来判断是否有相关的中断请求。

### 1．定时/计数器控制寄存器 TCON

TCON 用于保存外部中断请求及定时/计数器的计数溢出。TCON 的内容及位地址如表 6-1 所示。其中与中断有关的位是 IE0、IE1、TF0 和 TF1。

表 6-1　TCON 的内容及位地址

| TCON | D7 | D6 | D5 | D4 | D3 | D2 | D1 | D0 |
|---|---|---|---|---|---|---|---|---|
| 位符号 | TF1 | TR1 | TF0 | TR0 | IE1 | IT1 | IE0 | IT0 |
| 位地址 | 8FH | 8EH | 8DH | 8CH | 8BH | 8AH | 89H | 88H |

TCON 的高 4 位与定时/计数器的设置有关，TCON 的低 4 位与外部中断有关，其含义如下。

（1）IT0、IT1：IT0 是外部中断 0 的中断请求触发方式控制位，IT1 是外部中断 1 的中断请求触发方式控制位，二者的含义相同。在程序设计中可以对 IT0、IT1 直接赋值。

当 IT0/IT1=1 时，外部中断 0/外部中断 1 被设置为负跳变触发方式（或称为边沿触发方式）。CPU 在每个机器周期的 S5P2 期间采样外部中断 0（P3.2）/外部中断 1（P3.3）引脚的输入电平。在相继的两个机器周期采样过程中，若一个机器周期采样到外部中断 0/外部中断 1 的引脚为高电平，下一个机器周期采样到外部中断 0/外部中断 1 的引脚为低电平，则使 IE0/IE1 置 1，表示外部中断 0/外部中断 1 有中断请求。若采样到外部中断 0（P3.2）/外部中断 1（P3.3）的引脚为高电平，则使 IE0 清零。

当 IT0/IT1=0 时，外部中断 0/外部中断 1 被设置为电平触发方式。CPU 在每个机器周期的 S5P2 期间采样外部中断 0（P3.2）/外部中断 1（P3.3）引脚的输入电平。若采样到外部中断 0/外部中断 1 的引脚为低电平，表示外部中断 0/外部中断 1 有中断请求，则使 IE0/IE1 置 1。直到 CPU 响应外部中断 0/外部中断 1，才由 CPU 内部硬件使 IE0/IE1 清零。

注意在电平触发方式下，CPU 响应中断时不能自动清除 IE0/IE1 标志，即 IE0/IE1 的状态完全由外部中断 0（P3.2）/外部中断 1（P3.3）引脚的电平决定，所以在中断返回前必须撤除外部中断 0（P3.2）/外部中断 1（P3.3）引脚的低电平。而在负跳变触发方式下，当 CPU 响应外部中断时 CPU 硬件会自动使 IE0/IE1 置 1。在负跳变触发方式下，为了保证 CPU 能检测到负跳变，要求外部中断 0（P3.2）/外部中断 1（P3.3）引脚上的高电平、低电平至少保持一个机器周期。

（2）IE0、IE1：IE0 是外部中断 0 的请求标志位，IE1 是外部中断 1 的请求标志位，二者的含义相同。

当 CPU 检测到 $\overline{\text{INT0}}$（P3.2）引脚上有中断请求信号时，由 CPU 硬件置 1；当 CPU 检测到 $\overline{\text{INT1}}$（P3.3）引脚上有中断请求信号时，由 CPU 硬件置 1。

（3）TF0、TF1：TF0 是定时/计数器 T0 溢出中断请求标志位，TF1 是定时/计数器 T1 溢出中断请求标志位，二者的含义相同。

当 TF0=1 时，定时/计数器 T0 溢出中断请求标志位，表示定时/计数器 T0 的计数值已由全 1 变为全 0，定时/计数器 T0 计数溢出，TF0 置 1 由 CPU 硬件完成。计数溢出标志位的使用有两种情况：当采用中断方式时，它作为中断请求标志位使用，CPU 响应定时/计数器 T0 的中断请求后，程序执行中断程序，同时由 CPU 硬件自动对 TF0 标志清零；当采用查询方式时，TF0 作为查询状态位使用，TF0 被查询完后，要求清零。

（4）TR0/TR1：定时/计数器的运行控制位。TR1 为定时/计数器 T1 的运行控制位，TR0 为定时/计数器 T0 的运行控制位，二者的含义和功能完全相同。

用软件方法使 TR0 置 1 或清零。当 TR0 置 0 时，定时/计数器 T0 停止计数；当 TR0 置 1 时，定时/计数器 T0 可以启动计数，需要结合后面 TMOD 特殊功能寄存器的 GATE 位进行分析。

## 2．串行口控制寄存器 SCON

SCON 的内容及位地址如表 6-2 所示。

表 6-2　SCON 的内容及位地址

| SCON | D7 | D6 | D5 | D4 | D3 | D2 | D1 | D0 |
|------|-----|-----|-----|-----|-----|-----|-----|-----|
| 位符号 | SM0 | SM1 | SM2 | REN | TB8 | RB8 | TI | RI |
| 位地址 | 9FH | 9EH | 9DH | 9CH | 9BH | 9AH | 99H | 98H |

表 6-2 中与中断请求标志相关的位如下。

（1）TI。

串行口发送中断请求标志位。在发送完一帧串行数据后，由硬件置 1；在转向中断服务程序后，需要用软件对该位清零。

（2）RI。

串行口接收中断请求标志位。在接收完一帧串行数据后，由硬件置 1；在转向中断服务程序后，需要用软件对该位清零。串行中断请求由 TI 和 RI 的逻辑"或"得到。也就是说，无论是发送标志，还是接收标志，都会产生串行中断请求。

其余位的含义在串行口的内容中介绍。

一般情况，以上 6 个中断源的中断请求标志（IE0、IE1、TF0、TF1、T1 和 R1）是由中断机构硬件电路自动置位的，但也可以人为地通过指令（SETB BIT）对以上两个控制寄存器的中断标志位置位，即"软件代请中断"，这是单片机中断系统的一个特点。

## 3．中断允许控制寄存器 IE

当某一中断（事件）出现时，相应的中断请求标志位被置 1（中断有效），但该中断请求能否被 CPU 识别，则由 IE 的相应位的值来决定，IE 可对各 IT 中断源进行开放和关闭两级控制，IE 的内容及位地址如表 6-3 所示。

表 6-3　IE 的内容及位地址

| IE | D7 | D6 | D5 | D4 | D3 | D2 | D1 | D0 |
|-----|-----|-----|-----|-----|-----|-----|-----|-----|
| 位符号 | EA | — | — | ES | ET1 | EX1 | ET0 | EX0 |
| 位地址 | AFH | AEH | ADH | ACH | ABH | AAH | A9H | A8H |

表 6-3 中各位的含义如下。

EA：中断允许/禁止位，它是中断请求的总开关。EA=0，屏蔽所有中断请求；EA=1，开放所有中断请求。

ES：串行口允许/禁止位。ES=0，禁止串行口中断；ES=1，允许串行口中断。

ET1：T1 中断允许/禁止位。ET1=0，禁止 T1 中断；ET1=1，允许 T1 中断。

EX1：$\overline{INT1}$ 中断允许/禁止位。EX1=0，禁止 $\overline{INT1}$ 中断；EX1=1，允许 $\overline{INT1}$ 中断。

ET0：T0 中断允许/禁止位。ET0=0，禁止 T0 中断；ET0=1，允许 T0 中断。

EX0：$\overline{INT0}$ 中断允许/禁止位。EX0=0，禁止 $\overline{INT0}$ 中断；EX0=1，允许 $\overline{INT0}$ 中断。

8051 单片机复位后，将 IE 清零，单片机处于关中断状态。若要开放中断，必须使 EA=1 且响应中断的相应允许位也为 1。开中断既可以使用置位指令，也可以使用字节操作指令。

### 4．中断优先级控制寄存器 IP

单片机的中断系统通常允许有多个中断源，当多个中断源同时向 CPU 发出中断请求时，就存在 CPU 优先响应哪个中断源请求的问题。通常根据中断源的轻重排队，即规定每个中断源都有一个优先级，CPU 总是响应优先级最高的中断。8051 单片机只有两个中断优先级，即低优先级和高优先级，对于所有的中断源，均可由软件将其设置为高优先级中断或低优先级中断。当 IP 中相应位的值为 0 时，表示该中断源为低优先级；当 IP 中相应位的值为 1 时，表示该中断源为高优先级。高优先级中断源可以中断一个正在执行的低优先级中断源的中断服务程序，即可实现两级中断嵌套，但同级或低优先级中断源不能中断正在执行的中断服务程序。IP 的内容及位地址如表 6-4 所示。

表 6-4　IP 的内容及位地址

| IP | D7 | D6 | D5 | D4 | D3 | D2 | D1 | D0 |
|---|---|---|---|---|---|---|---|---|
| 位符号 | — | — | — | PS | PT1 | PX1 | PT0 | PX0 |
| 位地址 | BFH | BEH | BDH | BCH | BBH | BAH | B9H | B8H |

表 6-4 中各位的含义如下。

PS：串行口中断优先级控制位。PS=1，串行口为高优先级，否则为低优先级。

PT1：定时/计数器 T1 中断优先级控制位。PT1=1，定时/计数器 T1 为高优先级，否则为低优先级。

PX1：外部中断 1 中断优先级控制位。PX1=1，外部中断 1 为高优先级，否则为低优先级。

PT0：定时/计数器 T0 中断优先级控制位。PT0=1，定时/计数器 T0 为高优先级，否则为低优先级。

PX0：外部中断 0 中断优先级控制位。PX0=1，外部中断 0 为高优先级，否则为低优先级。

中断申请源的中断优先级的高低由 IP 的各位控制，IP 的各位由用户用指令设定。复位操作后，IP=×××00000B，即各中断源均设为低优先级中断。

在同时收到几个同一优先级的中断请求时，哪个中断请求能优先得到响应，取决于内部的查询顺序。51 系列单片机同级中断的优先级查询顺序如表 6-5 所示。

表 6-5　51 系列单片机同级中断的优先级查询顺序

| 中 断 标 志 | 中 断 源 | 中 断 级 别 |
|---|---|---|
| IE0 | 外部中断 0 | 最高优先级 |
| TF0 | 定时/计数器 T0 溢出中断 | ↓ |
| IE1 | 外部中断 1 | |
| TF1 | 定时/计数器 T1 溢出中断 | |
| RI、TI | 串行口中断 | 最低优先级 |

由此可见，各中断源在同一个优先级的条件下，外部中断 0 的中断优先级最高，串行口中断的中断优先级最低。

　　在 CPU 执行中断服务的过程中，级别低的或同级的中断申请不能打断正在进行的服务，而级别高的中断申请则能终止正在进行的服务，使 CPU 转去更高级的中断服务，待服务处理完毕后，CPU 再返回原中断服务程序继续执行，即实现两级中断嵌套。两级中断嵌套的过程如图 6-3 所示。

图 6-3　　两级中断嵌套的过程

　　综上所述，可对中断系统的规定概括为以下两条基本规则：

　　（1）低优先级中断系统的规定可以被高级中断系统中断，反之不能；

　　（2）当多个中断源同时发出中断申请时，级别高的优先级先服务（先按高低优先级区分，再按辅助优先级区分）。

## 6.2.3　单片机的中断响应与处理

　　在单片机主程序的运行过程中 CPU 对中断的响应需要注意以下几个问题。

### 1．51 系列单片机的中断响应条件

　　当中断源发出中断信号时，单片机并不总对该中断进行响应。一般来说，单片机中断应注意以下几个方面。

　　（1）若中断源有请求，并且单片机允许所有中断源申请中断，则中断允许 IE 总中断开放（EA=1）。

　　（2）若允许某个独立中断源的中断请求，则相应的中断控制位（EX0、ET0、EX1、ET1、ES）置 1。

　　（3）正在执行的低级中断可以被高级中断请求中断，CPU 先执行高级中断，高级中断结束后再执行低级中断，一个正在执行的高级中断是不能被低级中断而中断的。

　　（4）若多个同级中断请求同时发出，则单片机按照一定的原则决定执行的顺序。51 系列单片机对中断的查询顺序是"外部中断 0→定时/计数器 T0→外部中断 1→定时/计数器 T1→串行口中断"。

　　（5）若程序正在执行读/写 IE 和 IP 指令，则 CPU 执行该指令结束后，需要再执行一条其他指令才可以响应中断。

　　（6）若程序正在执行返回指令，则执行该指令后，需再执行一条其他指令才可以响应中断。

　　（7）任何正在执行的指令在未完成之前，是不会响应中断请求的。

### 2．51 系列单片机的中断响应过程

　　在一个中断满足响应条件后，CPU 便可以执行中断响应，其工作过程如下所示。

　　第 1 步：CPU 响应中断，硬件自动将当前的断点地址压入堆栈。

　　第 2 步：将相应的中断入口地址装入 PC 中。

　　第 3 步：程序转向相应的中断入口地址，开始执行中断程序。

第4步：对于某些中断，硬件还自动将中断标志位清零。

### 3. 51 系列单片机的中断入口地址

51 系列单片机的中断入口地址如表 6-6 所示。由于两个相邻的中断入口地址很近，放置不了多少代码，因此在采用汇编语言编程的时候需要在中断入口地址处放一条 SJMP（占用 2 字节）或 LJMP（占用 3 字节）无条件转移指令，跳转的地址可由用户自行指定，当 CPU 响应该中断时，执行这个跳转指令，程序转至真正的中断服务程序。但采用 Keil C51 编程时就不需要考虑这些，只要编写中断函数即可，不需要考虑具体怎么跳转。

表6-6　51 系列单片机的中断入口地址

| 中　断　号 | 中断名称（中断源） | 中断入口地址（单片机汇编） | 中断入口地址（单片机C51） |
|---|---|---|---|
| — | 系统复位（reset） | 0000H | 0X00 |
| 0 | 外部中断 INT0 | 0003H | 0X03 |
| 1 | 定时/计数器 T0 溢出中断 | 000BH | 0X0B |
| 2 | 外部中断 INT1 | 0013H | 0X13 |
| 3 | 定时/计数器 T1 溢出中断 | 001BH | 0X1B |
| 4 | 串行口中断 | 0023H | 0X23 |

【例 6-1】 外部中断服务程序的汇编语言书写方式。

```
ORG    0013H
LJMP   INT1          ; 在外部中断 INT1 入口处放一条长跳转指令
ORG    0100H
MAIN:                ; 主程序
…
INT1:                ; 外部中断的中断服务程序
```

在 51 单片机 C 语言的源程序中，直接以函数的形式编写中断服务程序。中断函数的定义形式如下。

```
void  函数名（void)   interrupt  n   using 寄存器组
```

其中 n 为中断类型号，如表 6-6 所示，51 单片机 C 语言中的中断号对应汇编语言中的中断入口地址。

### 4. 51 系列单片机的中断响应时间

CPU 对中断的响应是需要一定时间的，对于实时性要求较高的场合，就需要考虑中断的响应时间。所谓中断的响应时间，即 CPU 从检查中断请求标志位（TCON 或 SCON），到转向对应的中断入口地址所需的机器周期的个数。在一个单一中断的系统中，51 系列单片机对外部中断请求的响应时间为 3～8 个机器周期。

### 5. 8051 单片机的中断处理

8051 单片机的 CPU 对中断的处理可以分为两个过程：一个是硬件自动完成的部分；另一个是软件处理的部分。整个 CPU 响应中断处理流程图如图 6-4 所示。这里所说的中断处理主要是指中断的软件处理过程。

中断的软件处理过程是从 PC 指向中断入口地址开始的，到中断结束返回为止，即整个中断服务程序。这个中断服务程序需要完成以下 3 部分操作。

（1）程序跳转：由于各中断处理程序的入口地址由系统统一规定，而且各中断入口地址只相隔 8

字节，因此一般容不下一个中断程序，但是用户不可以随意设置。

图 6-4 整个 CPU 响应中断处理流程图

（2）关中断与开中断：对于一个正在执行的中断，若不想被更高优先级的中断打断，则需要在中断服务程序后关闭所有中断，或者关闭某些中断。这样可以保证中断服务程序的顺利进行。在中断服务程序结束时，可以将关闭的中断开启，以便接收新的中断请求。

（3）保护现场与恢复现场：一般来说，在主程序和中断服务程序中都会用到累加器、寄存器等。CPU 在中断服务程序中使用这些寄存器时将改变其中的内容，再返回主程序的时候容易造成混乱。因此在进入中断服务程序后，应该先将这些重要的寄存器保存，即保护现场；当中断服务程序结束时应该将这些寄存器的内容恢复，即恢复现场。其方法是：将子程序中用到的有关寄存器的内容压入堆栈，待中断服务完毕返回主程序，再从堆栈弹出，恢复现场。

### 6. 8051 单片机的中断返回

在 8051 单片机中，中断服务程序的返回比较简单，在汇编程序中直接在中断服务程序的最后加上一个中断返回指令 RETI 即可。中断服务程序在执行 RETI 指令时，将主程序的断点地址弹出并送回 PC 中，使程序能返回原来被中断的程序继续执行。在 C51 编程中则不用管。

### 7. 8051 单片机的中断请求撤除

CPU 响应中断的同时，该中断请求标志应被清除，否则将会引起另一次中断。中断标志的清除分为以下 3 种情况。

（1）对于定时/计数器溢出的中断标志 TF0（或 TF1）及负跳变触发的外部中断标志 IE0（或 IE1），中断响应后，中断标志由硬件自动清除。

（2）对于电平触发的外部中断请求，中断请求标志不由 CPU 控制，在中断结束前必须由中断源撤销中断请求信号。

（3）串行口中断标志 TI 和 RI 在中断响应后不能由硬件自动清除，这就需要在中断服务程序中，由软件清除中断请求标志。

### 6.2.4  单片机的中断服务程序的设计与应用

中断服务程序包括中断初始化及中断函数两部分。

#### 1. 中断初始化

在 8051 单片机中断编程过程中，需要用户对中断控制的相关特殊功能寄存器中的各有关控制位进行赋值，这个过程称为中断初始化，其步骤如下。

（1）开启中断开关——设置 IE 寄存器的值。

比如启动外部中断 0，汇编语言语句为"SETB EA  SETB EX0"，C 语言语句为"EA=1;EX0=1;"。

（2）设定所用中断源的中断优先级——设定 IP 寄存器的值。

比如要设置 $\overline{INT1}$ 为高优先级，语句为"PX1=1;"。

（3）中断信号的设定——设置 TCON 寄存器的值。

比如 $\overline{INT1}$ 中断要采用边沿触发方式，可设置"IT1=1;"。

【例 6-2】  外部中断 0 初始化程序。

```
void   main(void)              //主函数
{
    EA=1;                      //开中断总开关
    EX0=1;                     //允许外部中断 0 中断
    IT0=1;                     //下降沿触发中断
    P1=0;
    while(1)
    {
    P1=0;                      //P1 口 8 只 LED 全亮
    }
}
```

#### 2. 中断函数

为了直接使用 C51 编写中断服务程序，C51 中定义了中断函数。由于 C51 编译器在编译时对声明为中断服务程序的函数自动添加了相应的现场保护、阻断其他中断、返回时自动恢复现场等处理的程序段，因此在编写中断函数时可不必考虑这些问题，减小了用户编写中断服务程序的烦琐程度。

中断函数的一般形式为

函数类型  函数名(形式参数表)   interrupt  n     using  n

对其中各项的说明如下。

（1）由于中断函数并不传入自变量，也不返回值，因此返回值类型与形参类型均为 void。

（2）中断函数的命名只要符合标识符的命名规则即可。

（3）关键字"interrupt"后面的"n"是中断号，对于 51 单片机，"n"的取值为 0～4，编译器从"8×n+3"处产生中断向量，51 单片机的中断源对应的中断号和中断向量如表 6-6 所示。

（4）"using" 是一个可选项，如果不选用该项，那么中断函数中的所有工作寄存器的内容将被保存到堆栈中。51 系列单片机在内部 RAM 中可使用 4 个工作寄存器区，每个工作寄存器区都包含 8 个工作寄存器（R0～R7）。C51 扩展了一个关键字 "using"，"using" 后面的 "n" 用于选择 8051 单片机内部的 4 个不同的工作寄存器区。

（5）关键字 "using" 对函数目标代码的影响：在中断函数的入口处将当前工作寄存器区的内容保存到堆栈中，函数返回前将被保存的寄存器区的内容从堆栈中恢复。使用关键字 "using" 在函数中确定一个工作寄存器区时须十分小心，要保证任何工作寄存器区的切换都只在指定的控制区域中发生，否则将产生不正确的函数结果。外部中断 1 的中断函数设置如下所示。

```
void int1(void) interrupt 2 using 0    //中断号 n=2，选择 0 区工作寄存器区
```

中断调用与标准 C 的函数调用是不同的，中断事件发生后，对应的中断函数被自动调用，中断函数既没有参数，也没有返回值。在 C51 程序编译时，编译器会为中断函数自动生成中断向量；退出中断函数时，所有保存在堆栈中的工作寄存器及特殊功能寄存器被恢复；在必要时特殊功能寄存器 ACC、B、DPH、DPL 及 PSW 的内容将被保存到堆栈中。

编写中断函数时，应遵循以下规则。

（1）中断函数没有返回值，如果定义了一个返回值，那么将会得到不正确的结果。因此建议将中断函数定义为 void 类型，以明确说明没有返回值。

（2）中断函数不能进行参数传递，若中断函数包含任何参数声明，则都将导致编译出错。

（3）在任何情况下都不能直接调用中断函数，否则会产生编译错误，因为中断函数的返回是由汇编语言指令 RETI 完成的。RETI 指令会影响 51 系列单片机中的硬件中断系统内的不可寻址的中断优先级寄存器的状态。在没有实际的中断请求的情况下直接调用中断函数，也不会执行 RETI 指令，其操作可能会产生一个致命的错误。

（4）若在中断函数中再调用其他函数，则被调用的函数使用的寄存器区必须与中断函数使用的寄存器区不同。

### 3．中断程序编程举例

下面通过几个例子介绍有关中断应用的程序的编写。

【例 6-3】在 51 单片机的 P1 口上接有 8 只 LED。在外部中断 0 输入引脚 P3.2（$\overline{INT0}$）接有一个按钮开关 S1。程序要求将外部中断 0 设置为下降沿触发。当程序启动时，P1 口上的 8 只 LED 亮。按一次按钮开关 S1，使引脚接地，产生一个下降沿触发的外部中断 0 中断请求，在中断服务程序中，让低 4 位的 LED 和高 4 位的 LED 交替闪烁一次。具体电路如图 6-5 所示。

图 6-5　控制 LED 交替闪烁电路

程序设计如下。

```
#include <reg51.h>
#define uchar unsigned char
#define uint unsigned int
void delayms(uint ms)                //毫秒级延时函数
{
    uchar i;
    while(ms--)
    for(i=0;i<123;i++);              //12MHz 晶振时，循环 123 次为 1ms
}
```

```
void    main(void )                        //主函数
{
    EA=1;                                  //开中断总开关
    EX0=1;                                 //允许外部中断 0 中断
    IT0=1;                                 //下降沿触发中断
    while(1)
    {
        P1=0;                              //P1 口 8 只 LED 全亮
    }
}
void int0(void) interrupt 0    using 0     //外部中断 0 的中断服务函数
{
    P1=0x0f;                               //低 4 位 LED 灭，高 4 位 LED 亮
    delayms(800);                          //延时 800ms
    P1=0xf0;                               //高 4 位 LED 灭，低 4 位 LED 亮
    delayms(800);                          //延时 800ms
}
```

【例 6-4】如图 6-6 所示，在 51 单片机的 P1 口上接有 8 只 LED。在外部中断 0 输入引脚 P3.2（$\overline{INT0}$）接一个按钮开关 S1，在外部中断 1 输入引脚 P3.3（$\overline{INT1}$）接一个按钮开关 S2。程序要求当 S1 和 S2 都未按下时，P1 口的 8 只 LED 呈流水灯显示，仅当 S1（P3.2）按下时，左右 4 只 LED 交替闪烁。仅当按下 S2（P3.3）时，P1 口的 8 只 LED 全部闪亮。两个外部中断的优先级相同。

图 6-6　两个外部中断控制 8 只 LED 显示的电路

程序设计如下。

```
#include <reg51.h>
#define uchar unsigned char
#define uint unsigned int
uchar code play [9]={ 0xff,0xfe,0xfd,0xfb,0xf7,0xef,0xdf,0xbf,0x7f};
//定义了流水灯的显示数据，存储类型为 code，否则占用 RAM
void delayms(uint ms)                      //毫秒级延时函数
{
    uchar i;
    while(ms--)
    for(i=0;i<123;i++);                    //12MHz 晶振时，循环 123 次为 1ms
}


    void    main(void )                    //主函数
    {
```

```
        uchar i;
        EA=1;                          //开中断总开关
        EX0=1;                         //允许外部中断 0 中断
        EX1=1;                         //允许外部中断 1 中断
        IT0=1;                         //外部中断 0 为下降沿触发中断
        IT1=1;                         //外部中断 1 为下降沿触发中断
        while(1)
        {
            for(i=0;i<9;i++)
            {
                delayms(500);
                P1=play[i];
            }
        }
    }

    void int0_isr(void) interrupt 0    using 0        //外部中断 0 的中断服务函数
    {
        while(1)                                      //无限循环，无高级中断无法跳出
        {
            P1=0x0f;    delayms(500);
            P1=0xf0;    delayms(500);
        }
    }

    void int1_isr(void) interrupt 2    using 1        //外部中断 1 的中断服务函数
    {
        while(1)                                      //无限循环，无高级中断无法跳出
        {
            P1=0xff;    delayms(500);
            P1=0x00;    delayms(500);
        }
    }
```

中断嵌套只能发生在单片机正在执行一个低优先级中断服务程序的时候，此时若又有一个高优先级中断产生，就会发生高优先级中止低优先级中断服务程序，去执行高优先级中断服务程序的现象。高优先级中断服务程序完成后，再继续执行低优先级中断服务程序。

【例 6-5】　电路如图 6-6 所示，设计一个中断嵌套程序。要求当 S1 和 S2 都未按下时，P1 口的 8 只 LED 呈流水灯显示，当 S1 按下再松开时，产生一个低优先级的外部中断 0 请求（跳沿触发），进入外部中断 0 中断服务程序，左右各 4 只 LED 交替闪烁。此时按下 S2 再松开时，产生一个高优先级的外部中断 1 请求（跳沿触发），进入外部中断 1 中断服务程序，P1 口的 8 只 LED 全部闪烁。在显示一段时间后，再从外部中断 1 返回继续执行外部中断 0 中断服务程序，即 P1 口控制 8 只 LED，左右各 4 只 LED 交替闪烁。设置外部中断 1 为高优先级，外部中断 0 为低优先级。

程序设计如下。

```
#include <reg51.h>
#define uchar unsigned char
#define uint unsigned int
uchar code play [9]={ 0xff,0xfe,0xfd,0xfb,0xf7,0xef,0xdf,0xbf,0x7f};
//定义了流水灯的显示数据，存储类型为 code，否则占用 RAM
```

```
    void delayms(uint ms)                       //毫秒级延时函数
    {
        uchar i;
        while(ms--)
                for(i=0;i<123;i++);             //12MHz 晶振时，循环 123 次为 1ms
    }

    void   main(void )                          //主函数
    {
        uchar i;
        EA=1;
        EX0=1;
        EX1=1;
        IT0=1;
        IT1=1;
        PX0=0;                                  //外部中断 0 为低优先级
        PX1=1;                                  //外部中断 1 为高优先级
        while(1)
        {
            for(i=0;i<9;i++)
            {
                delayms(500);
                P1=play[i];
            }
        }
    }
    void int0_isr(void) interrupt 0    using 0  //外部中断 0 的中断服务函数
    {
        while(1)                                //无限循环，无高级中断无法跳出
        {
            P1=0x0f;    delayms(500);
            P1=0xf0;    delayms(500);
        }
    }

    void int1_isr(void) interrupt 2    using 1  //外部中断 1 的中断服务函数
    {
        while(1)                                //无限循环，无高级中断无法跳出
        {
            P1=0xff;    delayms(500);
            P1=0x00;    delayms(500);
        }
    }
```

　　本例如果设置外部中断 1 为低优先级，外部中断 0 为高优先级，仍然先按下再松开 S1，后按下再松开 S2 或者设置两个外部中断源的中断优先级为同级，则均不会发生中断嵌套。

# 6.3　单片机的定时/计数器

　　在单片机控制系统中，许多场合都要用到计数或定时功能，所以几乎所有单片机内部都有定时/

计数器。51 系列单片机中不同型号的单片机内部的定时/计数器的种类和个数也不尽相同,功能和使用方法也略有不同。本节以 8051 单片机为例分析单片机的定时/计数器的功能,8051 单片机内部有 2 个 16 位可编程的定时/计数器 T1、T0。

## 6.3.1　定时/计数器的结构和工作原理

8051 单片机的定时/计数器的结构如图 6-7 所示,它由加法计数器、TMOD、TCON 等组成。定时/计数器的核心是 16 位加法计数器,图 6-7 中定时/计数器 T0 的加法计数器用特殊功能寄存器 TH0、TL0 表示,TH0 表示加法计数器的高 8 位,TL0 表示加法计数器的低 8 位。TH1、TL1 分别表示定时/计数器 T1 的加法计数器的高 8 位和低 8 位。这些寄存器可根据需要由程序读/写。

图 6-7　8051 单片机的定时/计数器的结构

定时/计数器实际上是一个加 1 计数器,加 1 计数器的脉冲有两个来源,如图 6-8 所示,一个是外部脉冲源;另一个是系统的时钟振荡器。计数器对两个脉冲源之一进行输入计数,每输入一个脉冲,计数值加 1,当计数到计数器为全 1 时,再输入一个脉冲就使计数值回零,同时从最高位溢出一个脉冲使特殊功能寄存器 TCON(定时/计数器控制寄存器)的 TF0 或 TF1 置 1,作为计数器的溢出中断标志。当脉冲源为时钟振荡器(等间隔脉冲序列)时,由于计数脉冲为一时间基准,因此脉冲数乘以脉冲间隔时间就是定时时间,因此为定时功能。当脉冲源为间隔不等的外部脉冲发生器时,就是外部事件的计数器,因此为计数功能。T0 引脚、T1 引脚无论是工作于定时模式还是计数模式,其实质都是对脉冲信号进行计数,只不过计数信号的来源不同。

图 6-8　定时/计数模式结构图

（1）定时功能：在每个机器周期中，定时器寄存器加 1，也可以把它视为在累计机器周期。因为一个机器周期包括 12 个振荡周期，所以它的计数速率是振荡频率的 1/12。若单片机采用 12MHz 的晶振，则计数频率为 1MHz，即每微秒计数器加 1。这样不但可以根据计数值计算出定时时间，也可以反过来按定时时间的要求计算出应计数的预置值。

（2）计数功能：对外部脉冲进行计数。T0 的外部计数脉冲通过 P3.4（DIP40 单片机的引脚 14）引脚输入，T1 的外部计数脉冲通过 P3.5（DIP40 单片机的引脚 15）引脚输入，当输入信号产生由 1 至 0 的跳变（负跳变）时，计数值加 1。每个机器周期的 S5P2 期间，都对外部输入引脚 T0 或 T1 进行采样。若在第一个机器周期中采得的值为 1，而在下一个机器周期中采得的值为 0，则在紧跟着的下一个机器周期 S3P1 期间，计数值加 1，并将计数的结果保存在计数寄存器中。因为确认一次负跳变需要 2 个机器周期，即 24 个振荡周期，所以外部输入的计数脉冲的最高频率为系统振荡器频率的 1/24。

### 6.3.2　定时/计数器的寄存器与工作方式

#### 1．定时/计数器工作方式控制寄存器 TMOD

TMOD 是一个不可以位寻址的 8 位特殊功能寄存器，字节地址为 89H，其高 4 位专供 T1 使用，低 4 位专供 T0 使用，如表 6-7 所示。

表 6-7　定时/计数器工作方式控制寄存器 TMOD

| TMOD（89H） | T1 | | | | T0 | | | |
|---|---|---|---|---|---|---|---|---|
| | D7 | D6 | D5 | D4 | D3 | D2 | D1 | D0 |
| | GATE | C/$\overline{\text{T}}$ | M1 | M0 | GATE | C/$\overline{\text{T}}$ | M1 | M0 |

（1）GATE：门控位。

GATE = 0：表示只要用软件使 TCON 中的运行控制位 TR0（或 TR1）置 1，就可以启动 T0（或 T1）。

GATE = 1：表示只有在 $\overline{\text{INT0}}$（DIP40 单片机的 P3.2 引脚）或 $\overline{\text{INT1}}$（DIP40 单片机的 P3.3 引脚）为高电平时，并且有软件使运行控制位 TR0（或 TR1）置 1 的条件下才可以启动 T0（或 T1）。

（2）C/$\overline{\text{T}}$：定时/计数方式选择位。

C/$\overline{\text{T}}$ =0：设置为定时方式，对内部的机器周期进行计数。

C/$\overline{\text{T}}$ =1：设置为计数方式，通过 T0（或 T1）引脚对外部脉冲信号进行计数。

（3）M1、M0：工作方式选择位。定时/计数器具有 4 种工作方式，由 M1、M0 位定义，如表 6-8 所示。

表 6-8　定时/计数器工作方式选择

| M1 | M0 | 工 作 方 式 | 功 能 说 明 |
|---|---|---|---|
| 0 | 0 | 方式 0 | 13 位定时/计数器 |
| 0 | 1 | 方式 1 | 16 位定时/计数器 |
| 1 | 0 | 方式 2 | 可自动再装入的 8 位定时/计数器 |
| 1 | 1 | 方式 3 | 将定时/计数器 0 分成两个 8 位的计数器，关闭定时/计数器 T1 |

TMOD 的所有位在复位后清零。TMOD 不能位寻址，只能按字节操作设置工作方式。

## 2. 定时/计数器控制寄存器 TCON

设定好 TMOD 后，它还不能进入工作状态，还必须通过设置 TCON 中的某些位启动它，在前面介绍中断的内容时已经介绍过了 TCON，各位的含义如表 6-1 所示。

## 3. 定时/计数器的工作方式

8051 单片机的定时/计数器一共有 4 种工作方式，称为工作方式 0、1、2、3，定时/计数器 T0 和 T1 均可以设置为前 3 种工作方式（工作方式 0、1、2），只有 T0 才可以设置为工作方式 3。用户通过指令将方式字写入 TMOD 中选择定时/计数器的功能和工作方式，通过将计数的初始值写入 TH 和 TL 中控制计数长度，通过对 TCON 中相应位进行置位或清零可以实现启动定时器工作或停止计数，还可以读出 TH、TL、TCON 中的内容，以及查询定时器的状态。

（1）工作方式 0（13 位定时/计数器）。

① 电路逻辑结构框图

工作方式 0 是 13 位计数结构的工作方式，在这种工作方式下，16 位的计数器（TH0 和 TL0）只用了 13 位构成 13 位定时/计数器（为了与 MCS-48 兼容）。TL0 的高 3 位未用，当 TL0 的低 5 位计满时，向 TH0 进位，在 TH0 溢出后对中断标志位 TF0 置 1，并申请中断。

定时/计数器 T0 在工作方式 0 时的电路逻辑结构框图如图 6-9 所示，定时/计数器 T1 与此完全相同。

图 6-9　定时/计数器 T0 在工作方式 0 时的电路逻辑结构框图

② 工作方式 0 的定时方式

当 C/$\overline{T}$ =0 时，工作在定时方式。此时多路转换开关 MUX 接振荡器 12 分频的输出端。将 13 位的计数器初值设定完成后，开始在初值的基础上对机器周期进行加 1 计数，当 TL0 的低 5 位溢出时向 TH0 进位，当 TH0 溢出时向中断标志位 TF0 进位，即 TF0 由硬件置 1，去申请中断。可通过查询 TF0 是否置 1 或是否产生定时中断，来判断定时/计数器的定时操作是否已经完成。

定时的时间公式为

$$T = (2^{13} - X) \times T_s \tag{6-1}$$

式中，$X$ 为 T0（或 T1）的计数初值；$T_s$ 为机器周期。

③ 工作方式 0 的计数方式

当 C/$\overline{T}$ =1 时，工作在计数方式。此时多路转换开关 MUX 接 T0 的 P3.4 引脚，接收外部输入的脉冲信号。设定好 13 位的计数器初值并启动计数器后，开始对外部脉冲进行加 1 计数，当引脚上的信号电平发生 1 到 0 的跳变时，计数器加 1。

计数值的范围为 0～8 191（$2^{13}$），当溢出时，其记录脉冲的个数为

$$S = 2^{13} - X \tag{6-2}$$

式中，$X$ 为 T0（或 T1）的计数初值。

　　由于为工作方式 0，TL$x$ 计数寄存器只使用 5 位，而 $2^5$=32，因此将计数起点的值除以 32，其余数放入 TL$x$ 计数寄存器，其商放入 TH$x$ 计数寄存器中，其中，$x$ 表示 0 或 1。

| TL$x$ = ($2^{13}$ − $X$)%32 | //取 5 位的余数 |
| THx = ($2^{13}$ − $X$)/32 | //取 5 位的商 |

　　在实际应用中，如果需要更长的定时时间或更大的计数范围，那么可以此为基础通过循环定时或循环计数实现。

　　（2）工作方式 1（16 位定时/计数器）。

　　使用方式同工作方式 0，区别在于计数器的位数。工作方式 0 是 13 位计数器，而工作方式 1 是 16 位计数器，计数器由全部 8 位 TH0 和全部 8 位 TL0 构成。

　　在工作方式 1 下，为定时工作方式时，定时时间的计算公式为

$$T = (2^{16} - X) \times T_s \tag{6-3}$$

式中，$X$ 为 T0（或 T1）的计数初值；$T_s$ 为机器周期。

　　当溢出时，其记录脉冲的个数为

$$S = 2^{16} - X \tag{6-4}$$

式中，$X$ 为 T0（或 T1）的计数初值，计数值的范围为 0～65 535（$2^{16}$）。

　　在工作方式 1 下，TL$x$ 和 TH$x$ 计数寄存器各使用 8 位，$2^8$=256，所以将计数起点的值除以 256，其余数放入 TL$x$ 计数寄存器，其商放入 TH$x$ 计数寄存器中。

| THx=($2^{16}$−$X$)/256 | //取 8 位的商 |
| TLx=($2^{16}$−$X$)%256 | //取 8 位的余数 |

　　（3）工作方式 2（8 位自动重装定时/计数器）。

　　当 M1M0 为 10 时，定时/计数器被选为工作方式 2，其电路逻辑结构框图如图 6-10 所示。工作方式 0 和工作方式 1 最大的特点是计数溢出后，TH0（或 TH1）和 TL0（或 TL1）的初值均变为 0，所以在循环程序中需要反复设定初值，既不方便又影响定时精度。工作方式 2 具有自动加载初值的功能，解决了工作方式 0 和工作方式 1 需要用程序反复加载初值的缺点。

　　从图 6-10 中可看出，只有 TL0（或 TL1）参与计数，TH0（或 TH1）只是保存计数初值而不参与计数。当 TL0（或 TL1）由全 1 变为全 0 时，置位 TF0（或 TF1），并自动将 TH0（或 TH1）的初值装入 TL0（或 TL1）。

图 6-10　定时/计数器 T0 在工作方式 2 时的电路逻辑结构框图

　　工作方式 2 的定时时间为

$$T = (2^8 - X) \times T_s \tag{6-5}$$

式中，$T_s$ 表示机器周期；$X$ 为 T0（或 T1）的计数初值。

记录脉冲的个数为

$$S = 2^8 - X \qquad (6\text{-}6)$$

式中，$X$ 为 T0（或 T1）的计数初值。

（4）工作方式 3（T0 分为两个独立的定时/计数器）。

当 M1M0 为 11 时，定时/计数器被选为工作方式 3。在前 3 种工作方式下，对两个定时/计数器的使用是完全相同的，但是在工作方式 3 下，两个定时/计数器的工作却是不同的。定时/计数器 T0 在工作方式 3 时的电路逻辑结构框图如 6-11 所示。工作特点：在工作方式 3 中，T0 和 T1 的设置和使用是不同的，只有 T0 才有工作方式 3。

图 6-11　定时/计数器 T0 在工作方式 3 时的电路逻辑结构框图

此时 T0 被拆成两个独立的部分 TL0 和 TH0，TL0 独占原 T0 的各控制位、引脚和中断溢出标志：$C/\overline{T}$、GATE、TR0、TF0、T0（P3.4）引脚和 $\overline{INT0}$（P3.2）引脚。只用 8 位 TL0，其功能及操作与工作方式 0、工作方式 1 完全相同，可用于定时，也可用于计数。而 TH0 只可用作简单的内部定时器，它占用原 T1 的控制位 TR1 和中断标志位 TF1，其启动和关闭只受 TR1 的控制。

当 T0 工作在工作方式 3 时，T1 只能工作在工作方式 0～工作方式 2，因为它的控制位已被占用，不能置位 TF1，而且也不再受 TR1 和 $\overline{INT1}$ 的控制，此时 T1 只能工作在不需要中断的场合，功能受到限制。

## 6.3.3　定时/计数器的应用注意事项

定时/计数器在应用编程时应注意两点：特殊寄存器初始化（正确写入控制字）；时间常数（初值）的计算。

### 1．初始化步骤

（1）向 TMOD 写工作方式控制字。

（2）向计数器 TL$x$、TH$x$ 装入初值。

（3）置 TR0=1 或 TR1=1，启动 T0 或 T1 计数。

（4）采用中断编程时需要置 ET0=1 或 ET1=1，允许 T0 或 T1 中断。

（5）采用中断编程时需要置 EA=1，CPU 开中断。

### 2．初值的计算

当定时/计数器工作于定时状态时，对机器周期进行计数，设单片机的晶振频率为 $f_{osc}$，则一个机

器周期为 $T = \dfrac{12}{f_{osc}}$；若定时时间为 $t$，则对应的计数次数 $N = \dfrac{t}{\text{机器周期}}$。

由于 8051 单片机的定时/计数器是加 1 计数器，计满回零，因此对应的定时时间 $t$ 应装入的计数初值为 $2^n - N$（$n$ 为工作方式选择确定的定时器位数）。

### 6.3.4　定时/计数器的应用举例

在 8051 单片机的 4 种工作方式中，方式 0 与方式 1 基本相同，只是计数器的位数不同。方式 0 为 13 位计数器，方式 1 为 16 位计数器。由于方式 0 是为兼容 MCS-48 而设的，且其计数初值计算复杂，因此在实际应用中一般不用方式 0，而采用方式 1。

【例 6-6】　在 AT89S51 单片机的 P1 口上接有 8 只 LED（电路如图 6-12 所示）。下面采用定时器 T0 的方式 1 的定时中断方式，使 P1 口外接的 8 只 LED 每 50ms 闪烁一次。假设晶振的频率为 12MHz。

（1）设置 TMOD 寄存器。

定时器 T0 工作在方式 1，应使 TMOD 寄存器的 M1M0=01；应设置 C/$\overline{\text{T}}$=0，为定时器工作模式；对 T0 的运行仅由 TR0 来控制，应使 GATE0=0。定时器 T1 不使用，各相关位均设为 0。所以，TMOD 寄存器应初始化为 0x01。

（2）计算 T0 计数初值。

图 6-12　P1 口 LED 闪烁灯电路

方式 1 初值计算方法为：定时时间= (65 536−初值)×1 个机器周期时间，可计算出初值为 15 536，然后需将初值分为高 8 位和低 8 位并分别送入 TH0 和 TL0 中。

（3）设置 IE 寄存器。

本例由于采用定时器 T0 中断，因此需将 IE 寄存器中的 EA、ET0 位置 1。

（4）启动和停止定时器 T0。

将定时器控制寄存器 TCON 中的 TR0=1，则启动定时器 T0；TR0=0，则停止定时器 T0 定时。

参考源程序如下。

```
#include <reg51.h>
void main(void)
{
    TMOD|=0X01;
    TH0=15536/256;              //初值高 8 位
    TL0=15536%256;             //初值低 8 位
    TR0=1;
    EA=1;
    ET0=1;
    while(1);
}
void t0_int(void) interrupt 1
{
    TH0=15536/256;              //方式 1 需要软件重装初值
    TL0=15536%256;
    P1=~P1;
}
```

【例 6-7】　采用定时器 T1 的方式 1 的中断计数方式，如图 6-13 所示，计数输入引脚 T1（P3.5）上外接开关 S1，作为计数信号输入。按 4 次开关 S1 后，P1 口的 8 只 LED 闪烁不停。

（1）设置 TMOD 寄存器。

T1 工作在方式 1，应使 TMOD 的 M1M0=01；设置计数器工作模式 C/$\overline{\text{T}}$=1；对 T0 的运行仅由 TR0 来控制，应使 GATE0=0。定时器 T0 不使用，各相关位均设为 0，所以 TMOD 寄存器应初始化为 0x50。

（2）计算 T1 计数初值。

由于每按 4 次开关 S1，计数一次，计数器的初值为 65 536–4=65 532，因此，TH1=65 532/256，TL1=65 532%256。

（3）设置 IE 寄存器。

本例由于采用定时器 T1 中断，因此需将 IE 寄存器中的 EA、ET1 位置 1。

（4）启动和停止定时器 T1。

图 6-13　采用定时器 T1 的方式 1 的中断计数方式

若定时器控制寄存器 TCON 中的 TR1=1，则启动定时器 T1 计数；TR1=0，则停止定时器 T1 计数。

参考源程序如下。

```
#include <reg51.h>
#define uchar unsigned char
#define uint unsigned int
void delayms(uint ms)
{
    uchar i;
    while(ms--)
    for(i=0;i<123;i++);
}
void main(void)
{
    TMOD|=0X50;
    TH1=65532/256;
    TL1=65532%256;
    TR1=1;
    EA=1;
    ET1=1;
    while(1);
}
void t1_int(void) interrupt 3
{
    while(1)
    {
        delayms(500);
        P1=~P1;
    }
}
```

【例 6-8】　系统时钟为 12MHz，编程实现从 P1.0 引脚上输出一个周期为 2ms 的方波，如图 6-14 所示。

基本思想：要在 P1.0 上产生周期为 2ms 的方波，定时器应产生 1ms 的周期性的定时，定时对 P1.0 求反。选择定时器 T0，方式 1 定时，采用中断方式，GATE 不起作用。

图 6-14  定时器控制 P1.0 输出一个周期为 2ms 的方波

计算 T0 的初值：设 T0 的初值为 $X$，则

$$(2^{16} - X) \times 1 \times 10^{-6} = 1 \times 10^{-3} = 65\,536 - X = 1\,000 \tag{6-7}$$

得初值为 65 536−1 000=64 536。因此

$$TH0 = (65\,536 - 1\,000)/256，\quad TL0 = (65\,536 - 1\,000)\%256 \tag{6-8}$$

参考源程序如下。

```
#include <reg51.h>
sbit P10=P1^0;
void main(void)
{
      TMOD|=0X01;
      TH0=64536/256;
      TL0=64536%256;
      TR0=1;
      EA=1;
      ET0=1;
      while(1);
}
void t0_int(void) interrupt 1
{
      TH0=64536/256;
      TL0=64536%256;
      P10=~P10;
}
```

【例 6-9】 假设系统时钟为 12MHz，编程实现在 P1.1 引脚上输出一个周期为 1s 的方波。

基本思想：要在 P1.1 上产生周期为 1s 的方波，定时器应产生 500ms 的周期性定时，定时到，则对 P1.1 求反。由于定时时间较长，用定时器不能直接实现，直接定时时间最长的就是方式 1，仅为 65ms（系统时钟 12MHz）多一点。

实现方法：可用 T0 定时 50ms，用一个全局变量记录中断次数，当中断 10 次时为 500ms。

参考源程序如下。

```
#include <reg51.h>
#define uchar unsigned char
sbit P10=P1^0;
uchar con=0;                        //全局变量，记录中断次数
void main(void)
{
      TMOD|=0X01;
      TH0=15536/256;                //50ms 初值
      TL0=15536%256;
      TR0=1;
      EA=1;
```

```
        ET0=1;
        while(1);
}
void t0_int(void) interrupt 1
{
        TH0=15536/256;                  //重装初值
        TL0=15536%256;
        if(++con==10)                   //中断 10 次到 500ms
        {
            con=0;
            P10=~P10;
        }
}
```

【例 6-10】　使用定时/计数器来实现以秒、分、时为单位计时的实时时钟。

（1）计时的实现：时钟的最小计时单位是秒，如何获得 1s 定时？可将定时器 T0 的定时时间定为 50ms，采用中断方式进行溢出次数的累计，计满 20 次，则秒计数变量 s 加 1；若秒计满 60 次，则分计数变量 m 加 1，同时将秒计数变量 s 清零；若分钟计满 60 次，则小时计数变量 h 加 1；若小时计数变量满 24 次，则将小时计数变量清零。

（2）程序设计：先将定时器及各计数变量进行初始化，然后调用时间显示函数。计时功能由定时器 T0 的中断服务函数来实现。

参考源程序如下。

```
#include<reg51.h>
#define uchar unsigned char
uchar hour=0,min=0,sec=0;
uchar con=0;                        //全局变量，记录定时中断次数
void delayms(uchar ms)              //延时函数
{
        uchar i;
        while(ms--)
        for(i=0;i<123;i++);
}

void display(void)                  //显示函数
{
    …
}

void main(void)                     //主函数
{
        TMOD|=0X01;
        TH0=15536/256;              //50ms 初值
        TL0=15536%256;
        TR0=1;
        EA=1; ET0=1;
        while(1)
        {
        …                           //调用显示函数
        }
}
```

```
void t1_int(void) interrupt 3          //T0 定时中断函数
{
        TH0=15536/256; TL0=15536%256;
        if(++con==20)
        {
                con=0;
                if(++sec==60)
                {
                        sec=0;
                        if(++min==60)
                        {
                                min=0;
                                if(++hour==24)hour=0;
                        }
                }
        }
}
```

本例中的小时、分钟、秒的显示函数，要根据显示器件、显示电路来具体编写，这里只给出函数名称。

# 本章小结与课程思政

中断方式是 CPU 与外设之间传输数据的一种常用方式，在学习过程中要掌握中断的基本概念，重点掌握中断的初始化编程及中断程序的调试方法。

中断只是暂停当前程序的运行，转到需要特殊处理的程序，在该程序运行完后，回到暂停的地方继续执行原有的程序。在新冠疫情期间，习近平总书记强调"要把人民群众生命安全和身体健康放在第一位"，为了人民群众身体健康而采取居家办公，疫情过后，大家就恢复到正常的工作状态，也是生活中的中断。

定时/计数器的功能是通过编程可以实现对时间的控制。在学习过程中，要求掌握单片机的定时/计数器 T0 和 T1 的三种工作方式的初值计算和编程。

在工程实践（比如卫星发射的倒计时）中，就可以用单片机的定时/计数器实现。卫星的发射对时间的要求非常高，因此在程序设计中要完整无误。我国航天发射的成功率是世界领先的，这得益于我国航天人的一丝不苟的工匠精神。

# 习 题 6

## 一、选择题

1. 中断功能具有什么好处？（　　）
    A. 让程序复杂　　　　　　　　　B. 使程序执行速度更快
    C. 使程序更有效率　　　　　　　D. 以上都不对
2. 51 单片机提供（　　）个外部中断，（　　）个定时/计数器中断。
    A. 1　　　　　　B. 2　　　　　　C. 3　　　　　　D. 5

3. 51 单片机的 IP 寄存器具有（　　）功能。

    A. 设定中断优先级　　　　　　　　　B. 启动中断功能

    C. 设定中断触发信号　　　　　　　　D. 定义 CPU 工作方式

4. 若要让 51 单片机外部中断 INT0 采用低电平触发，则（　　）。

    A. EX0=0　　　　B. EX0=1　　　　C. IT0=0　　　　D. IT0=1

5. 在 51 单片机的同级中断中，（　　）的优先级较高。

    A. T1　　　　　B. RI/TI　　　　C. T0　　　　　D. INT0

6. 在 TCON 寄存器中，IE1 的功能是（　　）。

    A. 触发 INT1 中断　　　　　　　　　B. 指示 INT1 中断的标志位

    C. 提高 INT1 优先级　　　　　　　　D. 取消 INT1 中断

7. 若要同时启动 INT0 和 INT1 中断功能，则 IE 设定为（　　）。

    A. 81H　　　　　B. 85H　　　　　C. 83H　　　　　D. 04H

8. 若要提高 INT1 的优先级，则 IP 设定为（　　）。

    A. 80H　　　　　B. 01H　　　　　C. 04H　　　　　D. 40H

9. 51 单片机串行口发送/接收中断源的工作过程是：当串行口接收或发送一帧数据时，将 SCON 中的（　　），向 CPU 申请中断。

    A. RI 或 TI 置 1　　　　　　　　　　B. RI 或 TI 清零

    C. RI 置 1 或 TI 清零　　　　　　　　D. RI 清零或 TI 置 1

10. CPU 响应定时器 T1 的中断请求后，程序计数器 PC 的内容是（　　）。

    A. 0X0003　　　B. 0X000B　　　C. 0X0013　　　D. 0X001B

11. 在 51 单片机的定时/计数器中，若使用方式 1，则其最大计数值是（　　）个机器周期。

    A. 65 536　　　B. 65 535　　　C. 8 192　　　D. 256

12. 51 单片机系统采用 12MHz 晶振，（　　）一次可定时 1ms。

    A. 方式 0 和方式 1　　　　　　　　　B. 方式 1 和方式 2

    C. 方式 1 和方式 3　　　　　　　　　D. 方式 2 和方式 3

13. 51 单片机的（　　）可以自动加载计数初值。

    A. 方式 0　　　　B. 方式 1　　　　C. 方式 2　　　　D. 方式 3

14. 若将 T1 设定为外部启动，则可由（　　）引脚启动。

    A. P3.2　　　　　B. P3.3　　　　　C. P3.4　　　　　D. P3.5

15. 51 单片机的定时器 T1 用作定时方式时是（　　）。

    A. 对内部时钟频率计数，一个时钟周期加 1

    B. 对内部时钟频率计数，一个时钟周期减 1

    C. 对外部时钟频率计数，一个时钟周期加 1

    D. 对外部时钟频率计数，一个时钟周期减 1

16. 51 单片机的定时器 T1 用作计数方式时计数脉冲是（　　）。

    A. 外部计数脉冲由 T1（P3.5）输入　　B. 外部脉冲由内部时钟频率提供

    C. 外部计数脉冲由 T0（P3.4）输入　　D. 由外部计数脉冲计数

17. 51 单片机的定时器 T1 用作定时方式，采用工作方式 1，则控制字 TMOD 是（　　）。

    A. 0X01　　　　　B. 0X05　　　　　C. 0X10　　　　　D. 0X50

18. 51 单片机的定时器 T1 用作计数方式，采用工作方式 2，则工作方式控制字 TMOD 是（　　）。

    A. 0X60　　　　　B. 0X02　　　　　C. 0X06　　　　　D. 0X20

19. 51 单片机的定时器 T0 用作定时方式，采用工作方式 1，则控制字 TMOD 是（　　　）。

    A. 0X01　　　　　　B. 0X50　　　　　　C. 0X10　　　　　　D. 0X02

20. 启动 T0 开始计数是使 TCON（　　　）。

    A. 对 TF0 位置 1　　　　　　　　　　B. 对 TR0 位置 1

    C. 对 TF0 位清零　　　　　　　　　　D. 对 TR0 位清零

21. 使 51 单片机的定时器 T0 停止计数的 C 语言语句是（　　　）。

    A. TR0=0　　　　　B. TR1=0　　　　　C. TR0=1　　　　　D. TR1=1

22. 在 CPU 响应外部中断 0 的中断请求后，程序计数器 PC 的内容是（　　　）。

    A. 0X003　　　　　B. 0X000B　　　　　C. 0X0013　　　　　D. 0X001B

23. 51 单片机在同一级别中除串行口外，级别最低的中断源是（　　　）。

    A. 外部中断 1　　　B. 定时器 T0　　　C. 定时器 T1　　　D. 外部中断 0

24. 在外部中断 0 发出中断请求后，中断响应的条件是（　　　）。

    A. ET0=1　　　　　B. EX0=1　　　　　C. IE=0X81　　　　　D. IE=0X61

25. 51 单片机中的 CPU 关中断语句是（　　　）。

    A. EA=1　　　　　B. ES=1　　　　　C. EA=0　　　　　D. EX0=1

## 二、简答题

1. 8051 单片机可以提供几个中断源？这几个中断源优先级在同一优先级中的优先顺序如何确定？

2. 51 单片机中断系统与控制有关的特殊功能寄存器有哪些？

3. 简述 51 单片机响应中断的过程。

4. 51 单片机的哪些中断源在 CPU 响应后可自动撤除中断请求？对于不能自动撤除中断请求的中断源，用户应采取什么措施？

5. 51 单片机片内有几个可编程的定时/计数器？它们可以有 4 种工作方式，如何选择和确定工作方式？

6. 当 51 单片机定时器的门控位 GATE 置 1 时，定时/计数器如何启动？

7. 对于定时器 T0 的工作方式 3，TR1 的控制位已经被 T0 占用，如何控制定时器 T1 的开启与关闭？

8. 利用定时器 T0 产生一个 50Hz 的方波，由 P1.1 输出，设 $f_{osc}$ = 12MHz，试确定 TMOD 和 T0 的初值。

9. 在 51 单片机的定时/计数器中，若使用工作方式 1，则能计数多少个机器周期？

# 第7章　微处理器控制系统通信设计

**内容提要**

随着网络技术的发展，微处理器控制系统与计算机之间及微处理器控制系统之间的通信也显得非常重要。各种微处理器的通信控制是不相同的，本章将以 8051 单片机的串行通信为主，对 8051 单片机的串行通信进行介绍。8051 单片机含有一个全双工的通用异步接收/发送器 UART 接口，可方便地实现数据通信。本章主要介绍单片机串行通信的基本概念、单片机串行口的结构、单片机串行口的工作方式，同时通过一些常用的实例展示单片机串行通信的应用。

## 7.1　串行通信基础

所谓通信，简单地说就是双方交换信息。本章的通信是指微处理器控制系统之间以及与外界之间的信息传输，既包括微处理器控制系统与计算机之间的传输，也包括微处理器控制系统与外部设备（如终端、打印机和磁盘等设备）之间的传输。按照数据传输的方式，可以将通信方式分成两种：并行通信和串行通信。

### 7.1.1　并行通信与串行通信

#### 1. 并行通信

并行通信是指利用多条传输线将一个数据的各位同时传输，并行通信示意图如图 7-1 所示，并行通信的特点是数据的各位同时传输、控制简单、传输速度快，但因需要多根传输线，所以一般只在近距离通信中使用。

#### 2. 串行通信

串行通信又称点对点通信，是指利用一条传输线将数据一位位地顺序传输，串行通信示意图如图 7-2 所示，串行通信的特点是将数据一位一位地依次传输，只需要少数几根线就可以在系统间交换信息，特别适用于微处理器控制系统之间，以及与计算机、外设之间进行远距离通信。

图 7-1　并行通信示意图

图 7-2　串行通信示意图

### 7.1.2 串行通信的分类

#### 1. 串行通信根据信号的同步方式分类

串行通信根据信号的同步方式可分为异步通信和同步通信两种基本方式。

（1）异步通信。

在异步通信中，数据通常是以字符帧传输的。通信时，发送端一帧一帧地发送字符帧，接收设备通过传输线一帧一帧地接收。通信的发送端和接收端有各自的时钟控制数据的发送和接收，这两个时钟源彼此独立且互不同步。异步通信的字符帧如图 7-3 所示。

图 7-3　异步通信的字符帧

每个字符帧都由起始位、数据位、奇偶校验位和停止位四部分组成，各部分的功能如下。

① 起始位：逻辑上的 0 电平，只占 1 位，用于发送端向接收端表示开始发送一帧数据。当通信双方不进行数据通信时，串行通信线路将一直保持高电平；当发送端需要向接收端传输数据时，首先发送起始位 0，使得通信线路的电平由高电平变成低电平，接收方在检测到这一电平变化后，就准备开始接收数据。

② 数据位：根据需要可以是 5～8 位，由低位到高位依次传输。

③ 奇偶校验位：只占 1 位，用于通信过程中数据差错的校验。通信双方要根据实际需要事先约定采用奇校验还是偶校验，也可以采用无校验传输。

④ 停止位：为高电平 1，通常占 1 位或 1.5 位或 2 位，位于字符帧末尾，用于告知一帧结束。数据传输结束后，发送端发送逻辑 1，将通信线路再次置为高电平，表示一帧数据发送结束。

异步通信的特点是通信灵活，对收发双方的时钟精度要求不高，但传送速度较低。51 单片机的串行口只支持异步通信。

（2）同步通信。

在同步通信中，发送端在发送的数据块开头用 1～2 字节的同步字符表示数据开始；而接收端检测到同步字符后，就接收同步字符后的数据流。和异步通信相比，同步通信省去了起始位和停止位，而且字节和字节之间没有停顿，所以同步通信的速度更快。同步通信示意图如图 7-4 所示。

同步通信的特点是传输的速率高、容量大，但硬件比较复杂。

#### 2. 串行通信根据数据的传输方向与时间关系分类

串行通信根据数据的传输方向与时间关系可分为单工通信、半双工通信和全双工通信。

（1）单工通信。

单工通信是指数据只能向一个方向发送。单工通信示意图如图 7-5 所示。

图 7-4　同步通信示意图　　　　　　图 7-5　单工通信示意图

（2）半双工通信。

半双工通信是指数据可以双向传输，但是只能分时发送和接收。也就是说，在任意时刻只能是一端发送数据，另一端接收数据。半双工通信示意图如图 7-6 所示。

（3）全双工通信。

全双工通信指的是数据可以同时双向通信，通信双方有两个独立的通信回路，每边都可以同时发送和接收数据。全双工通信示意图如图 7-7 所示。

　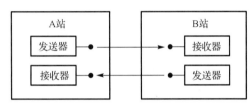

图 7-6　半双工通信示意图　　　　　　图 7-7　全双工通信示意图

## 7.1.3　波特率

波特率（Baud Rate）是指单位时间中传输二进制代码的位数，单位为 b/s 或 bps（位/秒）。在串行通信中，波特率是最重要的指标之一，用来表征数据传输的速度，波特率越高，则表明数据传输速度越快。单片机通信中，波特率可以根据实际情况由用户通过软件设定，常采用的波特率是 1 200b/s、2 400b/s、4 800b/s、9 600b/s 等。串行通信的收发双方必须采用相同的波特率。

要注意波特率与比特率是有区别的，每秒传输二进制数的位数定义为比特率，单位是 b/s。由于在单片机串行通信中传输的信号就是二进制信号，因此波特率与比特率在数值上相等，单位为 b/s。

要注意波特率与字符的实际传输速率是不同的，波特率等于每秒一个字符帧的二进制编码的位数乘以字符数，而字符的实际传输速率是指一秒所传输字符的帧数。假如每个字符都包含 10 位（1 个起始位、8 个数据位和 1 个停止位），字符实际传输的速率是 960 字符/秒，则其传输波特率为 10b×960 字符/秒= 9 600b/s。

## 7.1.4　串行通信常用接口电路标准

当前，串行通信常用的接口电路标准有 RS-232C、RS-422A、RS-423A 和 RS-485 等。在应用微处理器的串行口进行通信时，应该根据不同的要求选用相应的接口电路标准。本节主要介绍常用的 RS-232C 和 RS-485 标准。

### 1．RS-232C 标准

RS-232C 标准（协议）的全称是 EIA-RS-232C 标准，即数据终端设备（DTE）和数据通信设备

（DCE）之间串行二进制数据交换接口技术标准。其中 EIA（Electronic Industry Association）代表美国电子工业协会，RS（Recommended Standard）代表推荐标准，232 是标识号，C 代表 RS-232 的最新一次修改。它规定连接电缆和机械、电气特性、信号功能及传输过程。

典型的 RS-232C 接口引脚有 9 针和 25 针两类。而一般的计算机中使用的都是 9 针接口，25 针串口具有 20mA 电流环接口功能，用 9 针、11 针、18 针、25 针来实现。本节主要介绍常用的 9 针 RS-232C 串行口引脚，其功能符号和功能说明如表 7-1 所示。

表 7-1　RS-232C 标准接口主要引脚功能符号和功能说明

| 引　　脚 | 功 能 符 号 | 功 能 说 明 |
| --- | --- | --- |
| 1 | CD | 载波侦测 |
| 2 | RXD | 接收数据 |
| 3 | TXD | 发送数据 |
| 4 | DTR | 数据终端设备（DTE）就绪 |
| 5 | GND | 地线 |
| 6 | DSR | 数据准备好（DCE 就绪） |
| 7 | RTS | 请求发送 |
| 8 | CTS | 允许发送 |
| 9 | RI | 振铃指示 |

RS-232C 采用负逻辑电平，规定-15～-3V 为逻辑"1"，+3～+15V 为逻辑"0"。因为 RS-232C 电平与 TTL 电平不同，所以在采用不同电平的接口电路间通信（如计算机和单片机之间通信）时，就需要转换驱动电路，此电路常采用的电平转换器件有 MC1488、MC1489 或 MAX232 等。图 7-8 所示为 RS-232C 电平与 TTL 电平的互转电路。

图 7-8　RS-232C 电平与 TTL 电平的互转电路

采用 RS-232C 接口的串行通信距离通常不远，进行数据可靠传输的最大通信距离通常不超过 15m，速率最高为 19.2kb/s。传输距离和传输速度成反比，适当地降低传输速度，可以延长 RS-232C 的传输距离，提高通信的稳定性。若采用 RS-232C 标准进行远程通信，必须通过调制解调器进行远程通信连接。

## 2. RS-485 标准

RS-485 是一个定义平衡数字多点系统中的驱动器和接收器的电气特性的标准,该标准由电信行业协会和电子工业联盟定义。

RS-485 的最大传输距离约为 1219m,最大传输速率为 10Mb/s。通信线路要采用平衡双绞线,平衡双绞线的长度与传输速率成反比,在 100kb/s 速率以下才能使用规定的最长电缆。只有在很短的距离才能获得最大传输速率。一般 100m 长的双绞线的最大传输速率仅为 1Mb/s。

# 7.2　单片机串行口的结构

8051 单片机内部有一个可编程的全双工串行接口(Serial Port),具有通用异步接收和发送器(Universal Asynchronous Receiver Transmitter,UART)的全部功能。如图 7-9 所示,8051 单片机串行接口电路主要由串行口控制寄存器、发送电路和接收电路 3 部分组成。单片机串行口的发送数据通过 P3.1 引脚(TXD 端)输出,其内部主要是一个串行发送数据缓冲器 SBUF;接收数据通过 P3.0 引脚(RXD 端)输入,其内部主要是一个串行接收数据缓冲器 SBUF。

图 7-9　8051 单片机串行接口结构图

## 1. 数据缓冲器 SBUF

数据缓冲器 SBUF 分为接收数据缓冲器和发送数据缓冲器,二者公用一个地址 99H 和相同的名称 SBUF,但在物理上是两个 SBUF,一个是发送寄存器 SBUF(只能被 CPU 写),另一个是接收寄存器 SBUF(只能被 CPU 读)。

串行口在发送数据时,CPU 写入的是发送寄存器 SBUF。例如,C 编程:

```
SBUF=0XFE;    //表示串行口发送数据
```

在接收数据时,CPU 读取的是接收寄存器 SBUF。例如,C 编程:

```
unsigned char sdata;
sdata=SBUF;    //表示串行口接收数据并存放在变量 sdata 中
```

在图 7-9 中,接收寄存器 SBUF 和移位寄存器构成串行接收的双缓冲结构,以避免在接收数据帧时产生两帧数据重叠的问题。两帧数据重叠的问题指的是串行口在接收下一帧数据之前,因 CPU 未能及时响应接收器的中断而没有把上一帧数据读走,从而产生两帧数据重叠。

## 2. 控制寄存器 SCON

控制寄存器 SCON 是一个可位寻址的特殊功能寄存器,可用于设定串行口的工作方式、控制串行口的接收/发送和状态标志。字地址为 98H,单片机复位时,其所有位均为 0。控制寄存器 SCON 的格式如表 7-2 所示。

表 7-2　控制寄存器 SCON 的格式

| SCON | 9FH | 9EH | 9DH | 9CH | 9BH | 9AH | 99H | 98H |
|------|-----|-----|-----|-----|-----|-----|-----|-----|
| 位符号 | SM0 | SM1 | SM2 | REN | TB8 | RB8 | TI | RI |

控制寄存器 SCON 中各位的功能如下。

（1）SM0 / SM1：串行口工作方式选择位，串行口有 4 种工作方式。

（2）SM2：多机通信控制位。

详细的 SM0、SM1 和 SM2 的定义如表 7-3 所示。

表 7-3　详细的 SM0、SM1 和 SM2 的定义

| SM0 | SM1 | 工作方式 | 功　能 | 波 特 率 | SM2 |
|-----|-----|--------|--------|---------|-----|
| 0 | 0 | 工作方式 0 | 8 位同步移位寄存器 | $f_{osc}/12$ | SM2 必须为 0 |
| 0 | 1 | 工作方式 1 | 10 位异步收发器 | 可变（由定时器控制，取决于定时器 1 的溢出率） | 当 SM2=0 且 RI=0 时，串行口在接收完一帧数据后，RB8 存放已接收到的停止位，并由硬件自动置位 RI=1；当 SM2=1 时，只有当接收到有效停止位且 RI=0 时，才由硬件自动置位 RI=1 |
| 1 | 0 | 工作方式 2 | 11 位异步收发器 | $f_{osc}/64$ 或 $f_{osc}/32$ | 当 SM2=0 且 RI=0 时，接收到一帧数据后，就由硬件自动置位 RI=1； |
| 1 | 1 | 工作方式 3 | 11 位异步收发器 | 可变（由定时器控制，取决于定时器 1 的溢出率） | 当 SM2=1 且 RI=0 时，表示多机通信，只有当接收到的第 9 位数据（RB8）为 1 时，才由硬件自动置位 RI=1 |

（3）REN：串行口接收允许位。REN=1，允许串行口接收数据；REN=0，禁止串行口接收数据。由软件置 1 或清零。

（4）TB8：在工作方式 2 和工作方式 3 时，TB8 为要发送的第 9 位数据，其值由软件置 1 或清零。在双机通信（两个单片机之间通信）时，TB8 一般作为奇偶校验位使用；在多机通信（一台主机与多台从机的通信，SM2=1）中，TB8 作为多机通信的联络位，表示主机发送的是地址帧或数据帧，TB8=1 为地址帧，TB8=0 为数据帧。在工作方式 0 和工作方式 1 时不使用 TB8。

（5）RB8：在工作方式 2 和工作方式 3 时，RB8 为接收的第 9 位数据。与 TB8 类似，它可约定为接收到的奇偶校验位，也可约定为多机通信（SM2=1）时接收到的地址/数据标志位（RB8=1，说明接收到的数据为地址帧，否则为数据帧）。在工作方式 1 时，若 SM2=0，则 RB8 为接收到的停止位。在工作方式 0 时不使用 RB8。

（6）TI：发送中断标志位。由硬件自动置位，但必须由软件清零，即串行口发送一帧数据后，由硬件自动置位使 TI=1，表示一帧数据发送结束，同时也申请中断。所以用户通过串行口发送信息时，TI 的状态可根据需要用查询编程的方法获得；也可以采用中断的方式获得，CPU 响应中断后，TI 必须在中断服务程序中通过软件清零。

（7）RI：接收中断标志位。由硬件自动置位，必须由软件清零。当串行口接收完一帧数据时，由硬件自动使 RI 变为 1，表示一帧数据接收完毕，并申请中断；否则 RI 为 0，表示一帧数据接收未结束。所以用户的串行口接收信息用 RI 的状态表示，可用查询编程的方式获得，也可以用中断的方式获得。

## 3. 电源控制寄存器 PCON

电源控制寄存器 PCON 的格式如表 7-4 所示。

表 7-4 电源控制寄存器 PCON 的格式

| SMOD | × | × | × | GF1 | GF0 | PD | IDL |
|------|---|---|---|-----|-----|-----|-----|

SMOD：串行口波特率倍增位。在串行口工作方式 1、工作方式 2、工作方式 3 时，波特率与 SMOD 有关，当 SMOD=1 时，波特率提高为原来的 2 倍；复位时，SMOD=0。

# 7.3 单片机串行口的工作方式

8051 单片机的串行口有 4 种工作方式，可以有 8 位、10 位和 11 位三种帧格式。

## 1. 串行口工作方式 0

工作方式 0 工作在同步通信方式，是半双工的通信方式。在此方式下，数据从 RXD（P3.0）引脚输入或输出，同步脉冲从 TXD（P3.1）引脚输出。

工作方式 0 主要用于串并转换，当 I/O 口数量不足时，就可以通过串行口工作方式 0 进行扩展，这种扩展方法不会占用片外 RAM 地址，而且节省单片机的硬件资源，但这种方式需要与相应的扩展芯片配合（如 74LS164 或 CD4094、74LS165 或 CD4014）。

工作方式 0 常见的串行口扩展成并行输出接线示意图如图 7-10 所示。

工作方式 0 常见的串行口扩展成并行输入接线示意图如图 7-11 所示。

图 7-10 串行口扩展成并行输出接线示意图 　　图 7-11 串行口扩展成并行输入接线示意图

工作方式 0 下的波特率固定为 $f_{osc}/12$，即每个机器周期移位一次。串行数据从 RXD（P3.0）引脚输入或输出，同步移位脉冲从 TXD（P3.1）引脚输出。

（1）发送操作。

发送操作在 TI=0 的条件下进行，当 CPU 执行一条将数据写入发送缓冲器 SBUF 的指令（如 SBUF=0xFE;）时，SBUF 中的串行数据由 RXD 逐位移出；TXD 输出移位时钟，频率为 $f_{osc}/12$；每输出 8 位数据，TI 就自动置 1；注意 TI 必须由软件清零。工作方式 0 的发送操作常用于串行口扩展输出，接线示意图如图 7-10 所示。工作方式 0 的发送时序图如图 7-12 所示。

图 7-12 工作方式 0 的发送时序图

（2）接收操作。

接收操作是在 RI=0 和 REN=1 的条件下开始启动的。接收时，串行数据由 RXD 逐位移入 SBUF；TXD 输出移位时钟，频率为 $f_{osc}/12$；每接收 8 位数据 RI 就自动置 1；注意 RI 必须用软件清零。工作方式 0 的接收操作常用于串行口扩展输入，接线示意图如图 7-11 所示。工作方式 0 的接收时序图如图 7-13 所示。

图 7-13　工作方式 0 的接收时序图

【例 7-1】　利用 74LS164 将 51 系列单片机的串行口扩展成并行输出口，写出串行口控制字。

分析：单片机串行口应工作于方式 0，串行口应进行发送操作。

- 工作方式 0 时：SM0=0，SM1=0。
- 工作方式 0 时 SM2 必须为 0：SM2=0。
- 禁止接收数据（REN＝0）。
- 工作方式 0 为 8 位数据，TB8=0，RB8=0。
- 发送操作前，发送中断标志 TI=0。

接收中断标志 RI=0。

所以，控制字（SCON）=00000000B=00H。

用 C51 编程：

```
SCON=0x00;
```

## 2. 串行口工作方式 1

当 SM0=0、SM1=1 时，工作在方式 1，串行口以 10 位为一帧进行异步通信，为全双工通信方式，多用于两个单片机之间或单片机与外部设备之间的通信。工作方式 1 的帧格式由一个起始位 0、8 个数据位和 1 个停止位 1 组成，起始位和停止位是在发送时自动插入的。串行数据经 TXD（P3.1）引脚发送，而由 RXD（P3.0）引脚接收。工作方式 1 的波特率可变，由用户根据需要在程序中设定。接收数据时，停止位进入 SCON 的 RB8 位（位地址 9AH）中。

（1）发送操作。

发送操作在 TI=0 时进行，CPU 通过执行一条写 SBUF 的指令就可以启动一次发送（如 SBUF=0xFE;），接着发送电路会自动在 8 位发送字符前后分别添加 1 位起始位和 1 位停止位，并在移位脉冲的作用下在 TXD 线上依次发送一帧信息，在一帧数据位全部发送完后，中断标志位 TI 置 1，并向 CPU 申请中断。

工作方式 1 的发送时序图如图 7-14 所示。

（2）接收操作。

接收操作在 RI=0 和 REN=1 的条件下进行。工作方式 1 在检测到起始位的负跳变时，开始接收操作。只有一帧数据接收完后，同时满足以下两个条件，接收才有效。

① RI=0；

② SM2=0 或接收到的停止位为 1。

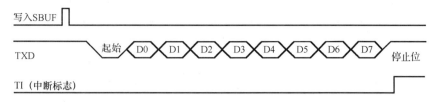

图 7-14　工作方式 1 的发送时序图

若满足以上两个条件，则接收的数据装入 SBUF 和 RB8（装入的是停止位），且中断标志 RI 置 1，此时用户可执行"读 SBUF"指令，从 SBUF 中取出接收到的一个数据。若不同时满足以上两个条件，则接收的数据不能装入 SBUF，该帧数据将被丢弃。

工作方式 1 的接收时序图如图 7-15 所示。

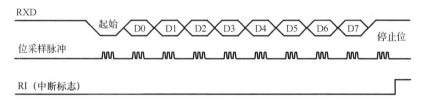

图 7-15　工作方式 1 的接收时序图

【例 7-2】　单片机 U1 和单片机 U2 进行双机通信，U1 发送信息，U2 接收信息。写出两个单片机的串行口控制字。

分析：单片机 U1 和单片机 U2 的串行口应工作于方式 1。

- 工作在方式 1 时：SM0=0，SM1=1。
- 工作在方式 0 时 SM2 必须为 0：SM2=0。
- 禁止接收数据位：U1 发送信息，REN = 0；U2 接收信息，REN = 1。
- 工作方式 1 为 8 位数据，TB8=0，RB8=0。
- 发送操作前，发送中断标志 TI=0。

接收中断标志 RI=0。

所以，U1 控制字（SCON）=01000000B=40H。

用 C51 编程：
```
SCON=0x40;
```

U2 控制字（SCON）=01010000B=50H。

用 C51 编程：
```
SCON=0x50;
```

### 3．串行口工作方式 2 和工作方式 3

串行口工作方式 2 和工作方式 3 都是每帧 11 位异步通信格式，由 TXD 和 RXD 发送和接收，工作过程完全相同。只是它们的波特率不同，工作方式 2 的波特率只有 $f_{osc}$/32 和 $f_{osc}$/64 两种。而工作方式 3 的波特率是可变的，由用户根据需要在程序中设定，这一点与工作方式 1 相同。

工作方式 2、工作方式 3 的字符帧示意图如表 7-5 所示。

表7-5　工作方式2、工作方式3的字符帧示意图

| 起始位 | D0 | D1 | D2 | D3 | D4 | D5 | D6 | D7 | D8 | 停止位 |
|---|---|---|---|---|---|---|---|---|---|---|

由表7-5可知，工作方式2、工作方式3的字符帧的一帧信息= 1个起始位（0）+8个数据位+ 1个可编程位+1个停止位（1）。

字符帧中的可编程位D8，即字符帧的第9位数据位，既可作奇偶校验位，也可作控制位，发送之前应先在SCON的TB8位中设置好。可编程位的作用：用于奇偶校验或多机通信标识。TB8既可作为多机通信地址帧或数据帧的标识位（如1为地址帧，0为数据帧），也可作为数据的奇偶校验位。TB8位设置好后，在发送时由硬件自动将TB8作为可编程位插入数据帧，而在接收时由硬件自动将数据帧的可编程位存入表7-6中RB8所在位置。

表7-6　控制寄存器SCON

| SCON | D7 | D6 | D5 | D4 | D3 | D2 | D1 | D0 |
|---|---|---|---|---|---|---|---|---|
| 符号位 | SM0 | SM1 | SM2 | REN | TB8 | RB8 | TI | RI |

另外，与工作方式1相比，工作方式2和工作方式3除发送时由TB8提供给移位寄存器的第9位数据不同外，其余的发送/接收数据过程及时序基本相同。

（1）发送操作。

发送操作的过程是由CPU执行写入"SBUF"指令启动的。由写入"SBUF"指令将8位数据装入SBUF，同时由硬件自动将SCON中的TB8位的值装入发送移位寄存器的字符帧中的第9位。注意TB8的值由软件置位或清零。

当TI=0时，CPU向发送缓冲器SBUF写入一字节数据后，发送电路会自动在9位发送字符前后分别添加1位起始位和1位停止位，并在移位脉冲的作用下在TXD线上依次发送一帧信息，9位数据位全部发送完毕后，中断标志位TI由硬件自动置1，并向CPU申请中断。

工作方式2、工作方式3的发送时序图如图7-16所示。

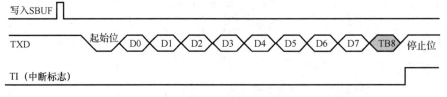

图7-16　工作方式2、工作方式3的发送时序图

（2）接收操作。

过程与工作方式1类似，接收操作在RI=0和REN=1的条件下进行，在检测到起始位的负跳变时，开始接收操作。只有一帧数据接收完，同时满足以下两个条件，接收才有效。

① RI=0；

② SM2=0或接收到的停止位为1。

满足这两个条件，则将接收到的数据装入SBUF和RB8（装入的是停止位），且中断标志RI置1，此时用户可执行"读SBUF"指令，从SBUF中取出接收到的一个数据。若不同时满足两个条件，则接收到的数据不能装入SBUF，该帧数据将被丢弃。

工作方式2、工作方式3的接收时序图如图7-17所示。

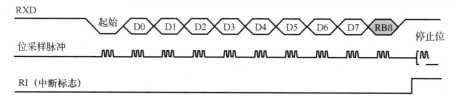

图 7-17 工作方式 2、工作方式 3 的接收时序图

# 7.4 微处理器控制系统的串行通信波特率的设定

在微处理器控制系统的串行通信中，信息发送端和接收端必须采用相同的通信速率，即相同的波特率。在实际应用中，波特率的选择通常要考虑所选用的通信设备、传输线路的状况和距离等外在因素。下面将以 8051 单片机控制系统为例，分析微处理器控制系统的串行通信的波特率设定。8051 单片机串行通信的波特率随串行口工作方式的不同而不同，波特率与系统的振荡频率 $f_{osc}$、PCON 中的 SMOD 位和定时器 T1 的设置有关。

### 1. 方式 0 的波特率

波特率固定为 $f_{osc}/12$。

### 2. 方式 2 的波特率

$$波特率 = \frac{2^{SMOD}}{64} \times f_{osc}$$

当 SMOD=1 时，波特率为 $\frac{1}{32}f_{osc}$；当 SMOD=0 时，波特率为 $\frac{1}{64}f_{osc}$。

### 3. 方式 1、方式 3 的波特率

对定时/计数器来说，T1 作为波特率发生器最典型的用法是使用 T1 工作在定时方式 2 状态，则其波特率为

$$波特率 = \frac{2^{SMOD}}{32} \times \frac{f_{osc}}{12 \times (256 - X)}$$

初值计算公式为

$$X = 256 - \frac{f_{osc} \times 2^{SMOD}}{384 \times 波特率}$$

常用波特率与定时器 1 的参数关系如表 7-7 所示。

表 7-7 常用波特率与定时器 1 的参数关系

| 波特率/（b/s）（方式 1、方式 3） | $f_{osc}$/MHz | SMOD | 定时器 T1 | | |
|---|---|---|---|---|---|
| | | | C/T | 工作方式 | 初 值 |
| 62.5k | 12 | 1 | 0 | 2 | FFH（255） |
| 19.2k | 11.059 2 | 1 | 0 | 2 | FDH（253） |
| 9 600 | 11.059 2 | 0 | 0 | 2 | FDH（253） |

| 波特率/（b/s） | $f_{osc}$/MHz | SMOD | 定时器 T1 | | |
| --- | --- | --- | --- | --- | --- |
| （方式 1、方式 3） | | | C/T | 工作方式 | 初　值 |
| 4 800 | 11.059 2 | 0 | 0 | 2 | FAH（250） |
| 2 400 | 11.059 2 | 0 | 0 | 2 | F4H（244） |
| 1 200 | 11.059 2 | 0 | 0 | 2 | E8H（232） |

【例 7-3】 假设串行口工作于方式 1，（PCON）=00H，$f_{osc}$=12MHz，如设定波特率为 2 400b/s，计算 T1 定时初值。

解：因为（PCON）=00H，所以 SMOD=0。

计算初值如下：

$$X = 256 - \frac{f_{osc} \times 2^{SMOD}}{384 \times 波特率}$$
$$= 256 - \frac{12 \times 10^6 \times 2^0}{384 \times 2\ 400}$$
$$= F3H$$

## 7.5　微处理器控制系统的串行口程序设计

用微处理器进行串行通信设计时，需对微处理器的串行口进行初始化设置。下面将以 8051 单片机串行口设计为例进行分析。

（1）先确定串行口的工作方式——确定寄存器 SCON 中 SM0、SM1 的值。

（2）根据需要，确定寄存器 SCON 中其他位（如 SM2、REN、TI、RI 等）的值。

（3）确定串行口波特率——波特率的设置因不同的串行口工作方式而不同。

① 串行口采用工作方式 1、2、3 时，还需要设置 PCON 中的 SMOD 的值；

② 串行口采用工作方式 1、3 时，需要设置定时器 T1 的工作方式和定时器 T1 的初值，并启动 T1。

（4）如果采用中断方式，需要进行中断初始化设置（设置寄存器 IE、IP 的值）。

【例 7-4】 电路连接示意图如图 7-18 所示，要求 51 单片机利用串行口外接 CD4094 扩展并行输出口，并实现 8 个发光二极管循环点亮。晶振频率为 12MHz。

图 7-18　单片机串行口扩展电路连接示意图

分析如下。

（1）采用单片机串行口的方式 0 实现数据的移位输出时，就是把串行口转换成并行口。串行口工作在方式 0 下，P3.0（RXD）端口作为数据移位的输出口，P3.1（TXD）端口提供移位时钟脉冲。

（2）这里需要用到具有串入并出功能的寄存器 CD4094。CD4094 是一种 8 位串行输入（D 端）并行输出的同步移位寄存器，采用 CMOS 工艺制成。CLK 为同步脉冲输入端，STB 为控制端：若 STB=0，则允许串行数据从 D 输入，但关闭 8 位并行数据输出端；若 STB=1，则关闭 D 输入端，但允许 8 位数据并行输出。

（3）在图 7-18 中，单片机 P3.0（RXD）端口连接到 CD4094 的 D 端，单片机 P3.1（TXD）端口连接到 CD4094 的 CLK 端，单片机 P1.1 端口连接到 CD4094 的 STB 端。

（4）C 程序分析。

① 串行口初始化：SCON=0;

方式 0（SM0 SM1 = 00）;

中断请求标志位清 0（RI=0，TI=0）;

禁止接收数据（REN = 0）。

② 方式 0 发送串行输出低位在先，高位在后。若需要实现仅 D1 点亮，则 CD4094 应输出 1111 1110B，发送端数据应为 sout=1111 1110B；欲使发光二极管循环点亮，发送端数据应左移且最低补 1。对应程序如下。

```
sout<<=1;
sout|=1;
```

③ 当串行数据输出时，一组字符帧发送完成，则 TI 会被硬件自动置 1。可以采用中断法，当然也可采用查询方式进行判别，满足条件，发送下一组数据，否则，循环等待直到 TI 置 1。

采用查询的方式进行串行通信：主要是查询一字符帧的数据是否发送完毕，即查询 TI 的值，TI=1 表示发送完毕，否则表示未发送完毕；发送完一个字符帧后，注意用软件对 TI 清零（TI=0;）。

参考程序如下。

```
#include<reg51.h>
#define uchar unsigned char
#define uint unsigned int
sbit P11=P1^1;
void delayms(uint ms)
{
    uchar i;
    while(ms--)
    for(i=0;i<123;i++);
}
void   main(void)
{
    uchar sout=0xfe;
    SCON=0;
    P11=0;
    while(1)
    {
        SBUF =sout;
        while(TI==0); TI=0;
        P11=1;
        delayms(100);
```

```
        sout<<=1;                            //左移
        sout|=1;
        if(sout==0xff)
        sout=0xfe;
        P11=0;
    }
}
```

采用中断的方式进行串行通信：需要设置中断初始化，并在中断服务函数中发送完一个字符帧后，注意用软件对 TI 清零（TI=0;）。程序如下。

```
#include<reg51.h>
#define uchar unsigned char
#define uint unsigned int
sbit P11=P1^1;
uchar sout=0xfe;
void delayms(uint ms)
{
    uchar i;
    while(ms--)
    for(i=0;i<123;i++);
}
void    main(void)
{
    SCON=0;
    P11=0;
    EA=1;ES=1;
    SBUF =sout;
    while(1);
}
void isr_serial(void) interrupt 4
{
    TI=0;
    P11=1;
    delayms(100);
    sout<<=1;                            //左移
    sout|=1;
    if(sout==0xff) sout=0xfe;
    P11=0;
    SBUF=sout;
}
```

【例 7-5】 如图 7-19 所示，两个单片机利用串行口相连，实现从一个单片机 A 发送数据到另一个单片机 B，且单片机 B 所连接的发光二极管实现流水灯循环效果。两个单片机都用 11.059 2MHz 晶振。分析如下。

（1）根据双机通信的距离，应该采用不同的硬件电路连接方式。当通信距离很近（如不超过 1.5m）时，可以直接将通信双方的串行口直接相连，如图 7-19 所示；当通信距离较远时，为了提高通信的可靠性、降低干扰，可以采用 RS-232C 或 RS-485 等串行通信标准来连接硬件电路。当使用串行口通信时，应该将通信双方的"地"线连接在一起，使通信双方具有相同的电压参考点。

（2）串行口的初始化。串行口只有初始化后，才能完成数据的输入、输出。其初始化过程如下。

① 按选定串行口的工作方式设定 SCON 的 SM0、SM1 两位二进制编码。方式 1：SM0=0，SM1=1。

图 7-19　串行口工作方式 1 连接示意图

② 选定的工作方式是方式 1，还需设定接收/发送的波特率。取波特率为 2 400b/s。

③ 若选定工作方式 1 或 3，则应对定时器 T1 进行初始化，以设定其溢出率。

定时器 T1 工作在方式 1，晶振 11.059 2MHz。设定电源控制寄存器 PCON 中的 SMOD 位的状态，以控制波特率是否加倍。此处令 SMOD=0（PCON=0），则有定时常数：$X=256-[f_{osc}\times(SMOD+1)]/(384\times$ 波特率)，计算得 $X=244$。

④ 对 A 机做发送操作，故 SCON=0X40；对 B 机做接收操作，故 SCON=0X50。

A 机发送程序如下。

```
#include<reg51.h>
#define uchar unsigned char
#define uint unsigned int
uchar sdata=0xfe;
void delayms(uint ms)
{
    uchar i;
    while(ms--)
    for(i=0;i<113;i++);                    //11.059 2MHz 晶振下，循环 113 次耗时 1ms
}
void main(void)
{
    SCON=0X40;                             //串行口工作于方式 1
    PCON=0;
    TMOD=0X20;                             //定时器 1 工作于方式 2
    TH1=244;TL1=244;                       //定时器 1 初值设定
    TR1=1;                                 //启动定时器 1
    EA=1;ES=1;                             //中断初始化的设置
    SBUF=sdata;
      while(1);
}
void isr_uart() interrupt 4
{
    delayms(100);
    sdata<<=1; sdata |=1;                  //实现流水灯循环效果
      if(sdata==0xff) sdata=0xfe;
    SBUF=sdata;
```

```
        TI=0;                              //串行口开始发送数据（由软件对 TI 清零)
}
```

B 机接收程序如下。

```
#include<reg51.h>
#define uchar unsigned char
uchar sout;
void main(void)
{
        SCON=0X50;                         //串行口工作于方式1，接收允许
        PCON=0;
        TMOD=0X20;                         //定时器 1 工作于方式 2
        TH1=244;TL1=244;                   //定时器 1 初值设定
        TR1=1;
        EA=1;ES=1;
        P0=0x00;
        while(1);
}
void isr_uart(void) interrupt 4
{
        RI=0;
        sout=SBUF;
        P0=sout;
}
```

**【例 7-6】** 如图 7-20 所示，A 单片机的 P1 口接 8 个按键，B 单片机的 P0 口接 8 个发光二极管，通过两单片机的串行口通信，可实现 A 单片机按下按键时，B 单片机对应的发光二极管点亮。两个单片机都用 11.059 2MHz 晶振。

图 7-20　串行口工作方式 3 连接示意图

分析如下。

（1）串行口的初始化。

① 按选定串行口的工作方式设定 SCON 的 SM0、SM1 两位二进制编码。方式 1：SM0=1、SM1=0。

② 选定的工作方式是方式 1，还需设定接收/发送的波特率。取波特率为 240b/s。

③ 若选定工作方式 1 或 3，则应对定时器 T1 进行初始化，以设定其溢出率。

定时器 T1 工作在方式 1，晶振 11.059 2MHz，则有定时常数：$X=256-[f_{osc} \times (SMOD+1)]/(384 \times$ 波特率）。

设定电源控制寄存器 PCON 中的 SMOD 位的状态，以控制波特率是否加倍。此处令 SMOD=0（PCON=0）。若 SMOD=0，则 $X$=136。

④ 下面程序中 A 单片机的串行口工作在方式 3 的发送方式，SCON 的值设为 0xc0；B 单片机的串行口工作在方式 3 的接收方式，SCON 的值设为 0xd0。

（2）使用串行口通信时，应该将双方的"地"线相连，以使其具有相同的电压参考点。

A 单片机发送程序如下。

```c
#include<reg51.h>
#define uchar unsigned char
uchar sout=0xff;
void isr_uart();
void main(void)
{
        SCON=0xc0;              //串行口工作于方式 3
        PCON=0x00;
        TMOD=0x20;              //定时器 1 工作于方式 2
        TH1=136;TL1=136;        //定时器 1 初值设定
        TR1=1;EA=1;ES=1;
        SBUF=sout;              //发送数据
        while(1)
        {
                P1=0xff;
                sout=P1;        //读取按键的状态
        }
}
void isr_uart(void) interrupt 4
{
    SBUF= sout;
    TI=0;                       //由软件对 TI 清零，发送数据
}
```

B 单片机接收程序如下。

```c
#include<reg51.h>
#define uchar unsigned char
uchar sout;
void isr_uart();
void main(void)
{
        SCON=0xd0; PCON=0x00;
        TMOD=0X20;                  //定时器 1 工作于方式 2
        TH1= 136;TL1=136;           //定时器 1 初值设定
        P0=0xff;                    //发光二极管初始为全灭
        TR1=1; EA=1;ES=1;
        while(1);
}
void isr_uart(void) interrupt 4
{
        RI=0;
        sout=SBUF;
```

```
        P0= sout;
    }
```

# 本章小结与课程思政

本章介绍了串行口通信的基本概念、MCS-51 单片机串行口的结构、串行口 4 种工作方式及波特率的设置方法，让读者学会利用 51 单片机的串行口进行通信。

本章重点内容如下：

（1）熟悉串行通信中的数据帧格式、波特率等概念；

（2）熟悉单片机串行口的内部结构及数据缓冲器 SBUF、控制寄存器 SCON、电源控制寄存器 PCON 的使用；

（3）能计算串行口的 4 种工作方式的波特率，能根据波特率确定定时器的计数初值；

（4）重点是能进行单片机串行口通信的程序设计；

（5）单片机通信是指单片机控制系统实现与外部资源进行共享。我国等同于一个单片机系统，习近平总书记提出的"一带一路"倡议和"3060"双碳目标，提升了我国在世界的认同感，增强了对人类命运共同体的思考意识，是实现全人类通力合作的有力保障。

# 习　题　7

## 一、选择题

1. 下列（　　）芯片具有将串行数据转换为并行数据的功能。

　　A. 74LS138　　　　　B. 74LS164　　　　　C. 74LS165　　　　　D. 74LS168

2. 在同一时间既能接收又能发送的通信方式是（　　）方式。

　　A. 双工　　　　　　B. 半双工　　　　　　C. 单工　　　　　　D. 混单工

3. 在 51 单片机的串行通信中，（　　）是采用固定波特率通信的。

　　A. 方式 1　　　　　B. 方式 0　　　　　　C. 方式 2　　　　　D. 方式 3

4. 在 51 单片机的串行通信中，将数据放入（　　）寄存器，CPU 会自动将它读出。

　　A. SBUF　　　　　　B. SMOD　　　　　　C. TCON　　　　　　D. IP

5. 在 51 单片机的串行通信中，接收数据后，串行口为了能接收下次数据，在程序中需将（　　）。

　　A. TI 标志清零　　B. RI 标志清零　　C. TI 标志置 1　　D. RI 标志置 1

6. 串行口是单片机的（　　）。

　　A. 内部资源　　　　B. 外部资源　　　　C. 输入设备　　　　D. 输出设备

7. 表示串行数据传输速率的指标是（　　）。

　　A. USART　　　　　B. UART　　　　　　C. 字符帧　　　　　D. 波特率

8. 51 单片机和 PC 接口连接时，往往要采用 RS-232C 接口芯片，其主要作用是（　　）。

　　A. 提高传输距离　　B. 提高传输速率　　C. 进行电平转换　　D. 提高驱动能力

9. 51 单片机的输出信号为（　　）电平。

　　A. RS-232C　　　　　B. TTL　　　　　　C. RS-485　　　　　D. CMOS

10. 51 单片机串行口的控制寄存器为（　　）。

　　A. SMOD　　　　　　B. SCON　　　　　　C. BUF　　　　　　D. PCON

11. 51 单片机串行口工作在方式 0 时，串行数据从（　　）输出或输入。

　　A. RI 　　　　　　B. TXD 　　　　　　C. RXD 　　　　　　D. RES

12. 当采用中断方式进行串行数据发送时，发送完一帧数据后，TI 标志要（　　）。

　　A. 自动清零 　　　B. 硬件清零 　　　C. 软件清零 　　　D. 软件、硬件清零

13. 当采用定时器 T1 作为串行口波特率发送器使用时，通常采用定时器 T1 的工作方式（　　）。

　　A. 0 　　　　　　B. 1 　　　　　　C. 2 　　　　　　D. 3

14. 当设置串行口工作方式 2 时，采用（　　）语句。

　　A. SCON=0X80 　　B. PCON=0X80 　　C. SCON=0X10 　　D. PCON=10

15. 51 单片机的串行口工作在方式 0 时，其波特率（　　）。

　　A. 取决于定时器 T1 的溢出率

　　B. 取决于 PCON 中的 SMOD 位

　　C. 取决于时钟频率

　　D. 取决于 PCON 中的 SMOD 位和定时器 T1 溢出率

16. 51 单片机的串行口工作在方式 1 时，其波特率（　　）。

　　A. 取决于定时器 T1 的溢出率

　　B. 取决于 PCON 中的 SMOD 位

　　C. 取决于时钟频率

　　D. 取决于 PCON 中的 SMOD 位和定时器 T1 溢出率

17. 51 单片机的串行口工作在方式 2 时，接收数据端和发送数据端分别为（　　）。

　　A. RXD 和 TXD 　　B. TI 和 RI 　　　C. TB8 和 RB8 　　D. REN

## 二、简答题

1. 什么是串行异步通信？它有哪些特点？串行异步通信的数据帧格式是什么样的？

2. 什么是波特率？如果某异步通信的串行口每秒传输 250 个字符，每个字符由 11 位组成，那么其波特率应为多少？

3. 简述 51 单片机内部串行口的 4 种工作方式的特点与适用场合。

4. 为什么定时器 T1 作串行口波特率发生器时常采用工作模式 2？若已知系统的晶振频率 $f_{osc}$，则对于通信选用的波特率，如何计算其初值？

# 第8章 微处理器控制系统的接口扩展

**内容概要**

微处理器内部集成了 ROM、RAM 和 I/O 等功能部件，对于简单的应用场合，通过这些内部集成的功能部件即可满足系统的设计要求，但对于一些较为复杂的应用场合，其内部资源不能满足要求，这时候就需要在单片机外部扩展相应的电路来满足系统需求。

本章以 8051 单片机为例，介绍基于 8051 单片机系统的外部并行总线扩展、常用串行总线 SPI（Serial Peripheral Interface）和 $I^2C$（Inter Interface Circuit）总线扩展的基本原理。然后从应用的角度介绍设计中流行的、典型的、串行总线芯片的接口的硬件电路和程序设计，这些接口电路对不同型号的微处理器都具有通用性。通过这些案例的程序设计，进一步加强对单片机 C51 语言程序设计的能力训练。

**本章内容特色**

（1）简明扼要地介绍了当前较为流行的串行总线 SPI 和 $I^2C$ 的工作原理，特别是对 SPI 和 $I^2C$ 总线的工作方式编写了精练的子函数，并将这些精练的子函数应用于典型的 SPI 和 $I^2C$ 接口程序中。

（2）用 Proteus ISIS 绘制了典型案例的硬件电路并进行了仿真分析。

（3）对案例的 C51 语言程序所涉及的知识点进行了较为详细的点评。

## 8.1 单片机的外部并行总线

### 8.1.1 并行总线结构

51 单片机具有外部并行总线，分为地址总线（AB）、数据总线（DB）和控制总线（CB）。地址总线用于传输单片机发出的地址信号，以便进行存储单元和 I/O 接口芯片中的寄存器单元的选择。数据总线用于单片机与外部存储器之间或与 I/O 接口之间传输数据，数据总线是双向的。控制总线用于单片机发出的各种控制信号线。单片机系统扩展结构图如图 8-1 所示。

单片机通过并行总线将各扩展部件连接起来，如同将各扩展部件"挂"在总线上一样。总线是 51 单片机与扩展的各功能部件之间的公共信息通道。扩展的设备包括 ROM、RAM、I/O 接口、A/D 转换器和 D/A 转换器等。单片机的三总线结构图如图 8-2 所示。

图 8-1 单片机系统扩展结构图

图 8-2 单片机的三总线结构图

### 1．地址总线

地址总线用于传输外部存储器或外部设备的地址，由 51 单片机的 P0 口作为地址线的低 8 位，51 单片机的 P2 口作为地址线的高 8 位，构成 16 位地址，寻址范围为 64KB。P0 口分时复用为地址总线和数据总线，除了提供低 8 位地址，还要作为数据口、地址和数据分时控制输出。为了避免地址和数据的冲突，低 8 位地址必须用锁存器锁存。也就是在 P0 口外加一个锁存器，当 ALE 为下降沿时，将低 8 位地址锁存。

### 2．数据总线

数据总线用于传输数据和指令码，51 单片机的数据总线由 P0 口提供，数据宽度为 8 位双向三态端口。P0 口作为数据总线和地址总线的低 8 位时，其工作过程：先发出低 8 位地址并送至地址锁存器锁存，锁存器的输出作为系统的低 8 位地址（A7～A0），随后，P0 口又作为数据总线口（D7～D0）。

### 3．控制总线

控制总线用于传输各种控制信息，51 单片机用于系统扩展的控制线共有 5 根，它们分别是 ALE、$\overline{PSEN}$、$\overline{EA}$、$\overline{RD}$ 和 $\overline{WR}$。

（1）ALE 用作地址锁存 P0 口输出的低 8 位地址，分离地址和数据。

（2）$\overline{PSEN}$ 用于扩展片外程序存储器的读控制，当单片机向片外程序存储器读指令或数据时，该信号有效。

（3）$\overline{EA}$ 用于片内/片外程序存储器选择信号。当 $\overline{EA}$=0 时，无论是否有片内程序存储器，只访问外部程序存储器；当 $\overline{EA}$=1 时，系统从内部的程序存储器开始执行程序。片内的程序存储器地址为 0000H～0FFFFH，共 4KB 空间，片外的程序存储器地址为 1000H～FFFFH，共 60KB 空间。

（4）$\overline{RD}$ 和 $\overline{WR}$ 作为扩展片外数据存储器和 I/O 口的读/写选通信号。当单片机对片外数据存储器单元进行读/写时，自动产生 $\overline{RD}$ 和 $\overline{WR}$ 信号，低电平有效，51 单片机的 CPU 不能同时进行读和写，所以 $\overline{RD}$ 和 $\overline{WR}$ 信号不能同时有效。

51 单片机通过三总线扩展外部接口电路。这时 P0 口、P2 口用作外部扩展总线，无法再作为通用 I/O 口。P0 口经锁存器 74HC573 在 ALE 下降沿输出有效的低 8 位地址信号与 P2 口组成 16 位地址总线。片外有效的 ROM 和 RAM 寻址空间（包括片外 I/O）为 0000H～FFFFH，共 64KB。P0 口在地址 ALE 下降沿之后作为 8 位数据总线。P3 口的读/写控制信号 $\overline{RD}$、$\overline{WR}$ 和程序选通信号 PSEN 等作为控制总线。

51 单片机系统通过三总线的扩展系统结构图如图 8-3 所示。

图 8-3　51 单片机系统通过三总线的扩展系统结构图

由图 8-3 可知，单片机采用三总线扩展 ROM、RAM、I/O 和 CLOCK 等接口电路，ROM 为扩展的程序存储器空间，当取指令时，$\overline{\text{PSEN}}$ 信号有效，从 ROM 读出程序指令，图 8-3 中 51 单片机的 $\overline{\text{EA}}$ 接 $V_{CC}$，表示 0000H～1FFFH 取指令的操作均在片内，片外程序存储器地址从 2000H 开始。若 $\overline{\text{EA}}$ 接 GND，则 0000H～FFFFH 取指令操作均在片外进行。RAM、I/O 和 CLOCK 则处于数据存储器空间，通过读/写控制信号 $\overline{\text{RD}}$、$\overline{\text{WR}}$ 对其进行读/写和输入/输出操作。译码器产生地址译码信号，在任意时刻其输出的有效片选信号使得单片机只能访问 RAM、I/O 和 CLOCK 其中之一，避免了总线竞争现象。

### 8.1.2　编址技术

所谓编址，就是通过 51 单片机地址总线，使片外扩展的存储器和 I/O 口中的每个存储单元或元器件，在 51 单片机的寻址范围内均有独立的地址，以便 51 单片机使用该地址能唯一地选中该单元。51 单片机对外部扩展的存储器和 I/O 设备进行编址的方法有两种：线选法和译码法。

#### 1. 线选法

所谓线选法，就是直接选定单片机的某根空闲地址线作为存储芯片的片选信号。51 单片机系统的线选法一般将 51 单片机的高 8 位地址线（A8～A15）中的某几根与外部接口芯片的片选信号引脚相连，当该位的地址线为 0（对低电平选通有效的外部芯片而言）时，与该地址线相连的外部芯片被选通，用低位地址线作片内存储单元寻址。该方法的优点是硬件线路连接简单，缺点是会导致一个芯片有多个地址空间，多个芯片的地址范围不连续，而且有重叠。若将 $m$ 根地址线用作片选，则扩展的芯片最多为 $m$ 片，适用于扩展的芯片较少的场合。51 单片机系统线选法的典型电路如图 8-4 所示。

图 8-4　51 单片机系统线选法的典型电路

从图 8-4 可以发现，当 A15＝0 时，选中 6264 芯片；当 A14＝0 时，选中 8255 芯片，为了避免产生总线竞争，要求 A15 和 A14 不能同时为 0，由此可以确定选中 6264 芯片的二进制数地址应为 01×××××× ××××××××，×为任意，既可以是 0 也可以是 1。所以 6264 芯片用二进制数表示的地址范围是 01000000 00000000～01111111 11111111，对应的十六进制数是 4000H～7FFFH，共 16KB。而 6264 芯片容量只有 8KB，因此 4000H～5FFFH、6000H～7FFFH 两段地址完全重叠。

同样可确定选中 8255 芯片的二进制数地址：10×××××× ××××××××，×为任意。

8255 芯片的二进制数所表示的地址范围是 10000000 00000000～10111111 11111111，对应的十六进制数是 8000H～0BFFFH。而 8255 芯片实际只占用 4 个地址单元，故地址重叠部分更多。

## 2. 译码法

所谓译码法，就是使用译码器对单片机的高位地址进行译码，以其译码输出作为存储器芯片的片选信号。全地址译码法能有效地利用存储空间，避免一个扩展芯片有多个地址空间及多个芯片之间地址不连续的问题。如果对 $m$ 根地址线译码产生片选信号，那么最多可以扩展 $2^m$ 个芯片，适用于大容量多芯片存储器的扩展。译码法又有全译码和部分译码之分。全译码就是对全部空闲的高位地址线译码产生片选信号，部分译码就是对空闲的部分高位地址线译码产生片选信号。译码电路要用译码器芯片实现，常用的译码器芯片有 74LS138 和 74LS139 等。

全地址译码法的典型电路如图 8-5 所示。51 单片机的高端地址信号 A13～A15 接 74HC138 译码器的地址输入 A、B、C，74HC138 译码器的输出 $\overline{Y0}$ ～ $\overline{Y7}$ 对应的 8 个有效的地址空间为 0000H～1FFFH、2000H～3FFFH、4000H～5FFFH、6000H～7FFFH、8000H～9FFFH、0A000H～0BFFFH、0C000H～0DFFFH 和 0E000H～0FFFFH。

图 8-5　全地址译码法的典型电路

# 8.2　A/D 转换器与 D/A 转换器简介

在单片机测控系统中，单片机只能处理数字信号，而单片机测控系统常常会测量温度、压力、流量、速度等非电物理量，这些非电物理量信号须经传感器先转换成连续变化的模拟电信号（电压或电流），然后将模拟电信号转换成数字量后，才能被单片机处理，同理单片机输出的数字信号也不能被模拟器件接收，因此在单片机测控系统中，单片机与外部接口器件需要通过 A/D 转换器和 D/A 转换器的转换。实现模拟量转换成数字量的器件称为 A/D 转换器。实现数字量转换成模拟量的器件称为 D/A 转换器。

## 8.2.1　A/D 转换器

A/D 转换器的作用是将模拟量转换成数字量，以便单片机进行数据处理。随着超大规模集成电路技术的飞速发展，A/D 转换器的新设计思想和制造技术层出不穷。为了满足各种不同的检测及控制任务的需要，产生了大量结构不同、性能各异的 A/D 转换芯片。

### 1. A/D 转换器的分类

目前,广泛应用在单片机应用系统中的 A/D 转换器主要有逐次比较型 A/D 转换器和双积分型 A/D 转换器,此外 Σ-Δ 式 A/D 转换器逐渐得到重视, 得到了较为广泛的应用。

逐次比较型 A/D 转换器，在精度、速度和价格上都适中，是最常用的 A/D 转换器之一。

双积分型 A/D 转换器，具有精度高、抗干扰性好、价格低廉等优点，与逐次比较型 A/D 转换器相比，双积分型 A/D 转换器的转换速度较慢，近年来在单片机应用领域中也得到了广泛应用。

Σ–Δ 式 A/D 转换器具有双积分型 A/D 转换器与逐次比较型 A/D 转换器的双重优点。它对工业现场的串模干扰具有较强的抑制能力，不亚于双积分型 A/D 转换器，它比双积分型 A/D 转换器具有更高的转换速度。与逐次比较型 A/D 转换器相比，Σ–Δ 式 A/D 转换器具有较高的信噪比、分辨率高、线性度好，不需要采样保持电路。由于具有上述优点，因此 Σ–Δ 式 A/D 转换器受到重视，已有多种 Σ–Δ 式 A/D 芯片可供用户选用。

A/D 转换器按照输出数字量的有效位数，可分为 4 位、8 位、10 位、12 位、14 位、16 位输出及 BCD 码输出的 3 位半、4 位半、5 位半等。

随着单片机串行扩展方式使用的日益增多，带有同步 SPI 串行接口的 A/D 转换器的使用也逐渐增多。串行输出的 A/D 转换器具有占用端口线少、使用方便、接口简单等优点。较为典型的串行 A/D 转换器为美国 TI 公司的 TLC549（8 位）、TLC1549（10 位）、TLC1543（10 位）和 TLC2543（12 位）。

A/D 转换器按照转换速度，可大致分为超高速（转换时间≤1ns）、高速（转换时间≤1μs）、中速（转换时间≤1ms）、低速（转换时间≤1s）等几种不同转换速度的芯片。为了适应系统集成的需要，有些转换器还将多路转换开关、时钟电路、基准电压源、二进制/十进制译码器和转换电路集成在一个芯片内，为用户提供了很多方便。

### 2. A/D 转换器的主要技术指标

A/D 转换器的技术指标是衡量转换质量的关键，也是合理选用 A/D 转换器的依据。下面介绍 A/D 转换器的几个主要技术指标。

（1）分辨率：分辨率表示输出数字量变化一个最低有效位（LSB）所对应的输入模拟电压的变化量。分辨率的定义为转换器的满刻度电压（基准电压）$V_{FSR}$ 与 $2^n$ 的比值，即

$$分辨率 = \frac{V_{FSR}}{2^n}$$

式中，$n$ 为 A/D 转换器输出的二进制位数，$n$ 越大，分辨率越高。

分辨率取决于 A/D 转换器的位数，所以习惯上用输出的二进制位数或 BCD 码位数表示。例如，A/D 转换器 AD1674 的满量程电压（基准电压）为 5V，输出 12 位数字量，即用 $2^{12}$ 个数进行量化，其分辨率为 $5V/2^{12}=1.22mV$，表示其能分辨出输入电压 1.22mV 以上的变化。

（2）量化误差：模拟量是连续的，而数字量是断续的，在 A/D 转换器的位数固定后，数字量不能把模拟量所有的值都精确地表示出来，这种由 A/D 转换器有限分辨率造成的真实值与转换值之间的误差称为量化误差。一般量化误差为数字量的最低有效位表示的模拟量，理想的量化误差容限是±1/2LSB。

（3）转换精度：转换精度是一个实际的 A/D 转换器和理想的 A/D 转换器相比的转换误差。绝对精度一般以 LSB 为单位给出，相对精度则是绝对精度与满量程的比值。

（4）转换时间：A/D 转换器完成一次 A/D 转换所需的时间。转换时间越短，适应输入信号快速变化的能力越强。其倒数是转换速率。

（5）温度系数：A/D 转换器受温度影响的程度。一般用环境温度变化 1℃所产生的相对误差表示，单位是 PPM/℃（$10^{-6}$/℃）。

## 8.2.2　D/A 转换器

单片机只能输出数字量，但对于控制而言，经常需要输出模拟量。例如，直流电动机的转速控制和波形输出等应用，要求单片机系统能够输出模拟量，D/A 转换器的功能是将数字量转换成模拟量。

目前，集成化的 D/A 转换器芯片较多，设计者只需要合理选用芯片，了解它们的功能、引脚外特性及与单片机的接口设计即可。由于现在部分单片机芯片中集成了 D/A 转换器，位数一般在 10 位左右，且转换速度也很快，因此单片的 D/A 转换器开始向高位数和高转换速度方向转变，而低端的 8 位 D/A 转换器正面临被淘汰的危险，但在实验室或某些简单工业控制方面，低端的 8 位 D/A 转换器优异的性价比还是具有相当大的应用空间的。

### 1．D/A 转换器的工作原理及分类

D/A 转换器的基本工作原理：通过电阻网络将 $n$ 位数字量逐位转换成模拟量，经运算器相加，得到一个与 $n$ 位数字量成比例的模拟量。由于计算机输出的数据（数字量）是断续的，D/A 转换过程也需要一定的时间，因此转换输出的模拟量也是不连续的。

D/A 转换器有两种输出形式：一种是电压输出，即给 D/A 转换器输入的是数字量，输出为电压；另一种是电流输出，对电流输出的 D/A 转换器，如需要模拟电压输出，可在其输出端加一个由运算放大器构成的 $I$-$V$ 转换电路，将电流输出转换为电压输出。

单片机与 D/A 转换器的连接早期多采用 8 位数字量并行传输的并行接口，现在除了并行接口，带有串行接口的 D/A 转换器的品种也不断增多。目前，较为流行的是 I²C 串行接口和 SPI 串行接口等，所以在选择 D/A 转换器时，要考虑单片机与 D/A 转换器的接口形式。

### 2．D/A 转换器的技术指标

（1）分辨率：单片机输入 D/A 转换器的单位数字量的变化所引起的模拟量输出的变化，通常将其定义为输出满刻度值与 $2^n$ 的比（$n$ 为 D/A 转换器的二进制位数）。习惯上用输入数字量的二进制位数表示。位数越多，分辨率越高，即 D/A 转换器对输入量变化的敏感程度越高。

例如，8 位的 D/A 转换器，若满量程输出为 10V，根据分辨率的定义，则分辨率为 10V/$2^n$，分辨率为 10V/256≈39.06mV，即输入的二进制数最低位的变化可引起输出的模拟电压变化约为 39.06mV，该值占满量程的 0.391%，常用符号 1LSB 表示。

同理：

10 位 D/A 转换　　　1 LSB = 9.77mV = 0.1%满量程

12 位 D/A 转换　　　1 LSB = 2.44mV = 0.024%满量程

16 位 D/A 转换　　　1 LSB = 0.15mV = 0.001 5%满量程

使用时，应根据对 D/A 转换器分辨率的需要来选定 D/A 的位数。

（2）建立时间：描述 D/A 转换器转换速度快慢的参数，用于表明转换时间或转换速度。其值为从输入数字量到输出达到终值误差±(1/2)LSB 时所需的时间。电流输出的转换时间较短，而电压输出的转换器，由于要加上完成 $I$-$V$ 转换的运算放大器的延迟时间，因此转换时间长一些。快速 D/A 转换器的转换时间可控制在 1μs 以下。

（3）转换精度：理想情况下，转换精度与分辨率基本一致，位数越多，精度越高。但由于电源电压、基准电压、电阻、制造工艺等各种因素存在误差，因此严格来讲，转换精度与分辨率并不完全一致。只要位数相同，分辨率就相同，但相同位数的不同转换器的转换精度会有所不同。例如，某种型

号的 8 位 D/A 转换器的精度为±0.19%，而另一种型号的 8 位 D/A 转换器的精度为±0.05%。

# 8.3 SPI 总线简介及典型 SPI 芯片介绍

SPI 是 Motorola 公司推出的一种同步串行接口标准，允许单片机与多个厂家生产的带有标准 SPI 接口的外围设备直接连接，以同步串行方式交换信息。SPI 总线广泛应用于 $E^2PROM$、实时时钟、A/D 转换器、D/A 转换器等器件。SPI 总线属于高速、全双工通信总线，由于只占用 4 个芯片的引脚，因此节约了芯片的引脚资源，同时也为 PCB 布局提供了方便。正是因为具有这些优点，现在越来越多的芯片才集成了这种接口。

## 8.3.1 SPI 总线结构

SPI 有两种工作模式：主模式和从模式。它允许一个主设备启动一个从设备进行同步通信，从而完成数据的同步交换和传输。只要主设备有 SPI 控制器（也可以用模拟方式），就可以与基于 SPI 的各种芯片传输数据。

SPI 外围串行扩展系统的从器件为 SPI 接口，主器件是单片机。目前，许多类型的单片机都带有 SPI 接口。但是对于 51 单片机，由于不带 SPI 接口，因此可采用软件与 I/O 口结合的方式模拟 SPI 的接口时序。

单片机扩展 SPI 从器件的系统结构图如图 8-6 所示。SPI 使用 4 条线：串行时钟 SCK、主器件输入/从器件输出数据线 MISO、主器件输出/从器件输入数据线 MOSI 和从器件选择线 $\overline{CS}$。

图 8-6 单片机扩展 SPI 从器件的系统结构图

SPI 的典型应用是主模式，即只有一个主器件，从器件通常是外围接口器件，如 $E^2PROM$、实时时钟、A/D 转换器、D/A 转换器等。当单片机扩展多个外围器件时，SPI 无法通过数据线译码选择，所以外围器件都有片选端。当扩展单个 SPI 器件时，外围器件的片选端可以接地或通过 I/O 口控制；当扩展多个 SPI 器件时，单片机应分别通过 I/O 口线分时选通外围器件。

在 SPI 串行扩展系统中，当某个从器件只作输入（如键盘）或只作输出（如显示器）时，可省去一条数据输出（MISO）线或一条数据输入（MOSI）线，从而构成双线系统（接地）。

SPI 系统中单片机对从器件的选通需要控制其片选端 $\overline{CS}$。但当扩展器件较多时，需要控制较多的从器件片选端，连线较多。

在 SPI 串行系统中，主器件单片机在启动一次传输时，便产生 8 个时钟，传输给接口芯片作为同步时钟，控制数据的输入和输出。数据的传输格式是高位（MSB）在前、低位（LSB）在后，如图 8-7 所示。数据线上输出数据的变化及输入数据时的采样都取决于 SCK，但对于不同的外围芯片，有的可能是 SCK 的上升沿起作用，有的可能是 SCK 的下降沿起作用。SPI 有较高的数据传输速度，最高可达 1.05Mb/s。

图 8-7　SPI 数据传输格式

## 8.3.2　基于 SPI 总线的 A/D 转换器 TLC549 芯片简介

TLC549 是 TI 公司生产的一种低价位、高性能的 8 位 A/D 转换器，它以 8 位开关电容逐次逼近的方法实现 A/D 转换，其转换时长小于 17μs，最大转换速率为 40 000 次/秒，工作电压为 3～6V。它可采用 SPI 三线方式与单片机进行连接。

### 1. TLC549 的引脚定义

TLC549 的引脚如图 8-8 所示。

- REF+：正基准电压，2.5V≤REF+≤$V_{CC}$+0.1V。
- REF−：负基准电压，−0.1V≤REF−≤2.5V。
- $V_{CC}$：系统电源，3V≤$V_{CC}$≤6V。
- GND：接地端。
- $\overline{CS}$：芯片选择输入端。
- DATA OUT：转换结果数据串行输出端。
- ANALOG IN：模拟信号输入端。
- I/O CLOCK：外接 I/O 时钟输入端。

图 8-8　TLC549 的引脚

### 2. TLC549 的功能框图

TLC549 由采样保持、A/D 转换器、输出数据寄存器、8 到 1 数据选择与驱动及相关控制逻辑电路组成。TLC549 的内部结构如图 8-9 所示。TLC549 带有内部时钟，该时钟与 I/O CLOCK 是独立工作的，无须特殊的速率匹配。当 $\overline{CS}$ 为高电平时，数据输出端 DATA OUT 处于高阻状态，此时 I/O CLOCK 不起作用。这种 $\overline{CS}$ 控制作用允许在同时使用多片 TLC549 时公用 I/O CLOCK，以减少多片 A/D 使用时的 I/O 控制端口。

图 8-9　TLC549 的内部结构

### 3. TLC549 的工作时序

TLC549 的工作时序图如图 8-10 所示。

图 8-10　TLC549 的工作时序图

（1）$\overline{CS}$ 为低电平，内部电路在测得 $\overline{CS}$ 的下降沿后，在等待两个内部时钟上升沿和一个下降沿后，再确认这一变化，最后自动将前一次转换结果的最高位 D7 输出到 DATA OUT。

（2）在前 4 个 I/O CLOCK 周期的下降沿依次移出 D6、D5、D4、D3，片上采样保持电路在第 4 个 I/O CLOCK 下降沿开始采样模拟输入。

（3）在接下来的 3 个 I/O CLOCK 周期的下降沿可移出 D2、D1、D0。

（4）在第 8 个 I/O CLOCK 后，$\overline{CS}$ 必须为高电平或 I/O CLOCK 保持低电平，这种状态需要维持 36 个内部系统时钟，以等待保持和转换工作的完成。

此时的输出是前一次的转换结果，而不是正在进行的转换结果。若要在特定的时刻采样模拟信号，则应使第 8 个 I/O CLOCK 时钟的下降沿与该时刻对应。因为芯片虽然在第 4 个 I/O CLOCK 的下降沿开始采样，但在第 8 个 I/O CLOCK 的下降沿开始保存。

### 4．TLC549 与单片机的接口函数

根据 TLC549 的工作时序，编写 C51 语言程序的接口函数，如下所示。

```
uchar TLC549_ADC(void)
{
    uchar i, temp;
    TLC549_CLK = 0;
    TLC549_CS  = 0;
    for(i = 0; i < 8; i++)
    {
        temp<<=1;
        temp|= TLC549_DO;
        TLC549_CLK = 1;
        TLC549_CLK = 0;
    }
    TLC549_CS = 1;
    delayus(20);
    return   temp;
}
```

## 8.3.3　基于 SPI 总线的 D/A 转换器 TLC5615 芯片简介

TLC5615 芯片为美国德州仪器公司于 1999 年推出的产品，是具有串行接口的 D/A 转换器（DAC），其输出为电压型，最大输出电压是基准电压的两倍。带有上电复位功能，即将 DAC 寄存器复位至全 0。

性能比早期电流型输出的 DAC 要好。只要通过 3 根串行总线就可以完成 10 位数据的串行输入，易于和工业标准的微处理器或微控制器（单片机）接口，适用于电池供电的测试仪表、移动电话，也适用于数字失调与增益调整及工业控制场合。

### 1. TLC5615 的引脚定义

TLC5615 的引脚图如图 8-11 所示。
- DIN：串行数据输入端。
- SCLK：串行时钟输入端。
- $\overline{CS}$：芯片选用通端，低电平有效。
- DOUT：用于级联时的串行数据输出端。
- AGND：模拟地。
- REF IN：基准电压输入端，2V～($V_{DD}$-2)。
- OUT：DAC 模拟电压输出端。
- $V_{DD}$：正电源端，4.5～5.5V，通常取 5V。

### 2. TLC5615 的内部功能框图

TLC5615 的内部功能框图如图 8-12 所示，它主要由以下几部分组成：10 位 DAC 电路；一个 16 位移位寄存器，用于接收串行移入的二进制数，并且有一个级联的数据输出端 DOUT；并行输入/输出的 10 位 DAC 寄存器，为 10 位 DAC 电路提供待转换的二进制数据；电压跟随器，为参考电压端 REF IN 提供很高的输入阻抗，大约为 10MΩ；×2 电路提供最大值为 2 倍于 REF IN 的输出；上电复位电路和控制逻辑电路。

图 8-11　TLC5615 的引脚图　　　　图 8-12　TLC5615 的内部功能框图

TLC5615 有两种工作方式，即 12 位数据序列方式和 16 位数据序列方式。16 位移位寄存器分为高 4 位虚拟位、低 2 位填充位及 10 位有效位。当 TLC5615 工作时，需要向 16 位移位寄存器先后输入 10 位有效位和低 2 位填充位，低 2 位填充位的数据任意，这是第一种方式，即 12 位数据序列方式。第二种方式为级联方式，即 16 位数据序列方式，可以将本片的 DOUT 接到下一片的 DIN，需要向 16 位移位寄存器先后输入高 4 位虚拟位、10 位有效位和低 2 位填充位，由于增加了高 4 位虚拟位，因此需要 16 个时钟脉冲。

### 3．TLC5615 的工作时序

TLC5615 的工作时序图如图 8-13 所示。可以看出，只有当片选 $\overline{\text{CS}}$ 为低电平时，串行输入数据才能被移入 16 位移位寄存器。当 $\overline{\text{CS}}$ 为低电平时，在每个 SCLK 时钟的上升沿将 DIN 的 1 位数据移入 16 位移位寄存器。注意，二进制最高有效位被首先移入。接着，$\overline{\text{CS}}$ 的上升沿将 16 位移位寄存器的 16 位有效数据锁存于 10 位 DAC 寄存器，供 DAC 电路进行转换。当 $\overline{\text{CS}}$ 为高电平时，串行输入数据不能移入 16 位移位寄存器。注意，$\overline{\text{CS}}$ 的上升和下降都必须发生在 SCLK 为低电平期间。

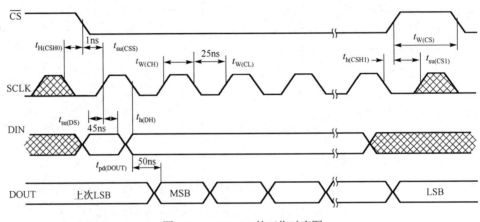

图 8-13　TLC5615 的工作时序图

### 4．TLC1565 与单片机的接口函数

根据 TLC1565 的工作时序，编写 C51 语言程序的接口函数，如下所示。

```
void    TLC5615_DAC(uint dat)
{
        uchar i;
        dat<<= 6;                    //左移 6 位，补 6 位 0
        TLC5615_CLK = 0;
        TLC5615_CS   = 0;
        for (i=0;i<12;i++)
        {
            TLC5615_DI   = (bit)(dat & 0x8000);
                TLC5615_CLK = 0;
                dat <<= 1;
                TLC5615_CLK = 1;
        }
        TLC5615_CS   = 1;
        TLC5615_CLK = 0;
        delayus(20);
}
```

以上采用的是 12 位数据序列方式，还可以采用 16 位数据序列方式，程序如下所示。

```
void    TLC5615_DAC(uint dat)
{
uchar i;
        dat<<= 2;                    //左移 2 位，补 2 位 0
        TLC5615_CLK = 0;
        TLC5615_CS   = 0;
```

```
        for (i=0;i<16;i++)
        {
            TLC5615_DI   = (bit)(dat & 0x8000);
            TLC5615_CLK = 0;
            dat <<= 1;
            TLC5615_CLK = 1;
        }
    TLC5615_CS   = 1;
    TLC5615_CLK = 0;
    delayus(20)
}
```

# 8.4 I²C 总线简介及典型 I²C 芯片介绍

I²C 总线是指集成电路之间的一种串行总线。采用的 I²C 总线有两种技术规范，分别是荷兰飞利浦公司的规范和日本索尼公司的规范，现在多采用飞利浦公司的技术规范，其已成为电子行业认可的总线标准。采用 I²C 技术的单片机及外围器件的种类有很多，已被广泛应用于各类电子产品、家用电器及通信设备。

## 8.4.1 I²C 串行总线简介

### 1. I²C 串行总线结构

I²C 总线采用二线制连接，一条是数据线 SDA，另一条是时钟线 SCL，SDA 和 SCL 是双向的，I²C 总线上各器件的数据线都接到 SDA 上，各器件的时钟线都接到 SCL 上。I²C 串行总线系统的基本结构如图 8-14 所示。带有 I²C 总线接口的单片机可直接与具有 I²C 总线接口的各种扩展器件（如存储器、I/O 芯片、A/D 转换器、D/A 转换器、键盘、显示器、日历/时钟）连接。由于 I²C 总线采用纯软件的寻址方法，因此无须对片选线进行连接，大大减少了总线数量。I²C 串行总线的运行由主器件控制。主器件是指启动数据的发送（发出起始信号）、发出时钟信号、传输结束时发出终止信号的器件，通常是单片机。从器件可以是存储器、LED 或 LCD 驱动器、A/D 或 D/A 转换器、时钟/日历等，从器件必须带有 I²C 串行总线接口。

图 8-14 I²C 串行总线系统的基本结构

当 I²C 总线空闲时，SDA 和 SCL 两条线均为高电平。由于连接到总线上的器件的输出级必须是漏极或集电极开路的，因此只要有一个器件在任意时刻输出低电平，就使总线上的信号变低，即各器件的 SDA 及 SCL 都是"线与"的关系。

由于各器件的输出端为漏极开路，因此必须通过上拉电阻（图 8-14 中的两个电阻 $R_P$）接正电源，以保证 SDA 和 SCL 在空闲时被上拉为高电平。SCL 上的时钟信号对 SDA 上的各器件之间的数据传输起同步控制作用。SDA 上的数据起始、终止及数据的有效性均要根据 SCL 上的时钟信号来判断。

在 I²C 标准的普通模式下，数据的传输速率为 100kb/s，高速模式下可达 400kb/s。总线上扩展的器件数量不是由电流负载决定的，而是由电容负载决定的。I²C 总线上的每个器件的接口都有一定的等效电容，连接的器件越多，电容值就越大，会造成信号传输延迟。总线上允许的器件数以器件的电容量不超过 400pF（通过驱动扩展可达 4000pF）为宜，据此可计算出总线长度及连接器件的数量。每个连接到 I²C 总线上的器件都有唯一的地址，扩展器件时也要受器件地址数目的限制。

### 2. I²C 总线的数据帧格式

I²C 总线上传输的数据信号既包括真正的数据信号，也包括地址信号。

I²C 总线规定，起始信号后须传输一个从器件地址（7 位），第 8 位是数据传输的方向位（R/$\overline{\text{W}}$），"0" 表示主器件发送数据，"1" 表示主器件接收数据。每次数据传输都是由主器件产生的终止信号结束的。若主器件希望继续占用总线进行新的数据传输，则可不产生终止信号，可以马上再次发出起始信号对另一从器件进行寻址。因此，在总线一次数据传输过程中，可以有以下几种组合方式。

（1）主器件向从器件发送 n 字节的数据，数据的传输方向在整个传输过程中不变。主器件向从器件发送的数据帧格式如图 8-15 所示。

图 8-15　主器件向从器件发送的数据帧格式

在图 8-15 中，字节 1～字节 n 为主器件写入从器件的 n 字节的数据。图 8-15 中的灰底部分表示主器件向从器件发送数据，无阴影部分表示从器件向主器件发送数据。上述格式中的从器件地址为 7 位，紧接其后的 "1" 和 "0" 表示主器件的读/写方向，"1" 为读，"0" 为写。A 表示应答，$\overline{\text{A}}$ 表示非应答（高电平）。S 表示起始信号，P 表示终止信号。

（2）主器件读出来自从器件的 n 字节。第一个寻址字节由主器件发出，n 字节都由从器件发送，主器件接收。主器件接收从器件发送的数据帧格式如图 8-16 所示。

图 8-16　主器件接收从器件发送的数据帧格式

在图 8-16 中，字节 1～字节 n 为从器件被读出的 n 字节数据。主器件发送终止信号前应发送非应答信号，向从器件表明读操作要结束。

（3）主器件的读/写操作。在一次数据传输中，主器件先发送 1 字节数据，再接收 1 字节数据，起始信号和从器件地址都被重新产生一次，但两次读/写的方向位正好相反。传输过程中改变传输方向的数据帧格式如图 8-17 所示。

| S | 从机地址 | 0 | A | 数据 | A/$\overline{\text{A}}$ | Sr | 从机地址r | 1 | A | 数据 | $\overline{\text{A}}$ | P |
|---|---|---|---|---|---|---|---|---|---|---|---|---|

图 8-17　传输过程中改变传输方向的数据帧格式

在图 8-17 中，"Sr" 表示重新产生的起始信号，"从机地址 r" 表示重新产生的从器件地址。

由上可见，无论哪种方式，起始信号、终止信号和从器件地址均由主器件发送，数据字节的传输方向则由主器件发出的寻址字节中的方向位规定，每字节的传输都必须有应答位（A 或 $\overline{\text{A}}$）相随。

数据帧格式中，均有 7 位从器件地址和紧跟其后的 1 位读/写方向位，这 8 个数据位构成寻址字节。$I^2C$ 总线寻址采用软件寻址，主器件在发送完起始信号后，立即发送寻址字节来寻址被控的从器件，数据帧寻址字节帧格式如图 8-18 所示。

| 寻址字节 | 器件地址 | | | | 引脚地址 | | | 方向位 |
|---|---|---|---|---|---|---|---|---|
| | DA3 | DA2 | DA1 | DA0 | A2 | A1 | A0 | R/$\overline{W}$ |

图 8-18　数据帧寻址字节帧格式

7 位从器件地址为"DA3、DA2、DA1、DA0"和"A2、A1、A0"。其中"DA3、DA2、DA1、DA0"为器件固有的地址编码，出厂时就已给定。"A2、A1、A0"为引脚地址，由器件引脚 A2、A1、A0 在电路中接高电平或接地决定。

数据方向位（R/$\overline{W}$）规定了总线上的单片机（主器件）与从器件的数据传输方向。为 1 表示主器件接收（读），为 0 表示主器件发送（写）。

### 3. 51 单片机的 $I^2C$ 总线扩展系统

许多公司都推出带有 $I^2C$ 总线接口的单片机及各种外围扩展器件，常见的有 Atmel 公司的 AT24C×× 系列存储器、飞利浦公司的 PCF8553（日历/时钟且带有 256×8 RAM）和 PCF8570（256×8 RAM）、MAXIM 公司的 MAX127/128（A/D 转换器）和 MAX517/518/519（D/A 转换器）等。$I^2C$ 系统中的主器件为单片机，可以有 $I^2C$ 接口，也可以没有。从器件必须带有 $I^2C$ 总线接口。51 单片机没有 $I^2C$ 接口，可用 I/O 引脚输出控制时序的方式来模拟 $I^2C$ 总线的时序。

为了保证数据传输的可靠性，$I^2C$ 总线的数据传输有严格的时序要求。$I^2C$ 总线典型信号的时序如图 8-19 所示。

（a）起始信号S的模拟时序　　　　　　　（b）终止信号P的模拟时序

（c）应答位"0"的模拟时序　　　　　　　（d）非应答位"1"的模拟时序

图 8-19　$I^2C$ 总线典型信号的时序

51 单片机在模拟 $I^2C$ 总线通信时，需要编写以下 6 个函数：起始信号 S 函数、终止信号 P 函数、应答"0"函数、非应答"1"函数、发送 1 字节数据函数和接收 1 字节数据函数。

（1）起始信号 S 函数。

起始信号 S 的模拟时序如图 8-19（a）所示，要求在一个新的起始前总线的空闲时间大于 4.7μs，在 SCL 高电平期间 SDA 发生负跳变。起始信号到第 1 个时钟脉冲负跳沿的时间间隔应大于 4μs。起始信号 S 函数如下所示。

```
void   Start(void)
{
    SDA=1;
    SCL=1;
    _nop_( ); _nop_( ); _nop_( ); _nop_( ); _nop_( );          //延时 5μs
    SDA=0;
    _nop_( ); _nop_( ); _nop_( ); _nop_( ); _nop_( );
    CL=0;
}
```

（2）终止信号 P 函数。

终止信号 P 为在 SCL 高电平期间 SDA 的一个上升沿产生的终止信号。终止信号 P 函数如下所示。

```
void   Stop(void)
{
    SDA=0;
    SCL=1;
    _nop_( ); _nop_( ); _nop_( ); _nop_( ); _nop_( );
    SDA=1;
    _nop_( ); _nop_( ); _nop_( ); _nop_( ); _nop_( );
    SDA=0;
}
```

（3）应答"0"函数。

发送应答位与发送数据"0"相同，即在 SDA 低电平期间 SCL 发生一个正脉冲。应答位"0"函数如下所示。

```
void   Ack(void)
{
    uchar i;
    SDA=0;
    SCL=1;
    _nop_( ); _nop_( ); _nop_( ); _nop_( ); _nop_( );
    while((SDA==1)&&(i<255)) i++;
    SCL=0;
    _nop_( ); _nop_( ); _nop_( ); _nop_( ); _nop_( );
}
```

SCL 在高电平期间，SDA 被从器件拉为低电平表示应答。命令行中的"（SDA==1）"和"（i<255）"相与，表示若在这段时间内没有收到从器件的应答，则主器件默认从器件已经收到数据而不再等待应答信号，要是不加这个延时退出，一旦从器件没有发应答信号，程序就永远停在这里，实际上是不允许这种情况发生的。

（4）非应答"1"函数。

发送非应答位与发送数据"1"相同，即在 SDA 高电平期间 SCL 发生一个正脉冲。非应答"1"的函数如下所示。

```
void   NoAck(void )
{
    SDA=1;
    SCL=1;
    _nop_( ); _nop_( ); _nop_( ); _nop_( ); _nop_( );
    SCL=0;
```

```
            SDA=0;
}
```

（5）发送 1 字节数据函数。

以下函数是模拟 I²C 总线的数据线发送 1 字节的数据（可以是地址，也可以是数据），发送完后等待应答，并对状态位 ack 进行操作，即应答或非应答都使 ack=0。发送数据正常，ack=1，从器件无应答或损坏，则 ack=0。参考程序如下所示。

```
void   SendByte(uchar   dat)
{
uchar i,temp;
temp=dat;
for(i=0; i <8; i++)
{
            temp= temp<<1;        //左移一位
            SCL=0;
            _nop_( ); _nop_( ); _nop_( ); _nop_( ); _nop_( );
            SDA=CY;
            _nop_( ); _nop_( ); _nop_( ); _nop_( ); _nop_( );
            SCL=1;
            _nop_( ); _nop_( ); _nop_( ); _nop_( ); _nop_( );
     }
     SCL=0;
     _nop_( ); _nop_( ); _nop_( ); _nop_( ); _nop_( );
     SDA=1;
     _nop_( ); _nop_( ); _nop_( ); _nop_( ); _nop_( );
}
```

串行发送 1 字节时，需要把该字节中的 8 位一位一位地发出去，"temp=temp<<1;" 将 temp 中的内容左移一位，最高位将移入 CY 位，然后将 CY 赋值 SDA，进而在 SCL 的控制下发送出去。

（6）接收 1 字节数据函数。

下面是模拟 I²C 总线的数据线 SDA 接收从器件传来的 1 字节数据函数。

```
uchar   RcvByte( void )
{
     uchar i,temp;
     SCL=0;
     _nop_( ); _nop_( ); _nop_( ); _nop_( ); _nop_( );
     SDA=1;
     for(i=0; i <8; i++)
     {
          SCL=1;
          _nop_( ); _nop_( ); _nop_( ); _nop_( ); _nop_( );
          temp=(temp<<1)| SDA;
          SCL=0;
          _nop_( ); _nop_( ); _nop_( ); _nop_( ); _nop_( );
     }
     _nop_( ); _nop_( ); _nop_( ); _nop_( ); _nop_( );
     return   temp;
}
```

同理，串行接收 1 字节时，需要将 8 位一位一位地接收，然后组合成 1 字节。"temp=(temp<<1) | SDA" 将变量 temp 左移一位后与 SDA 进行逻辑 "或" 运算，依次把 8 位数据组合成 1 字节来完成接收。

### 8.4.2　基于 I²C 总线的 E²PROM 存储器 AT24C02 芯片简介

在一些控制类应用场合，需要将数据存储并且不希望掉电后数据丢失，电擦除电写只读存储器 E²PROM 可以实现此类功能。Atmel 公司的 I²C 接口的 AT24C×× 系列芯片是目前常用的 E²PROM。该系列具有 AT24C01、AT24C02、AT24C04、AT24C08、AT24C16 等型号，它们的封装形式、引脚功能及内部结构类似，只是容量不同，分别为 128B、256B、512B、1KB、2KB。下面以 AT24C02 芯片为例，介绍 I²C 总线的 E²PROM 的具体应用。

#### 1. AT24C02 的引脚功能

图 8-20　AT24C02 的引脚图

AT24C02 的引脚图如图 8-20 所示。

（1）A0、A1、A2：器件地址输入端，这些输入引脚用于多个器件级联时设置器件地址，当这些引脚悬空时默认值为 "0"。当使用 AT24C02 时最大可级联 8 个器件。若只有一个 AT24C02 被总线寻址，则这 3 个地址输入脚（A0、A1、A2）可悬空或连接到 V_{SS}。

（2）V_{SS}：接地端。

（3）SDA：串行数据输入/输出端，AT24C02 双向串行数据/地址引脚用于器件所有数据的发送或接收。

（4）SCL：串行时钟端，AT24C02 串行时钟输入引脚用于产生器件所有数据发送或接收的时钟，这是一个输入引脚。

（5）WP：写保护端，若 WP 引脚连接到 V_{CC}，则所有的内容都被写保护，只能读。当 WP 引脚连接到 V_{SS} 引脚或悬空时，允许器件进行正常的读/写操作。

（6）V_{CC}：电源端，1.8～6.0V 工作电压。

#### 2. AT24C02 的寻址方式

AT24C02 的存储容量为 256B，分为 32 页，每页 8B。有两种寻址方式：芯片寻址和片内子地址寻址。

（1）芯片寻址。

AT24C02 芯片地址由器件地址、引脚地址和方向位组成，AT24C02 芯片地址格式如图 8-21 所示，器件地址固定为 1001，这是 I²C 总线器件的特征编码，引脚地址由 I²C 总线器件的地址引脚（A2、A1、A0）决定，3 位脚地址，在 I²C 总线控制系统中最多可以接 8 个 AT24C02 器件。A2、A1、A0 引脚的值由其外接的电平确定，与 1001 形成 7 位编码，即该器件的地址码。方向位 R/$\overline{\text{W}}$ 为芯片的读/写控制位，"0" 为写，"1" 为读。

图 8-21　AT24C02 芯片地址格式

（2）片内子地址寻址。

在确定了 AT24C02 芯片的 7 位地址码后，片内的存储空间可用 1 字节作为地址码进行寻址，寻址范围为 00H～FFH，即可对内部的 256 个单元进行读/写操作。

### 3. 单片机对 AT24C02 的读/写操作

单片机对 AT24C02 有两种写入方式和两种读取方式，分别是字节写入方式、页写入方式、指定地址读取方式、指定地址连续读取方式。

（1）字节写入方式。

单片机（主器件）先发送起始信号和 1 字节的控制字，从器件发出应答信号后，单片机再发送 1 字节的存储单元子地址（AT24C02 芯片内部单元的地址码），单片机收到 AT24C02 应答信号后，再发送 8 位数据和 1 位终止信号。字节写入帧格式如图 8-22 所示。

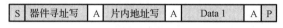

图 8-22　字节写入帧格式

（2）页写入方式。

单片机先发送起始信号和 1 字节的控制字，再发送 1 字节的存储器起始单元地址，上述几字节都得到 AT24C02 的应答后，就可以发送最多一页的数据，并顺序存放在已指定的由起始地址开始的相继的单元中，最后以终止信号结束。页写入帧格式如图 8-23 所示。

图 8-23　页写入帧格式

（3）指定地址读取方式。

单片机发送起始信号后，先发送含有芯片地址的写操作的控制字，AT24C02 应答后，再发送 1 字节的指定单元的地址，AT24C02 应答后再发送一个含有芯片地址的读操作控制字，如果此时 AT24C02 做出应答，那么被访问单元的数据就会按 SCL 信号同步出现在 SDA 上，供单片机读取。指定地址读取帧格式如图 8-24 所示。

（4）指定地址连续读取方式。

指定地址连续读取方式与读取地址控制相同。单片机收到每字节数据后都要做出应答，只要 AT24C02 检测到应答信号，

图 8-24　指定地址读取帧格式

其内部的地址寄存器就自动加 1 指向下一单元，并顺序将指向单元的数据送到 SDA 上。当需要结束读操作时，单片机接收到数据后，在需要应答的时刻发送一个非应答信号，接着发送一个终止信号即可。指定地址连续读取帧格式如图 8-25 所示。

图 8-25　指定地址连续读取帧格式

### 4. 单片机对 AT24C02 的读/写操作函数

AT24C02 与 AT89S51 单片机的接口电路如图 8-26 所示。P3.5 引脚与 AT24C02 的引脚 5（SDA）相连，P3.4 引脚与 AT24C02 的引脚 6（SCL）相连，AT24C02 的芯片地址引脚 A2、A1、A0 均接地。

向 AT24C02 写入 1 字节数据的函数程序如下所示。

图 8-26　AT24C02 与 AT89S51 单片机的接口电路

```
void Write_Byte( uchar add, uchar dat)      //向 AT24C02 的任意地址写数据
{
            Start ( );
            SendByte (0xa0);
        Ack ( );
        SendByte (add);
        Ack ( );
        SendByte (dat);
        Ack ( );
        Stop( );
}
```

从 AT24C02 中读取 1 字节数据的函数程序如下。

```
uchar Read_Byte( uchar add)        //从 AT24C02 的任意地址读数据
{
            uchar dat;
            Start( );
            SendByte (0xa0);
        Ack ( );
        SendByte (add);
        Ack( );
        Start( );
        SendByte (0xa1);
        Ack( );
        dat= RcvByte ( );
        Stop( );
        return   dat;
}
```

## 8.4.3　基于 $I^2C$ 总线的 8 位 A/D 和 D/A 转换器 PCF8591 芯片简介

### 1. PCF8591 的功能与引脚说明

PCF8591 是具有 $I^2C$ 总线接口的 8 位 A/D 及 D/A 转换器，具有 4 路 A/D 输入、1 路 D/A 输出。器件功能包括多路复用模拟输入、片上跟踪和保持功能、8 位模数转换和 8 位数模转换。最大转换速率取决于 $I^2C$ 总线的最高速率。PCF8591 芯片有 SOP 封装和 DIP 封装，其 DIP 封装的外形和引脚分布如图 8-27 所示。引脚功能说明如下。

- AIN0～AIN3：模拟信号输入端。
- A0～A2：引脚地址端。
- $V_{DD}$：电源端（2.5～6V）。
- $V_{SS}$：接地端。
- SDA、SCL：$I^2C$ 总线的数据线和时钟线。
- OSC：外部时钟输入端，内部时钟输出端。
- EXT：内部、外部时钟选择线，使用内部时钟时，EXT 接地。
- AGND：模拟信号地。
- AOUT：D/A 转换输出端。
- $V_{REF}$：基准电源端。

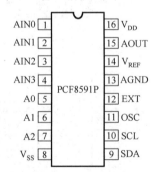

图 8-27　PCF8591 的 DIP
封装的外形和引脚分布

PCF8591 被广泛应用于闭环控制系统。例如，用于远程数据采集的低功耗转换器、电池供电设备、汽车音响和电视（TV）等的模拟数据采集。

### 2．PCF8591 的器件地址

PCF8591 采用典型的 I²C 总线接口器件寻址方法，其器件地址字格式如图 8-28 所示，由芯片地址、引脚地址和方向位组成。连接在 I²C 总线上的器件都必须有唯一的地址，该地址由芯片地址和引脚地址组成，共 7 位。芯片地址是 I²C 器件固有的地址编码，在器件出厂时就已经给定，由 I²C 总线委员会分配，固定为 1001，不可更改；引脚地址由 I²C 器件的地址引脚（A2、A1、A0）决定，共 8 种组合（对应引脚接高电平表示"1"，接低电平表示"0"），在一个 I²C 控制系统中最多可以接 8 个 PCF8591 器件；R/$\overline{\text{W}}$ 是方向位，当 R/$\overline{\text{W}}$ =0 时，表示主器件向从器件发送数据；当 R/$\overline{\text{W}}$ =1 时，表示主器件读取从器件数据。

在总线操作时，由芯片地址、引脚地址和方向位组成的从地址为主器件发送的第一字节。

### 3．PCF8591 控制寄存器

控制寄存器用于控制 PCF8591 的输入方式、输入通道、D/A 转换等，是通信时主机发送的第二字节数据，其控制字格式如图 8-29 所示。

图 8-28　PCF8591 的器件地址字格式　　　　图 8-29　PCF8591 控制字格式

D1、D0：用于选择模拟输入通道，00 通道 0，01 通道 1，10 通道 2，11 通道 3。

D2：自动增量选择（有效位为 1）。

D3：固定为 0。

D4、D5：模拟输入方式选择，00 为四路单端输入，01 为三路差分输入，10 为单端与差分配合输入，11 为两路差分输入。

D6：模拟量输出允许，为 1 时允许模拟输出，为 0 时禁止模拟输出。D/A 转换时设置为 1，A/D 转换时设置为 0 或 1 均可。

D7：固定为 0。

### 4．A/D 转换函数

A/D 转换是将 AIN 端口输入的模拟电压转换为数字量并发送到总线上，可以知道该函数需要指定输入的通道，还要将转换后的数字量返回，所以该函数有返回值，有一个形参。根据如图 8-17 所示的 I²C 传送的帧格式编写的 A/D 转换函数程序如下所示。

```
uchar   PCF8591_ADC(uchar   ch) //形参为待转换的通道
{
    uchar dat;
    Start();
    SendByte (0x90);            //器件地址（写）10010000
    Ack ();
    SendByte (0x40|ch);         //控制字，ch 为通道号，取值为 0～3，代表 AIN0～AIN3
```

```
        Ack();
        Start();
        SendByte (0x91);           //器件地址（读）10010001
        Ack();
        dat= RcvByte ();
        NoAck();
        Stop();
        return    dat;             //返回 A/D 转换值
}
```

### 5. D/A 转换函数

D/A 转换是将从总线上接收到的数字量通过 AOUT 输出，该函数无返回值，有一个形参，根据如图 8-15 所示的 I²C 传输的帧格式编写程序。

```
void   PCF8591_DAC (uchar   dat)     //形参为要转换成模拟量的数据
{
        Start();
        SendByte (0x90);           //器件地址（写）10010000
        Ack();
        SendByte (0x40);           //设置控制字，01000000 允许模拟输出，不使用自动增益，单端
        Ack();
        SendByte (dat);            //将要转换的数字量写入
        NoAck();
        Stop();
}
```

# 8.5  51 单片机基于 SPI 和 I²C 总线的接口扩展应用设计

## 8.5.1  基于 SPI 总线 TLC549 的模拟信号采集电路设计

【例 8-1】 运用 51 单片机控制 TLC549 实现一路模拟电压采集，并将采集到的电压数据显示在液晶屏的第一行中间位置。

### 1. 电路设计

打开 Proteus ISIS 软件，在 Proteus ISIS 编辑器中单击元件列表 **P L** DEVICES 中的 "P" 按钮，添加如表 8-1 所示的元器件，绘制如图 8-30 所示的基于 SPI 总线 TLC549 的模拟信号采集电路原理图，该电路是一个典型的 SPI 总线接口电路。基于 SPI 总线 TLC549 的模拟信号采集系统由 AT89C51 的最小系统、LCD1602 的显示控制模块（LCM1602）、基于 SPI 总线的 8 位 TLC549 A/D 转换芯片和一个可调的电位器组成。电位器和 TLC549 组成系统的数据输入通道，TLC549 的时钟信号 SCLK 与单片机的 P2.3 引脚连接，TLC549 的片选信号 CS 与单片机的 P2.4 引脚连接，TLC549 的转换结果数据串行输出端 SDO 与单片机的 P2.5 引脚连接，这样单片机与 TLC549 就可以实现基于 SPI 总线的串行通信；单片机的 P2.0、P2.1 和 P2.2 引脚分别连接 LCD1602 显示控制模块的控制信号 RS、RW 和 E，单片机将 P2.5 引脚接收到的串行数据转换为并行数据并通过 P0.0～P0.7 引脚传输给 LCD1602 显示控制模块的 D0～D7 引脚，完成系统显示功能。

表 8-1　基于 SPI 总线 TLC549 的模拟信号采集电路原理图元器件清单

| 元器件编号 | Proteus 软件中的元器件名称 | 元器件标称值 | 说　　明 |
|---|---|---|---|
| U1 | AT89C51 | AT89C51 | 单片机 |
| R1 | RES | 10kΩ | 电阻 |
| RV1 | POT-HG | 10kΩ | 可变电阻 |
| RV2 | POT-HG | 1kΩ | 可变电阻 |
| RP1 | RESPEAK-8 | 4.7kΩ | 排阻 |
| C1、C2 | CAP | 30pF | 无极性电容 |
| C3 | CAP-ELEC | 10μF | 电解电容 |
| X1 | CRYSTAL | 12MHz | 石英晶体 |
| U2 | TLC549 | 无 | A/D 转换器 |
| LCD1 | LM016L | 无 | LCM1602 |
| K1 | BUTTON | 无 | 按钮 |

图 8-30　基于 SPI 总线 TLC549 的模拟信号采集电路原理图

## 2．C 语言程序设计

根据如图 8-30 所示的硬件电路完成该系统的 C51 语言程序设计，在 Keil μVision 5 软件中保存为 8-1.c，建立 8-1 工程文件，并编译生成 8-1.hex 文件。程序如下所示。

```c
#include<reg52.h>
#define uchar unsigned char
#define uint unsigned int
sbit RS=P2^0;
sbit RW=P2^1;
sbit E =P2^2;
sbit TLC549_CLK=P2^3;
```

182

```
sbit TLC549_CS=P2^4;
sbit TLC549_DO=P2^5;
void delayms(uchar ms)                    //毫秒级延时函数
{
    uchar i;
    while(ms--)
        for(i=0;i<123;i++);
}
void  delayus(uchar us)                    //微秒级延时函数
{while(us--);}
void  w_com(uchar com)                     //LCD1602 的写指令寄存器函数
{RS=0;RW=0;E=1;P0=com;E=0;delayms(1);}
void  w_dat(uchar dat)                     //LCD1602 的写数据寄存器函数
{RS=1;RW=0;E=1;P0=dat;E=0;delayms(1);}
void  lcd_ini(void)                        //LCD1602 的初始化函数
{
    delayms(10);
    w_com(0x38);
    delayms(10);
    w_com(0x0c);
    delayms(10);
    w_com(0x06);
    delayms(10);
    w_com(0x01);
    delayms(10);
    w_com(0x38);
    delayms(10);
}
uchar   TLC549_ADC(void)                   //TLC549 数据读出函数
{
    uchar i, temp;
    TLC549_CLK = 0;
    TLC549_CS  = 0;
    for(i = 0; i < 8; i++)
    {
        temp<<=1;
        temp|= TLC549_DO;
        TLC549_CLK = 1;
        TLC549_CLK = 0;
    }
    TLC549_CS = 1;
    delayus(20);
    return   temp;
}
void   main(void)
{
    uint temp;
    lcd_ini();
    while(1)
    {
        temp=TLC549_ADC();                 //读取 A/D 转换数据
```

```
        w_com(0x84);                          //液晶屏第 1 行第 5 列
        w_dat(temp*195/10000+0x30);           //显示电压值的个位
        w_dat('.');                           //显示小数点
        w_dat(temp*195%10000/1000+0x30);      //电压值小数点后一位
        w_dat(temp*195%1000/100+0x30);        //电压值小数点后两位
        w_dat('V');
    }
}
```

### 3．程序点评

一般情况下，控制系统的程序设计是在完成硬件系统的设计基础后编写的，该程序中"sbit RS=P2^0；sbit RW=P2^1；sbit E =P2^2；sbit TLC549_CLK=P2^3；sbit TLC549_CS=P2^4；sbit TLC549_DO=P2^5"等语句就是根据图 8-30 的硬件电路进行端口分配的。程序设计采用模块化设计，充分利用了前面课程的 LCD1602 模块的函数，保持了本书知识的连贯性。LCD1602 的显示数据是 3 位数，程序中单片机输出的 3 位数的显示方式也值得大家学习，在以后的程序中也是可以用上的。

### 4．Proteus 的硬件仿真测试

在 Proteus ISIS 软件中绘制如图 8-30 所示的原理图后，将 Keil 软件中编译正确后生成的 4-1.hex 添加到 AT89C51 单片机的属性中，单击 Proteus ISIS 界面的运行按钮 ▶ 进行仿真，单击 RV1 的活动按钮改变 RV1 电阻的值，观察图 8-30 中的 LCD1602 上的数据变化。

## 8.5.2　基于 SPI 总线 TLC5615 的正弦函数发生器设计

【例 8-2】　用 51 单片机控制 TLC5615 输出一个 4kHz 左右的正弦函数信号。

### 1．电路设计

打开 Proteus ISIS 软件，在 Proteus ISIS 编辑器中单击元件列表 P L DEVICES 中的"P"按钮，添加如表 8-2 所示的元器件，绘制如图 8-31 所示的原理图。该电路也是一个典型的 SPI 总线接口电路，电路比较简单，只需将 51 单片机的 P2.0、P2.1 和 P2.2 引脚分别与 D/A 转换器 TLC5615 的时钟信号 SCLK、片选信号 $\overline{CS}$ 和串行数据输入信号 DIN 相连，这样单片机与 TLC5615 就可实现基于 SPI 总线的串行通信。

表 8-2　基于 SPI 总线 TLC5615 的正弦信号发生器电路原理图元器件清单

| 元器件编号 | Proteus 软件中的元器件名称 | 元器件标称值 | 说　明 |
| --- | --- | --- | --- |
| U1 | AT89C51 | AT89C51 | 单片机 |
| C1、C2 | CAP | 30pF | 无极性电容 |
| C3 | CAP-ELEC | 10μF | 电解电容 |
| X1 | CRYSTAL | 12MHz | 石英晶体 |
| R1 | RES | 10kΩ | 电阻 |
| RV2 | POT-HG | 1kΩ | 可变电阻 |
| U2 | TLC5615 | 无 | D/A 转换器 |
| K1 | BUTTON | 无 | 按钮 |

图 8-31　基于 SPI 总线 TLC5615 的正弦信号发生器电路原理图

## 2. 程序设计

根据设计要求完成 C51 语言程序设计，在 Keil μVision 5 软件中保存为 8-2.c，建立 8-2 工程文件，并编译生成 8-2.hex 文件。程序如下所示。

```
#include <reg51.h>
#define uchar unsigned char
#define uint unsigned int
uchar code sin[256]=              //正弦波表
{
    0x80,0x83,0x86,0x89,0x8d,0x90,0x93,0x96,0x99,0x9c,
        0x9f,0xa2,0xa5,0xa8,0xab,0xae,0xb1,0xb4,0xb7,0xba,
        0xbc,0xbf,0xc2,0xc5,0xc7,0xca,0xcc,0xcf,0xd1,0xd4,
    0xd6,0xd8,0xda,0xdd,0xdf,0xe1,0xe3,0xe5,0xe7,0xe9,
    0xea,0xec,0xee,0xef,0xf1,0xf2,0xf4,0xf5,0xf6,0xf7,
    0xf8,0xf9,0xfa,0xfb,0xfc,0xfd,0xfd,0xfe,0xff,0xff,
    0xff,0xff,0xff,0xff,0xff,0xff,0xff,0xff,0xff,0xff,
    0xfe,0xfd,0xfd,0xfc,0xfb,0xfa,0xf9,0xf8,0xf7,0xf6,
    0xf5,0xf4,0xf2,0xf1,0xef,0xee,0xec,0xea,0xe9,0xe7,
    0xe5,0xe3,0xe1,0xde,0xdd,0xda,0xd8,0xd6,0xd4,0xd1,
    0xcf,0xcc,0xca,0xc7,0xc5,0xc2,0xbf,0xbc,0xba,0xb7,
    0xb4,0xb1,0xae,0xab,0xa8,0xa5,0xa2,0x9f,0x9c,0x99,
    0x96,0x93,0x90,0x8d,0x89,0x86,0x83,0x80,0x80,0x7c,
    0x79,0x76,0x72,0x6f,0x6c,0x69,0x66,0x63,0x60,0x5d,
    0x5a,0x57,0x55,0x51,0x4e,0x4c,0x48,0x45,0x43,0x40,
    0x3d,0x3a,0x38,0x35,0x33,0x30,0x2e,0x2b,0x29,0x27,
    0x25,0x22,0x20,0x1e,0x1c,0x1a,0x18,0x16,0x15,0x13,
    0x11,0x10,0x0e,0x0d,0x0b,0x0a,0x09,0x08,0x07,0x06,
    0x05,0x04,0x03,0x02,0x02,0x01,0x00,0x00,0x00,0x00,
    0x00,0x00,0x00,0x00,0x00,0x00,0x00,0x00,0x01,0x02,
    0x02,0x03,0x04,0x05,0x06,0x07,0x08,0x09,0x0a,0x0b,
```

```
        0x0d,0x0e,0x10,0x11,0x13,0x15,0x16,0x18,0x1a,0x1c,
        0x1e,0x20,0x22,0x25,0x27,0x29,0x2b,0x2e,0x30,0x33,
        0x35,0x38,0x3a,0x3d,0x40,0x43,0x45,0x48,0x4c,0x4e,
            0x51,0x55,0x57,0x5a,0x5d,0x60,0x63,0x66,0x69,0x6c,
            0x6f,0x72,0x76,0x79,0x7c,0x80
};

uint count=0;                      //全局变量，正弦波表数组下标
sbit TLC5615_CLK=P2^0;
sbit TLC5615_CS=P2^1;
sbit TLC5615_DI=P2^2;

void delayus(uchar us)             //微秒级延时函数
{while(us--);}
void TLC5615_DAC(uint dat)         //TLC5615 D/A 转换函数
{
    uchar i;
    dat<<= 6;                      //左移 6 位，补 6 位 0
    TLC5615_CLK = 0;
    TLC5615_CS   = 0;
    for (i=0;i<12;i++)
    {   TLC5615_DI   = (bit)(dat & 0x8000);
    TLC5615_CLK = 0;
    dat <<= 1;
    TLC5615_CLK = 1;
    }
    TLC5615_CS   = 1;
    TLC5615_CLK = 0;
    delayus(20);
}

void   main(void)
{
    TMOD=0x01;
    TH0=(65535-1000)/256;          //1ms 初值
    TL0=(65535-1000)%256;
    EA=1;
    ET0=1;
    TR0=1;
    while(1)
    {

    }
}
void   intt0(void) interrupt 1     //定时 1ms 中断函数，每次中断输出一个 D/A 数据
{
    TH0=(65535-1000)/256;
```

```
    TL0=(65535-1000)%256;
    TLC5615_DAC(sin[count]);
    if(++count==256)count=0;          //完成正弦信号 256 个点的取样
}
```

### 3．程序点评

（1）根据图 8-31 所示的硬件电路原理图，在程序的端口配置初始化为"sbit TLC5615_CLK=P2^0; sbit TLC5615_CS=P2^1; sbit TLC5615_DI=P2^2;"。

（2）正弦信号的离散点数据以数组的形式存放在程序存储器空间，供"TLC5615_DAC(uint dat)"函数调用。

（3）该程序涉及单片机的定时/计数器 T0 和中断的相关知识点，读者可以回到第 7 章查看单片机的定时/计数器及中断的相关内容，在这里对其应用稍作分析。

① 定时时间的计算：该程序使用定时/计数器 T0 的工作方式 1，采用中断方式定时 1ms，由于图 8-31 的系统时钟是 12MHz，因此系统的机器周期是 1μs，使用定时/计数器 T0 的工作方式 1 时，每加一次就相当于定时 1μs。由于要定时 1ms，因此需要定时/计数器 T0 计数 1000 个机器周期。

② 定时/计数器初值的计算：由于定时/计数器 T0 的工作方式 1 的最大计数范围为 0～65 535，因此当定时/计数器 T0 计数到 65 535 时，再加 1 就产生溢出，TF0 标志变为 1，然后又从 0 开始计数循环。为了准确地检测每计数 1000 次，TF0 就产生溢出，每次就需要对定时/计数器 T0 赋初值，让定时/计数器 T0 从初值开始计数，每加 1000 就产生溢出，这里的初值=(65 536−1000)，在程序设计中就将初值（65 536−1000）分别赋值给 TH0=(65 536−1000)/256，TL0= (65 536−1000)%256。

③ 程序初始化：为了使定时/计数器 T0 工作在方式 1，以及能产生中断，必须要在主函数初始化，即设定定时/计数器 T0 的工作方式为方式 1，TMOD=0x01；启动定时/计数器 T0 计数，TR0=1；开定时/计数器 T0 的中断控制，EA=1，ET0=1。

④ 设计定时/计数器 T0 的中断函数：定时/计数器 T0 的中断标号为 1。在中断函数中每隔 1ms 输出一个正弦函数值。

⑤ 整个程序一个循环共输出 256 个点，一个循环的时间就是 256ms，即正弦函数的周期就是 256ms，频率约为 4kHz。

### 4．Proteus 的硬件仿真测试

在图 8-31 的原理图上再添加一个虚拟示波器，方法是：单击 Proteus ISIS 工具栏上的图标📇，在预览窗口选择 OSCILLOSCOPE 示波器，单击 OSCILLOSCOPE，将其放到图 8-31 的空白位置，将 OSCILLOSCOPE 示波器的 A 测试端与图 8-31 中的 U2 元件的引脚 7 连接起来。然后将 Keil 软件中编译正确后生成的 4-2.hex 添加到 AT89C51 单片机的属性中，单击 Proteus ISIS 界面的运行按钮 ▶，调整虚拟示波器的 A 通道的 旋钮至 0.1，调整虚拟示波器的 A 通道的 旋钮至 0.5，就可以看到图 8-32 所示的仿真结果。仿真结果与理论值相差不大。

图 8-32　仿真结果

### 8.5.3　基于 I²C 总线 PCF8591 的路灯控制系统设计

【例 8-3】　设计一个模拟路灯亮度的自动控制系统，环境光越弱，路灯越亮。

#### 1. 电路设计

打开 Proteus ISIS 软件，在 Proteus ISIS 编辑器中单击元件列表 **P L** DEVICES 中的"P"按钮，添加如表 8-3 所示的元器件，绘制如图 8-33 所示的原理图。电路比较简单，是一个典型的 I²C 总线接口电路，只需将单片机的 P1.1 引脚接 PCF8591 转换器的 I²C 总线的 SDA 引脚，单片机的 P1.2 引脚接 PCF8591 转换器的 I²C 总线的 SCL 引脚，注意 I²C 总线需要接上拉电阻，这样单片机与 PCF8591 就可实现基于 I²C 总线的串行通信。该系统只有一个 PCF8591 转换器，所以 A0～A2 对应的引脚全部接地，PCF8591 转换器的 AIN0 作为模拟量信号的输入端，用光敏电阻模拟环境光的变化，PCF8591 转换器的输出接一个发光二极管，通过发光二极管的工作状态变化模拟路灯的变化。

表 8-3　基于 I²C 总线 PCF8591 的路灯控制系统电路原理图元器件清单

| 元器件编号 | Proteus 软件中的元器件名称 | 元器件标称值 | 说　明 |
|---|---|---|---|
| U1 | AT89C51 | AT89C51 | 单片机 |
| C1、C2 | CAP | 30pF | 无极性电容 |
| C3 | CAP-ELEC | 10μF | 电解电容 |
| X1 | CRYSTAL | 12MHz | 石英晶体 |
| R1、R2、R3、R4 | RES | 10kΩ | 电阻 |
| R5 | | 300Ω | |
| LDR1 | TORCH_LDR | 无 | 光敏电阻 |
| U2 | PCF8591 | 无 | D/A 转换器和 A/D 转换器 |
| K1 | BUTTON | 无 | 按钮 |

图 8-33　基于 I²C 总线 PCF8591 的路灯控制系统电路原理图

## 2. 程序设计

根据图 8-33，编写 C51 语言程序，在 Keil μVision 5 软件中保存为 8-3.c，建立 8-3 工程文件，并编译生成 8-3.hex 文件。程序如下所示。

```c
#include<reg51.h>
#include<intrins.h>
#define uchar unsigned char
#define uint unsigned int
sbit SDA=P1^1;
sbit SCL=P1^2;
void   Start(void)              //I²C 总线启动子函数
{
    SDA=1;
    SCL=1;
    _nop_();_nop_();_nop_();_nop_();_nop_();
    SDA=0;
    _nop_();_nop_();_nop_();_nop_();_nop_();
    SCL=0;
}
void   Stop(void)               //I²C 总线停止数据传输子函数
{
    SDA=0;
    SCL=1;
    _nop_();_nop_();_nop_();_nop_();_nop_();
    SDA=1;
    _nop_();_nop_();_nop_();_nop_();_nop_();
    SCL=0;
}
void   Ack(void)                //I²C 总线应答位检查子函数
```

```
{
    SDA=0;
    SCL=1;
    _nop_();_nop_();_nop_();_nop_();_nop_();
    SCL=0;
    SDA=1;
}
void    NoAck(void)                     //I²C 总线非应答位检查子函数
{
    SDA=1;
    SCL=1;
    _nop_();_nop_();_nop_();_nop_();_nop_();
    SCL=0;
    SDA=0;
}
void    SendByte(uchar dat)             //I²C 总线向 SDA 发送一个数据字节子函数
{
    uchar i;
    for(i=0;i<8;i++)
    {
        SDA=(bit)(dat&0x80);
        SCL=1;
        _nop_();_nop_();_nop_();_nop_();_nop_();
        SCL=0;
        dat<<=1;
    }
}
uchar RcvByte(void)                     //I²C 总线从 SDA 读取一个数据字节子函数
{
    uchar i,dat=0;
    SDA=1;
    for(i=0;i<8;i++)
    {
        SCL=1;
        dat<<=1;
        if(SDA==1)dat|=0x01;
        SCL=0;
    }
    return dat;
}
void    PCF8591_DAC(uchar dat)
{
    Start();
    SendByte(0x90);                     //写入芯片地址
    Ack();
    SendByte(0x40);                     //写入控制位，使 DAC 输出
    Ack();
```

```
        SendByte(dat);                      //写数据
        Ack();
        Stop();
    }
    uchar   PCF8591_ADC(uchar ch)
    {
        uchar dat;
        Start();                            //写入芯片地址
        SendByte(0x90);
        Ack();
            SendByte(0x40|ch);              //写入选择的通道
        Ack();
        Start();
        SendByte(0x91);                     //读入地址
        Ack();
        dat=RcvByte();                      //读数据
        NoAck();
        Stop();
        return dat;                         //返回值
    }

    void    main(void)
    {
        uint temp;
        while(1)
        {
            temp=PCF8591_ADC(0);            //读取 PCF8591 的值
            PCF8591_DAC(254-temp);          //向 PCF8591 写数据
        }
    }
```

### 3．程序点评

（1）根据图 8-33 的硬件电路原理图在程序的端口配置初始化为"sbit SDA=P1^1; sbit SCL= P1^2;"。

（2）程序采用模块化设计，其中 I²C 总线的起始函数"void start(void)"、终止函数"void stop(void)"、应答"0"函数"void Ack(void)"等函数都可以作为标准函数在 I²C 控制系统中加以调用。

（3）注意主函数中的"PCF8591_DAC(254-temp)"语句中"255-temp"的值进行了取反，使 PCF8591 采样的电压与输出的模拟电压刚好相反。

### 4．Proteus 的硬件仿真测试

在图 8-33 的原理图上再添加一个虚拟的数字万用表，方法是：单击 Proteus ISIS 工具栏中的图标 ，在预览窗口选择 DC VOLTMETER 数字电压表，单击 DC VOLTMETER ，在图 8-33 中放置两个数字电压表并连线，如图 8-34 所示。然后将 Keil 软件中编译正确后生成的 8-3.hex 添加到 AT89C51 单片机的属性中，单击 Proteus ISIS 界面的运行按钮 ▶ ，仿真结果与理论值相差不大，如图 8-34 所示。

图 8-34　基于 I$^2$C 总线 PCF8591 的路灯控制系统电路仿真电路图

## 8.5.4　基于 I$^2$C 总线 AT24C02 的开机次数记录器系统设计

【例 8-4】　设计一个记录开机次数的系统，每次系统开机，在 LCD 上显示开机次数。

### 1. 电路设计

打开 Proteus ISIS 软件，在 Proteus ISIS 编辑器中单击元件列表 **P L** DEVICES 中的 "P" 按钮，添加如表 8-4 所示的元器件，绘制出如图 8-35 所示的基于 I$^2$C 总线 AT24C02 的开机次数记录器电路原理图。该电路是一个典型的 I$^2$C 总线接口电路，由 AT89C51 最小系统、LCD1602 显示控制模块（LCM1602）和基于 I$^2$C 总线 AT24C02 芯片电路组成。电路中将单片机的 P2.5 引脚接 AT24C02 的 SCL 引脚，单片机的 P2.6 引脚接 AT24C02 的 SDA 引脚，构成单片机与 AT24C02 之间的串行通信，注意 I$^2$C 总线需要接上拉电阻。单片机的 P2.0、P2.1 和 P2.2 引脚分别接 LCD1602 显示控制模块的控制信号 RS、RW 和 E，单片机 P0.0～P0.7 引脚分别与 LCD1602 显示控制模块的数据端 D0～D7 引脚相连，构成系统的显示模块。

表 8-4　基于 I$^2$C 总线 AT24C02 的开机次数记录器电路原理图元器件清单

| 元器件编号 | Proteus 软件中的元器件名称 | 元器件标称值 | 说　明 |
| --- | --- | --- | --- |
| U1 | AT89C51 | AT89C51 | 单片机 |
| C1、C2 | CAP | 30pF | 无极性电容 |
| X1 | CRYSTAL | 12MHz | 石英晶体 |
| C3 | CAP-ELEC | 10μF | 电解电容 |
| R1、R2、R3 | RES | 10kΩ | 电阻 |
| RP1 | RESPEAK-8 | 4.7kΩ | 排阻 |
| LCD1 | LM016L | 无 | LCM1602 |
| RV1 | POT-HG | 10kΩ | 可变电阻 |
| U2 | 24C02C | 无 | AT24C02 |
| K1 | BUTTON | 无 | 按钮 |

图 8-35　基于 I²C 总线 AT24C02 的开机次数记录器电路原理图

## 2. 程序设计

根据如图 8-35 所示的硬件电路原理图,编写 C51 语言程序,在 Keil μVision 5 软件中保存为 8-4.c,建立 8-4 工程文件,并编译生成 8-4.hex 文件。程序如下所示。

```c
#include<reg51.h>
#include<intrins.h>
#define uchar unsigned char
#define uint unsigned int
sbit RS=P2^0;
sbit RW=P2^1;
sbit E =P2^2;
sbit SCL=P2^6;
sbit SDA=P2^7;
uchar num=0;                      //全局变量，记录开机次数
void delayms(uchar ms)            //毫秒级延时函数
{
    uchar i;
    while(ms--)
    for(i=0;i<123;i++);
}
void  w_com(uchar com)            //LCD1602 的写指令寄存器函数
{RS=0;RW=0;E=1;P0=com;E=0;delayms(1);}
void  w_dat(uchar dat)            //LCD1602 的写数据寄存器函数
{RS=1;RW=0;E=1;P0=dat;E=0;delayms(1);}
```

```
void    lcd_ini(void)                          //LCD1602 的初始化函数
{
     delayms(10);
     w_com(0x38);
     delayms(10);
     w_com(0x0c);
     delayms(10);
     w_com(0x06);
     delayms(10);
     w_com(0x01);
     delayms(10);
     w_com(0x38);
     delayms(10);
}
void    Start(void)                            //I²C 总线启动子函数
{
     SDA=1;
     SCL=1;
     _nop_();_nop_();_nop_();_nop_();_nop_();
     SDA=0;
     _nop_();_nop_();_nop_();_nop_();_nop_();
     SCL=0;
}
void    Stop(void)                             //I²C 总线停止数据传输子函数
{
     SDA=0;
     SCL=1;
     _nop_();_nop_();_nop_();_nop_();_nop_();
     SDA=1;
     _nop_();_nop_();_nop_();_nop_();_nop_();
     SCL=0;
}
void    Ack(void)                              //I²C 总线应答位检查子函数
{
     SDA=0;
     SCL=1;
     _nop_();_nop_();_nop_();_nop_();_nop_();
     SCL=0;
     SDA=1;
}

void    SendByte(uchar dat)                     //I²C 总线向 SDA 发送一个数据字节子函数
{
     uchar i;
     for(i=0;i<8;i++)
     {
          SDA=(bit)(dat&0x80);
```

```
            SCL=1;
            _nop_();_nop_();_nop_();_nop_();_nop_();
            SCL=0;
            dat<<=1;
        }
}
uchar    RcvByte(void)                    //I²C 总线从 SDA 读取一个数据字节子函数
{
        uchar i,dat=0;
        SDA=1;
        for(i=0;i<8;i++)
        {
            SCL=1;
            dat<<=1;
            if(SDA==1)dat|=0x01;
            SCL=0;
        }
        return dat;
}
uchar    Read_Byte(uchar add)             //从 AT24C02 读数据
{
        uchar dat;
        Start();
        SendByte(0xa0);                   //由于 A0、A1、A2 接地，因此器件地址（写）为 10100000
        Ack();
        SendByte(add);
        Ack();
        Start();
        SendByte(0xa1);                   //由于 A0、A1、A2 接地，因此器件地址（读）为 10100000
        Ack();
        dat=RcvByte();
        Stop();
        return    dat;
}
void    Write_Byte(uchar add,uchar dat)   //向 AT24C02 写数据
{
        Start();
        SendByte(0xa0);                   //由于 A0、A1、A2 接地，因此器件地址（写）为 10100000
        Ack();
        SendByte(add);
        Ack();
        SendByte(dat);
        Ack();
        Stop();
}
void    main(void)
{
```

```
WP=0;
num=Read_Byte(1);
num++;
Write_Byte(1,num);
delayms(10);
lcd_ini();
w_com(0xcd);                        //液晶屏的第 2 行倒数第 3 列
w_dat(num/100+0x30);                //显示开机次数的个位
w_dat(num%100/10+0x30);             //显示开机次数的十位
w_dat(num%10+0x30);                 //显示开机次数的百位
while(1)                            //单片机等待
    {
    }
}
```

## 3. Proteus 的硬件仿真测试

将 Keil 软件中编译正确后生成的 4-4.hex 文件添加到图 8-35 中的 AT89C51 单片机属性中,为了可以监视 AT24C02 中的内容,在图 8-35 的原理图上再添加一个 I²C 调试器,方法是:单击 Proteus ISIS 工具栏上的图标 , 在预览窗口选择 I²C 调试器 I2C DEBUGGER 并单击,将 I²C 调试器放在图 8-35 中,将 I²C 调试器的 SDA 引脚与 AT24C02 的 SDA 引脚相连,将 I²C 调试器的 SCL 引脚与 AT24C02 的 SCK 引脚相连,I²C 调试器的 TRIG 引脚接地。然后单击 ▶ 按钮,运行调试结果,可以看到 LCD1 显示开机次数。单击 ■ 按钮,再单击 ▶ 按钮,LCD1 显示的次数为上次次数加 1。从图 8-36 可以看出,在 I²C 调试器工作界面中显示的数字与 LCD1 显示的数据相同。

图 8-36　I²C 调试仿真工作界面

# 本章小结与课程思政

本章从 51 单片机的并行总线接口的结构特点进行分析，讨论常用数据存储器、程序存储器的扩展方式，介绍地址总线、数据总线、控制总线的基本知识。

要求掌握以下内容：

（1）掌握单片机与 A/D 转换器和 D/A 转换器的典型接口电路及程序设计；

（2）掌握基于 SPI 串行接口的电路及程序设计；

（3）掌握 I$^2$C 总线接口电路及程序设计；

（4）单片机通过总线，严格按照一定的时序协议，才能与外部接口电路建立信息联通。同理，大学生自然可以想到在大学的学习，也一定要遵守学校的规章制度，才能顺利毕业，所以在编写单片机的接口程序时，一定要注意接口器件的各种时序。

# 习　题　8

## 一、选择题

1. A/D 转换器的精度由（　　）决定。

　　A. A/D 转换位数　　　　B. 转换时间　　　　C. 转换方式　　　　D. 转换的参考电平

2. D/A 转换器的波纹消除方法是（　　）。

　　A. 比较放大　　　　　　B. 电平抑制　　　　C. 低通滤波　　　　D. 高通滤波

3. PCF8591 芯片是（　　）A/D 芯片和 D/A 芯片。

　　A. 串行　　　　　　　　B. 并行　　　　　　C. 通用　　　　　　D. 专用

4. 51 单片机具有外部并行总线，分为地址总线、数据总线和控制总线，51 单片机的 P0 口是通过（　　）信号来实现低 8 位地址总线和数据总线复用的。

　　A. RD　　　　　　　　　B. ALE　　　　　　C. $\overline{\text{EA}}$　　　　　　D. $\overline{\text{PSEN}}$

5. SPI 与单片机之间的通信方式是（　　）。

　　A. 并行通信　　　　　　B. 点对点通信　　　C. 单工通信　　　　D. 串行通信

6. TLC549 是（　　）位 A/D 转换器。

　　A. 16　　　　　　　　　B. 10　　　　　　　C. 8　　　　　　　　D. 4

7. TLC5615 是（　　）位 D/A 转换器。

　　A. 16　　　　　　　　　B. 10　　　　　　　C. 8　　　　　　　　D. 4

8. I$^2$C 总线是一种（　　）总线。

　　A. 串行　　　　　　　　B. 并行　　　　　　C. 串并行　　　　　D. 网状

9. AT24C02 与单片机之间是以（　　）总线接口进行通信的。

　　A. 并行　　　　　　　　B. RS-232C　　　　C. SPI　　　　　　　D. I$^2$C

## 二、填空题

1. A/D 转换器的作用是将＿＿＿＿量转换为＿＿＿＿量；D/A 转换器的作用是将＿＿＿＿量转换为＿＿＿＿量。

2．描述 D/A 转换器性能的主要指标有_____、_____。

3．51 单片机在进行外部存储器扩展时可采用的地址编码方式有_____和_____。

4．SPI 是 Motorola 公司推出的一种_____接口标准，SPI 总线属于高速、全双工通信总线。

5．$I^2C$ 总线采用两线连接，一根是_____，另一根是_____。

## 三、简答题

1．简述 51 单片机系统并行扩展的总线结构。

2．通过总线并行扩展的各种芯片的数据线一般都是并联的，为什么不会发生数据冲突？对连接到总线上的存储器和 I/O 接口芯片的数据线一般有什么要求？

3．当单片机系统中的程序存储器和数据存储器的地址重叠时，是否会发生数据冲突？为什么？

4．画出用 RAM 6116、EPROM 2764 扩展 4KB 数据存储器、8KB 程序存储器的电路原理图，要求数据存储器的地址范围为 0000H～0FFFH，程序存储器的地址范围为 0000H～1FFFH。

5．简述 $I^2C$ 总线的结构，挂在 $I^2C$ 总线上的芯片之间是如何进行通信的？

6．简述 SPI 总线的结构，SPI 接口线有哪几根？作用是什么？

# 第9章 单片机与电动机控制

**内容概要**

本章简单地介绍直流电动机（Direct Current Machine）、步进电动机和舵机（Servo）的基本原理，然后通过案例分析 51 单片机对直流电动机、步进电动机和舵机的控制过程。本章结合 51 单片机对直流电动机、步进电动机和舵机的控制案例，进一步将 51 单片机的定时/计数器、中断、键盘接口、液晶显示，以及数码管的动态显示等知识进行综合，通过实际应用巩固 51 单片机的定时/计数器和中断基础知识。本章内容对自动控制类和机械设计及自动化类学生的专业学习是很有帮助的。

**本章内容特色**

（1）介绍了基于单片机的脉冲宽度调制（Pulse Width Modulation，PWM）调速的二线直流电动机控制系统的硬件电路设计、程序设计，以及 Proteus 的仿真分析方法。

（2）介绍了基于单片机的 1-2 相励磁方式的步进电动机控制系统的硬件电路设计、程序设计，以及 Proteus 的仿真分析方法。

（3）介绍了基于单片机的 PWM 方式的舵机控制系统的硬件电路设计、程序设计，以及 Proteus 的仿真分析方法。

（4）对案例的 C51 语言程序涉及的知识点进行了较为详细的点评。

电动机（Electric Machinery）被广泛应用于打印机、电动玩具、数控机床、工业机器人、医疗器械等机电产品，并在国民经济的很多领域都有应用。研究电动机的控制系统，对于提高控制精度和响应速度、节约能源等具有重要意义。电动机的数字控制是电动机控制的发展趋势，用单片机对电动机进行控制是实现电动机数字控制最常用的手段之一。

电动机是指依据电磁感应定律实现电能转换或传递的一种电磁装置。电动机在电路中用字母 M（旧标准用 D）表示，它的主要作用是产生驱动转矩，作为家用电器或各种机械的动力源；发电机在电路中用字母 G 表示，它的主要作用是将机械能转换为电能。

根据不同的分类标准，电动机有不同的分类。

（1）按电动机的工作电源种类划分，电动机可分为直流电动机和交流电动机。

① 直流电动机按结构及工作原理又划分为无刷直流电动机和有刷直流电动机。

② 交流电动机还可划分为单相电动机和三相电动机。

（2）按电动机的结构和工作原理划分，电动机可分为直流电动机、异步电动机和同步电动机。

① 同步电动机又可划分为永磁同步电动机、磁阻同步电动机和磁滞同步电动机。

② 异步电动机又可划分为感应电动机和交流换向器电动机。

（3）按电动机的启动与运行方式划分，电动机可分为电容启动式单相异步电动机、电容运转式单相异步电动机和分相式单相异步电动机。

（4）按电动机的用途划分，电动机可分为驱动用电动机和控制用电动机。

① 驱动用电动机可划分为电动工具（包括钻孔、抛光、磨光、开槽、切割、扩孔等工具）用电动机、家电（包括洗衣机、电风扇、电冰箱、空调、录音机、录像机、影碟机、吸尘器、照相机、电

吹风、电动剃须刀等）用电动机及其他通用小型机械设备（包括各种小型机床、小型机械、医疗器械、电子仪器等）用电动机。

② 控制用电动机可划分为步进电动机和伺服电动机等。

（5）按电动机的转子结构划分，电动机可分为笼型感应电动机（旧标准称为鼠笼型异步电动机）和绕线转子感应电动机（旧标准称为绕线型异步电动机）。

（6）按电动机的运转速度划分，电动机可分为高速电动机、低速电动机、恒速电动机、调速电动机。低速电动机又分为齿轮减速电动机、电磁减速电动机、力矩电动机和爪极同步电动机等。

调速电动机除了可分为有级恒速电动机、无级恒速电动机、有级变速电动机和无级变速电动机，还可分为电磁调速电动机、直流调速电动机、PWM 变频调速电动机和开关磁阻调速电动机。

电动机的种类有很多，本章主要讨论单片机对直流电动机、步进电动机和舵机的控制。

# 9.1　单片机对直流电动机的控制

## 9.1.1　直流电动机控制的基本概念

直流电动机是指能将直流电能转换成机械能的旋转电动机。直流电动机具有调速范围广、调速易平滑、制动力矩大和可靠性高等优点，所以直流电动机在调速要求高的场所，如轧钢机、轮船推进器、电车、电气铁道牵引和吊车等领域中已经得到广泛的应用。

### 1. 直流电动机的基本工作原理

直流电动机分为定子与转子两部分。定子包括机座、主磁极、换向极、电刷装置等；转子包括电枢铁芯、电枢绕组、换向器、轴和风扇等。直流电动机工作原理结构示意图如图 9-1 所示，磁极 N、S 之间装着一个可以转动的铁磁圆柱体，圆柱体的表面上固定着一个线圈。当线圈中流过电流时，线圈受到电磁力的作用，从而产生旋转。当然在实际的直流电动机中，不止一个线圈，而是有许多线圈牢固地嵌在转子铁芯槽中，当导体接通电源时，导体在磁场中受力而转动，就带动整个转子旋转，然后通过齿轮或皮带机构的传动，带动其他机械工作。

### 2. 直流电动机调速的原理

图 9-1　直流电动机工作原理结构示意图

直流电动机调速是指电动机在一定负载的条件下，根据需要人为地改变电动机的转速。直流电动机的转速 $n$ 和直流电动机其他参量的关系可表示为

$$n = \frac{U_a - I_a R_a}{C_E \Phi} \tag{9-1}$$

式中，$U_a$ 表示电枢供电电压（V）；$I_a$ 表示电枢电流（A）；$\Phi$ 表示主磁通（Wb）；$R_a$ 表示电枢回路电阻（Ω）；$C_E$ 表示电势系数，$C_E = \frac{pN}{60a}$，$p$ 为电磁对数，$a$ 为电枢并联支路数，$N$ 为导体数。

由式（9-1）可知直流电动机的调速方法有以下几种。

（1）调节电枢供电电压 $U_a$。改变电枢供电电压主要是从额定电压往下降低电枢电压，能实现电动机从额定转速向下变速，对于属恒转矩系统来说，由于这种变化遇到的时间常数较小，因此能快速响

应，但是需要大容量可调直流电源。

（2）改变电动机主磁通 $\Phi$。改变主磁通可以实现无级平滑调速，但只能通过减弱磁通进行调速（简称弱磁调速），电动机的时间常数变大，响应速度较慢，但所需电源容量小。

（3）改变电枢回路电阻 $R_a$。在电动机电枢回路外串联电阻进行调速的方法，设备简单，操作方便。但只能进行有级调速，还会在调速电阻上消耗大量电能。改变电枢回路电阻调速有很多缺点，目前很少采用，仅在有些起重机、卷扬机及电车等对调速性能要求不高或低速运转时间不长的传动中使用，在额定转速以上进行小范围的升速。

因此，自动控制的直流调速系统往往以调压调速为主。常用的一种调压调速是通过脉冲宽度调制（PWM）控制电动机的电枢供电电压，实现调速。

### 3．直流电动机的 PWM 调压调速原理

PWM 是一种对模拟信号电平进行数字编码的方法，PWM 控制为脉冲宽度调制，保持开关周期不变，调制导通时间。脉宽调速系统历史久远，但缺乏高速大功率开关器件，未能及时在生产实际中得到推广和应用。后来，大功率晶体管（GTR），特别是 IGBT（绝缘栅双极型晶体管）功率器件的出现使直流电动机脉宽调速系统获得迅猛发展。

图 9-2　PWM 的占空比

电动机的 PWM 控制就是通过控制 PWM 的占空比来控制电动机的速度。所谓 PWM 的占空比，是指高电平保持的时间与该 PWM 的时钟周期之比，如图 9-2 所示。

在电动机的 PWM 控制中，设电动机电枢绕组两端电压的平均值为 $U_a$，此时 $U_a$ 与占空比之间的关系为

$$U_a = \frac{t \times U_s}{T} = qU_s \tag{9-2}$$

式中，$U_s$ 为电源电压；$T$ 为一个脉冲周期；$t$ 为在一个周期 $T$ 内开关导通的时间；$q$ 为占空比，表示一个周期 $T$ 内开关导通的时间与时钟周期的比值，其变化范围为 $0 \leqslant q \leqslant 1$。当电源电压 $U_s$ 不变时，改变 $q$ 即可改变 $U_a$，$q$ 越大，电动机的转速越快，若 $q=1$，则占空比为 100%，电动机转速达到最快，从而达到调速的目的。

单片机 I/O 口输出 PWM 信号有以下 3 种方法。

（1）利用软件延时。当 I/O 引脚输出高电平维持一段延时时，就对该引脚电平取反变成低电平，然后延时一段时间；当该引脚输出低电平延时一段时间时，再将该引脚电平取反变成高电平，如此循环就可以得到 PWM 信号。

（2）应用定时/计数器。控制方法同上，只是在这里利用单片机的定时/计数器来定时，实现引脚输出信号的高电平、低电平的翻转，而不是软件延时。利用这种方法产生的延时要比利用软件延时准确。

（3）利用单片机自带的 PWM 控制器。例如，STC12 系列单片机自身带有 PWM 控制器，STC89 系列和 8051 等单片机无此功能。其他型号单片机（如 PIC 单片机、AVR 单片机等）也带有 PWM 控制器。

### 4．直流电动机的驱动

用单片机控制直流电动机时，由于单片机的驱动能力有限，因此需要加驱动电路，为直流电动机提供足够大的驱动电流。不同的直流电动机，其驱动电流也不同，使用时需要根据实际需求选择合适的驱动电路。在直流电动机驱动电路的设计中，主要考虑以下几点。

（1）功能：电动机是单向转动还是双向转动？需不需要调速？对于单向转动的电动机驱动，只要用一个大功率三极管或场效应管或继电器直接带动电动机即可。当电动机需要双向转动时，可以使用由 4 个功率元件组成的 H 桥电路或者使用一个双刀双掷的继电器。如果不需要调速，那么只要使用继电器即可，但电器的响应时间长、机械结构容易损坏、可靠性不高；如果需要调速，那么可以使用三极管电流放大驱动电路、电动机专用驱动模块（如 L298）和达林顿驱动等驱动电路实现 PWM 调速，这种电路工作在三极管的饱和截止状态下，效率很高。

（2）性能：对于 PWM 调速的电动机驱动电路，主要有以下性能指标。

① 输出电流和电压范围。如果驱动单个电动机，并且电动机的驱动电流不大，那么可直接选用三极管搭建驱动电路；如果电动机所需的驱动电流较大，那么可直接选用市场上现成的电动机专用驱动模块，这种模块接口简单，操作方便，并可为电动机提供较大的驱动电流，不过它的价格贵一些。

② 效率。高效率不仅意味着节省电源，也会减少驱动电路的发热情况。要提高电路的效率，可以从保证功率器件的开关工作状态和防止共态导通（H 桥或推挽电路可能出现的一个问题，即两个功率器件同时导通使电源短路）入手。

③ 对控制输入端的影响。功率电路对其输入端应有良好的信号隔离，防止高电压大电流进入主控电路，可以用高的输入阻抗或光电耦合器实现隔离。

④ 对电源的影响。共态导通可能引起电源电压的瞬间下降而造成高频电源污染；大的电流可能导致地线电位浮动。

⑤ 可靠性。电动机驱动电路应该尽可能做到，无论加上何种控制信号、何种无源负载，电路都是安全的。

## 9.1.2　单片机对直流电动机控制的案例分析

单片机对直流电动机控制的本质，就是让单片机输出一个 PWM 信号以控制直流电动机。

【例 9-1】 利用 51 单片机设计一个直流电动机的控制电路，系统设置两个按键，一个按键控制直流电动机的正/反转的状态，另一个按键控制直流电动机的速度变化，单片机对电动机调速采用 PWM 方式实现，系统通过 LCD1602 显示 PWM 的占空比。

### 1．电路设计

根据设计要求，在 Proteus ISIS 中绘制如图 9-3 所示的电路原理图，元器件清单如表 9-1 所示。

直流电动机控制系统主要由单片机最小系统、LCD1602 显示控制模块（LCM1602）、电动机控制芯片和直流电动机组成，其中单片机最小系统和 LCD1602 显示控制模块在前面的章节中已经分析过，这里主要对电动机芯片 L298 进行介绍。

L298 芯片是由意法半导体公司研发的一款双全桥大电流（2A×2）电动机驱动芯片，输出端 OUT1 和 OUT2 控制 A 路电动机，输出端 OUT3 和 OUT4 控制 B 路电动机。ENA 和 ENB 两个引脚分别为 A 路电动机使能端和 B 路电动机使能端，接高电平有效，其中 A 路电动机的控制方式由 IN1 和 IN2 的输入方式控制，B 路电动机的控制方式由 IN3 和 IN4 的输入方式控制，A 路直流电动机的状态与输入信号之间的逻辑关系表如表 9-2 所示，B 路直流电动机的状态与输入信号之间的逻辑关系与 A 路是一样的。

对 A 路直流电动机进行 PWM 调速的方法是：当使能端为高电平时，输入端 IN1 为 PWM 信号，IN2 为低电平信号，电动机正转；当输入端 IN1 为低电平信号、IN2 为 PWM 信号时，电动机反转；当 IN1 与 IN2 相同时，电动机快速制动。

图 9-3　单片机控制的直流电动机的电路原理图

表 9-1　单片机控制的直流电动机的电路原理图元器件清单

| 元器件编号 | Proteus 软件中的元器件名称 | 元器件标称值 | 说　　明 |
|---|---|---|---|
| U2 | AT89C51 | AT89C51 | 单片机 |
| R1 | RES | 10kΩ | 电阻 |
| RV1 | POT-HG | 10kΩ | 可变电阻 |
| RP1 | RESPEAK-8 | 4.7kΩ | 排阻 |
| C1、C2 | CAP | 30pF | 无极性电容 |
| C3 | CAP-ELEC | 10μF | 电解电容 |
| X1 | CRYSTAL | 12MHz | 石英晶体 |
| U1 | L298 | 无 | 直流电动机驱动芯片 |
| LCD1 | LM016L | 无 | LCM1602 |
| S1、S2 | BUTTON | 无 | 按钮 |

表 9-2　A 路直流电动机的状态与输入信号之间的逻辑关系表

| ENA | IN1 | IN2 | 直流电动机状态 |
|---|---|---|---|
| 0 | × | × | 停止 |
| 1 | 0 | 0 | 制动 |
| 1 | 1 | 0 | 正转 |
| 1 | 0 | 1 | 反转 |
| 1 | 1 | 1 | 制动 |

## 2．C 语言程序设计

根据如图 9-3 所示的电路原理图，在 Keil μVision 5 中分别编写以下几个程序模块。这几个模块保存在同一个文件夹中。

（1）显示函数，在 Keil μVision 5 中编写程序，保存为 lcd.h 文件。

```c
#ifndef LCD_1602
#define LCD_1602
#define uchar unsigned char
#define uit unsigned int
sbit RS=P2^4;
sbit RW=P2^5;
sbit E=P2^6;
void delayms(uit ms)
{
    uchar i;
    while(ms--)
    for(i=0;i<123;i++);
}
void w_com(uchar com)          //LCD1602 写命令子函数
{
    RS=0;
    RW=0;
    E=1;
    P0=com;
    E=0;
    delayms(1);
}
void w_dat(uchar dat)          //LCD1602 写数据子函数
{
    RS=1;
    RW=0;
    E=1;
    P0=dat;
    E=0;
    delayms(1);
}
void lcd_ini(void)             //LCD1602 初始化子函数
{
    delayms(10);
    w_com(0x38);
    delayms(10);
    w_com(0x0c);
    delayms(10);
    w_com(0x06);
    delayms(10);
    w_com(0x01);
    delayms(10);
    w_com(0x38);
    delayms(10);
}
#endif
```

（2）方向改变函数，在 Keil μVision 5 中编写程序，保存为 reverse.c 文件。

```
#include"reg51.h"
#include"intrins.h"
#define uchar unsigned char
#define uint    unsigned int
sbit P20=P2^0;
sbit P21=P2^1;
extern uchar flag;/***高、低电平标志***/
extern bit direction;/***方向标志***/
/*****改变转向*****/
void reverse(void)
{
if(direction==0)   /**顺时针转**/
    {    P21=0;
        if(flag==1) {    flag=0;    P20=0;    }
        if(flag==2) {    flag=0;    P20=1;    }
}
    if(direction==1)   /**逆时针转**/
{   P20=0;
        if(flag==1) {    flag=0;    P21=0;    }
        if(flag==2) {    flag=0;    P21=1;    }
}
}
```

（3）主函数。在 Keil μVision 5 中编写程序，保存为 9-1.c 文件。

```
#include"reg51.h"
#include"intrins.h"
#include"lcd.h"
#define uchar unsigned char
#define uint    unsigned int
uchar code str1[]="Duty cycle(5:5)!";
uchar code str2[]="Duty cycle!";
uchar code str3[]="please press !";
sbit P20=P2^0;
sbit P21=P2^1;
uchar flag=0;/***高、低电平标志***/
bit direction=0;/***方向标志***/
static uchar constant=5;//可以改变占空比
/****函数声明****/
void reverse(void);
/***定时器 t0***/
void time0(void)    interrupt   1 using 1      //频率为 1kHz 左右，占空比发生变化
{
    static uchar i=0;
    i++;
    if(i<=constant)    flag=1;
if(i<=10&&i>constant)    flag=2;
if(i==10)   i=0;
TH0=0xff;  TL0=0xe7;
}
/****改变转向标志*****/
```

```c
void int1_srv (void)   interrupt   2   using 2
{
if(INT1==0)
        {       while(!INT1);
                direction=!direction;
        }
}
/*******中断，调节占空比********/
void change(void) interrupt 0 using 0
{   int i;
if(INT0==0)
        {       while(!INT0);
constant++;
        w_com(0x01);//清屏
        w_com(0x80);
for(i=0;str2[i]!='\0';i++)
        w_dat(str2[i]);
if(constant==10)        { w_com(0xc7);   w_dat(0+0x30);        }
 else
  { w_com(0xc7);w_dat(constant+0x30); w_com(0xc8); w_dat(':'); }
if(constant!=10)   {w_com(0xc9); w_dat(9-constant+0x30); }
    else
   {w_com(0xc9);w_dat(1+0x30); w_com(0xc7);        w_dat(0+0x30);   }
if(constant==10)        constant=0;
  }
}
void main()
{       int i;
IE=0x8f;                    //EA=1;EX1=1;ET0=1;EX0=1;开放对应中断
TMOD=0x01;                  //设置为工作方式 1
TR0=1;                      //启动定时/计数器 T0 计数
IT0=1;   IT1=1;             //外部中断 1 和外部中断 2 均为边缘触发方式
TH0=0xff;  TL0=0xe7;        //定时/计数器 T0 赋初值
        lcd_ini();
        w_com(0x80);
for(i=0;str1[i]!='\0';i++)   w_dat(str1[i]);
w_com(0xc0);
for(i=0;str3[i]!='\0';i++)        w_dat(str3[i]);
        while(1)
{   reverse();        }
}
```

### 3. 程序调试、运行与点评

1）程序调试、运行

在 Keil μVision 5 的编辑界面执行 "Project" → "New μVision Project" 命令，创建 "9-1" 项目，

并选择（Ateml 公司）单片机的型号为 AT89C51；在 "Project" 窗格 中右击

" Source Group 1 "，在弹出的对话框中选择 Add Existing Files to Group 'Source Group 1'… 选项，将源程序 "9-1.c" 和

"reverse.c" 文件添加到项目中，展开 Source Group 1 ，可以看到 "9-1.c" 和 "reverse" 两个文件被

添加到该项目 中。在 Keil μVision 5 的编辑界面的工具栏单击 按钮，即可对上述程序

进行编译和链接，编译成功后生成 9-1.hex 文件。

2）程序点评

（1）程序采用模块化设计，程序设计中设计了"9-1.c"主函数、"lcd.h"显示库函数和"reverse.c"方向改变子函数三个模块，简化了程序设计，方便阅读和检查。

（2）掌握编写用户库函数的程序，如下所示。

例如，lcd.h 文件的内容如下所示。

```
#ifndef   LCD_1602          //#ifndef 为关键字；  LCD_1602 是用户给定的
#define   LCD_1602          //#define 为关键字；
…                          //具体内容
#endif                      //#endif 为关键字；
```

在调用主函数的时候，还需要在主函数的前面添加一条语句"#include"lcd.h""，见程序 9-1.c。

（3）应用单片机的定时/计数器 T0 定时输出 PWM 信号。

因为图 9-3 中的电路采用的时钟频率是 12MHz，定时/计数器 T0 计数 10 个机器周期，定时时间是 10μs，所以输出 PWM 的频率为 1kHz 左右。

（4）通过单片机的外部中断 0 改变电动机的速度，通过单片机的外部中断 1 改变电动机的运动方向。因此在程序设计中需要设计与定时/计数器 T0 及外部中断有关的 TMOD、TCON 和 IE 三个特殊功能寄存器的内容，大家可以回到第 2 章查看对应的内容。

### 4．Proteus 的硬件仿真测试

在 Proteus ISIS 软件中绘制如图 9-3 所示的电路原理图，再添加一个虚拟示波器，方法是：单击 Proteus ISIS 工具栏上的图标 ，在预览窗口选择 OSCILLOSCOPE 示波器并单击，将 OSCILLOSCOPE 放到图 9-3 的空白位置，将 OSCILLOSCOPE 示波器的 A 测试端与图 9-3 中的单片机的引脚 21 连接起来，OSCILLOSCOPE 示波器的 B 测试端与图 9-3 中的单片机的引脚 22 连接起来。然后将 Keil 软件中编译正确后生成的 9-1.hex 文件添加到单片机的属性中，单击 Proteus ISIS 界面的运行按钮 ，调节虚拟示波器的 A 通道的

旋钮至 0.1，调节虚拟示波器的 A 通道的 旋钮至 5，就可以看到图 9-4 所示的仿真结果。改变图 9-4 中的 S1 和 S2，可以从虚拟示波器和 LCD1 的显示中观察直流电动机的运行状态。

图 9-4　直流电动机的原理仿真图

# 9.2 单片机对步进电动机的控制

## 9.2.1 步进电动机的基本概念

### 1. 步进电动机的介绍

步进电动机又称脉冲电动机，是指利用电磁铁原理，将脉冲信号转换成线位移或角位移的开环控制电动机，通过控制施加在电动机线圈上的电脉冲顺序、频率和数量，可以实现对步进电动机的转向、速度和旋转角度的控制。配合直线运动执行机构或齿轮箱装置，可以实现更加复杂、精密的线性运动控制要求。步进电动机是现代数字程序控制系统的主要执行元件，应用极为广泛。

### 2. 步进电动机的基本结构

步进电动机一般由前端盖、后端盖、轴承、中心轴、转子铁芯、定子铁芯、定子组件、波纹垫圈、螺钉等部分组成，图 9-5 为其结构解剖图。

图 9-5　步进电动机的结构解剖图

步进电动机按其结构形式，可分为反应式步进电动机（Variable Reluctance，VR）、永磁式步进电动机（Permanent Magnet，PM）、混合式步进电动机（Hybrid Stepping，HS）等类型。我国以反应式步进电动机为主。

反应式步进电动机的定子上有绕组，转子由软磁材料组成。反应式步进电动机结构简单、成本低、步距角小（可达 1.2°），但动态性能差、效率低、发热大、可靠性难以保证。

永磁式步进电动机的转子用永磁材料制成，转子的极数与定子的极数相同。其特点是动态性能好、输出力矩大，但这种电动机的精度差，步矩角大（一般为 7.5°或 15°）。

混合式步进电动机综合了反应式步进电动机和永磁式步进电动机的优点，其定子上有多相绕组、转子上采用永磁材料，转子和定子上均有多个小齿以提高步矩精度。其特点是输出力矩大、动态性能好、步距角小，但是结构复杂、成本相对较高。

### 3．步进电动机的技术指标

（1）步进电动机的静态指标。

① 相数：产生不同对 N、S 磁场的激磁线圈对数，常用 $m$ 表示。目前，常用的有二相、三相、四相和五相步进电动机。电动机的相数不同，其步距角也不同。

② 步距角：控制每发一个脉冲信号，电动机转子转过的角位移，用 $\theta$ 表示。$\theta = 360°/($转子齿数×运行拍数$)$，以常规二相、四相，转子齿为 50 齿的电动机为例。四拍运行时步距角为 $\theta = 360°/(50×4)=1.8°$（俗称整步），八拍运行时步距角为 $\theta = 360°/(50×8)=0.9°$（俗称半步）。

③ 拍数：完成一个磁场周期性变化所需的脉冲数或导电状态，或指电动机转过一个齿距角所需脉冲数，用 $n$ 表示。以四相电动机为例，有四相四拍运行方式，即 AB→BC→CD→DA→AB；也有四相八拍运行方式，即 A→AB→B→BC→C→CD→D→DA→A。

④ 定位转矩：电动机在不通电状态下电动机转子自身的锁定力矩（由磁场齿形的谐波及机械误差造成）。

⑤ 静转矩：在额定静态电压的作用下，电动机不进行旋转运动时电动机转轴的锁定力矩。此力矩是衡量电动机体积的标准，与驱动电压及驱动电源等无关。虽然静转矩与电磁激磁匝数成正比，与定齿转子之间的气隙有关，但过分采用减小气隙、增加激磁匝数的方法提高静力矩是不可取的，这样会造成电动机发热及带来机械噪声。

（2）步进电动机的动态指标。

① 步距角精度：步进电动机每转过一个步距角的实际值与理论值的误差。其用百分比表示：误差/步距角×100%。对不同的运行拍数，其值也不同，四拍运行时应在 5%以内，八拍运行时应在 15%以内。

② 电动机运转时运转的步数不等于理论上的步数，称为失步。

③ 失调角：转子齿轴线偏移定子齿轴线的角度，电动机运转必存在失调角，失调角产生的误差采用细分驱动是不能解决的。

④ 最大空载启动频率：电动机在某种驱动形式、电压及额定电流下，在不加负载的情况下，能够直接启动的最大频率。

⑤ 最大空载的运行频率：电动机在某种驱动形式、电压及额定电流下，电动机不带负载的最高转速频率。

⑥ 运行矩频特性：电动机在某种测试条件下测得运行中输出力矩与频率关系的曲线称为运行矩频特性，这是电动机诸多动态曲线中最重要的特性之一，也是电动机选择的根本依据。其他特性还有惯频特性、启动频率特性等。

⑦ 电动机正反转控制：当电动机绕组通电时序为 AB→BC→CD→DA 时为正转，当通电时序为 DA→CD→BC→AB 时为反转。

### 4．步进电动机的基本原理

步进电动机驱动器根据外来的控制脉冲和方向信号，通过其内部的逻辑电路，控制步进电动机的绕组以一定的时序正向或反向通电，使电动机正向/反向旋转，或者锁定。步进电动机的控制等效电路如图 9-6 所示。它有 A、$\overline{A}$、B 和 $\overline{B}$ 四条励磁信号引线，通过这 4 条引线上所接的脉冲信号可控制步进电动机的转动。每出现一个脉冲信号，步进电动机就走一步。因此，只要依序不断送出脉冲信号，步进电动机就能实现连续转动。

步进电动机的励磁有二线、三线、四线和五线等几种方式，但其控制方式均相同，都要用脉冲电流驱动。步进电动机的转动角度与外接励磁信号线上的脉冲电流脉冲数的关系如式（9-3）所示。假设每旋转一圈以 200 个脉冲信号来励磁，可以计算出每个励磁信号都能使电动机旋转前进 1.8°，其旋转角度与脉冲数成正比，如图 9-7 所示。正转、反转可以由脉冲的顺序控制。

$$\theta = \theta_s \times A \qquad (9\text{-}3)$$

式中，$\theta$ 为电动机出力轴的转动角度（°）；$\theta_s$ 为步距角（°/步）；$A$ 为脉冲数。

图 9-6　步进电动机的控制等效电路　　　　图 9-7　电动机的旋转角度与脉冲数之间的关系

步进电动机的转速（r/min）与外接励磁信号线上的脉冲电流信号频率（Hz）的关系如式（9-4）所示。图 9-8 为电动机转速与脉冲电流信号的频率之间的关系。

$$N = \frac{\theta_s}{360} \times f \times 60 \qquad (9\text{-}4)$$

式中，$N$ 为电动机出力轴的转速（r/min）；$\theta_s$ 为步距角（°/步）；$f$ 为脉冲频率（Hz）（每秒输入脉冲数）。

图 9-8　电动机转速与脉冲电流信号的频率之间的关系

步进电动机的励磁方式可分为全部励磁及半步励磁，其中，全部励磁可分为 1 相励磁和 2 相励磁，半步励磁又称 1-2 相励磁。假设旋转一圈以 200 个脉冲信号来励磁，可以计算出每个励磁信号都能使电动机旋转前进 1.8°，下面对这几种励磁方式进行说明。

（1）1 相励磁：在每个瞬间，步进电动机都只有一个线圈导通。每发送一个励磁信号，步进电动机就旋转 1.8°。这是 3 种励磁方式中最简单的一种。其特点是精确度好、消耗电能少，但输出转矩最小、振动较大。如果以该方式控制步进电动机正转，那么对应的励磁顺序如表 9-3 所示，励磁顺序为 A→B→C→D→A。若励磁信号反向传输，则步进电动机反转。

（2）2 相励磁：在每个瞬间，步进电动机都有 2 个线圈同时导通。每发送一个励磁信号，步进电动机就旋转 1.8°。其特点是输出转矩大、振动小，因此其已成为目前使用最多的励磁方式之一。如果以该方式控制步进电动机正转，那么对应的正转励磁顺序如表 9-4 所示，励磁顺序为 AB→BC→CD→DA→AB。若励磁信号反向传输，则步进电动机反转。

表 9-3　正转励磁顺序 A→B→C→D→A

| STEP | A | B | C | D |
|---|---|---|---|---|
| 1 | 1 | 0 | 0 | 0 |
| 2 | 0 | 1 | 0 | 0 |
| 3 | 0 | 0 | 1 | 0 |
| 4 | 0 | 0 | 0 | 1 |

表 9-4　正转励磁顺序 AB→BC→CD→DA→AB

| STEP | A | B | C | D |
|---|---|---|---|---|
| 1 | 1 | 1 | 0 | 0 |
| 2 | 0 | 1 | 1 | 0 |
| 3 | 0 | 0 | 1 | 1 |
| 4 | 1 | 0 | 0 | 1 |

（3）1-2 相励磁：为 1 相励磁与 2 相励磁交替导通的方式。每发送一个励磁信号，步进电动机就旋转 0.9°。其特点是分辨率高、运转平滑，故应用也很广泛。如果以该方式控制步进电动机正转，那么对应的励磁顺序如表 9-5 所示，励磁顺序为 A→AB→B→BC→C→CD→D→DA→A。若励磁信号反

表 9-5　正转励磁顺序 A→AB→B→BC→
　　　　　C→CD→D→DA→A

| STEP | A | B | C | D |
|------|---|---|---|---|
| 1 | 1 | 0 | 0 | 0 |
| 2 | 1 | 1 | 0 | 0 |
| 3 | 0 | 1 | 0 | 0 |
| 4 | 0 | 1 | 1 | 0 |
| 5 | 0 | 0 | 1 | 0 |
| 6 | 0 | 0 | 1 | 1 |
| 7 | 0 | 0 | 0 | 1 |
| 8 | 1 | 0 | 0 | 1 |

向传输，则步进电动机反转，励磁顺序为 A→DA→D→CD→C→BC→B→AB→A。

### 5. 步进电动机的驱动

步进电动机不能直接接到工频交流电源或直流电源上工作，必须使用专用的步进电动机驱动模块，由驱动模块与步进电动机直接耦合。常用的驱动模块有 L298 和 FT5754，这类驱动模块接口简单，操作方便，它们既可以驱动步进电动机，也可以驱动直流电动机。除此之外，还可以利用晶体管自己搭建驱动电路，不过这样比较麻烦，而且可靠性也会降低。另外，还有一种方法就是使用达林顿驱动器 ULN2803，该芯片单片最多可一次驱动八线制步进电动机，当然只有四线制或六线制步进电动机也是没有问题的。

## 9.2.2　单片机对步进电动机控制的案例分析

单片机对步进电动机控制的本质，就是通过单片机的多个引脚产生控制步进电动机的励磁信号，按照步进电动机的励磁顺序输出控制信号。

【例 9-2】 运用 51 单片机实现对半步励磁式步进电动机的控制，该系统能实现对步进电动机的正转、反转、加速和减速的控制，其控制状态通过液晶显示器显示。

### 1. 电路设计

打开 Proteus ISIS 软件，在 Proteus ISIS 编辑器中单击元件列表 **P L** DEVICES 中的 "P" 按钮，添加如表 9-6 所示的元器件，绘制如图 9-9 所示的电路原理图，电路元器件相对较多。该电路也是一个典型的步进电动机接口电路，主要由单片机最小系统、步进电动机控制模块、LCD 显示控制模块和按键模块 4 部分组成。单片机的 P2.0、P2.1、P2.2 和 P2.3 这 4 个引脚输出的控制信号通过 7404 和 ULN2003A 控制步进电动机的 4 个励磁信号引脚；单片机的 P0 口的引脚分别与 LCD12864 液晶显示器的数据引脚相连，单片机的 P3.0、P3.1、P3.2、P3.4 和 P3.5 引脚分别与 LCD12864 液晶显示器的控制引脚相连，实现单片机与液晶显示器的连接；单片机的 P1.0、P1.1、P1.2、P1.4 引脚分别接 4 个独立按键，通过中断方式扫描按键的工作状态。

表 9-6　单片机控制步进电动机的电路原理图元器件清单

| 元器件编号 | Proteus 软件中的元器件名称 | 元器件标称值 | 说　　明 |
|-----------|------------------------|-----------|---------|
| U1 | AT89C51 | AT89C51 | 单片机 |
| C1、C2 | CAP | 30pF | 无极性电容 |
| C3 | CAP-ELEC | 10μF | 电解电容 |
| X1 | CRYSTAL | 12MHz | 石英晶体 |
| R1 | RES | 10kΩ | 电阻 |
| RV1 | POT-HG | 1kΩ | 可变电阻 |
| RP2、RP3 | RESPACK-8 | 4.7kΩ | 9 脚排阻 |
| U2 | 7404 | 无 | 反相器 |
| U3 | ULN2003A | 无 | 达林顿管 |

| 元器件编号 | Proteus 软件中的元器件名称 | 元器件标称值 | 说　　明 |
|---|---|---|---|
| U4 | AND_5 | 无 | 5 输入与门 |
| LCD12864 | AMPIRE128×64 | 无 | 液晶显示器 |
| M | MOTOR-STEPPER | 无 | 步进电动机 |

图 9-9　单片机控制步进电动机的电路原理图

## 2．程序设计

根据设计要求完成 C51 程序设计，在 Keil μVision 5 软件中保存为 9-2.c，建立 9-2 工程文件，并编译生成 9-2.hex 文件。程序如下所示。

```c
#include <reg51.h>
#include <stdio.h>
#include <math.h>
#define uc unsigned char
#define ui unsigned int
#define LCDPAGE 0xB8          //设置页指令
#define LCDLINE 0x40          //设置列指令
sbit  P2_0=P2^0;
sbit  P2_1=P2^1;
sbit  P2_2=P2^2;
sbit  P2_3=P2^3;
sbit  P3_3=P3^3;
sbit  E=P3^5;
```

```
sbit   RW=P3^4;
sbit   RS=P3^2;
sbit   L=P3^1;                    //左半平面
sbit   R=P3^0;                    //右半平面
sbit   Busy=P0^7;                 //忙判断位
uc   scan_key1,scan_key2;         //按键功能选择，00 停止，01 正转，10 反转
uc   step1;step2;
static   step_index;
ui   count1,count2;               //定时
uc   butter;                      //按键
static   speed;                   //速度参数
                                  //16×16 点阵中文字库文件
uc code gui[ ]=                   //桂
{  0x10,0x10,0xD0,0xFF,0x90,0x10,0x40,0x44,0x44,0x44,0x7F,0x44,0x44,0x44,0x40,0x00,
0x04,0x03,0x00,0xFF,0x00,0x03,0x40,0x44,0x44,0x44,0x7F,0x44,0x44,0x44,0x40,0x00   };
uc code lin[ ]=                   //林
{  0x10,0x10,0xD0,0xFF,0x90,0x10,0x00,0x10,0x10,0xD0,0xFF,0xD0,0x10,0x10,0x10,0x00,
0x04,0x03,0x00,0xFF,0x00,0x11,0x08,0x04,0x03,0x00,0xFF,0x00,0x03,0x04,0x08,0x00   };
uc code hang[ ]=                  //航
{0x80,0xFC,0x96,0xE5,0x84,0xFC,0x00,0x08,0xC8,0x49,0x4A,0xC8,0x08,0x08,0x00,0x00,
0x80,0x7F,0x02,0x4C,0x80,0x7F,0x80,0x60,0x1F,0x00,0x00,0x3F,0x40,0x40,0x78,0x00};
uc code tian[ ]=                  //天
{0x40,0x40,0x42,0x42,0x42,0x42,0x42,0xFE,0x42,0x42,0x42,0x42,0x42,0x40,0x40,0x00,
0x80,0x80,0x40,0x20,0x10,0x0C,0x03,0x00,0x03,0x0C,0x10,0x20,0x40,0x80,0x80,0x00};
uc code xue[ ]=                   //学
{0x40,0x30,0x11,0x96,0x90,0x90,0x91,0x96,0x90,0x90,0x98,0x14,0x13,0x50,0x30,0x00,
0x04,0x04,0x04,0x04,0x04,0x44,0x84,0x7E,0x06,0x05,0x04,0x04,0x04,0x04,0x04,0x00};
uc code yuan[   ]=                //院
{0x00,0xFE,0x22,0x5A,0x86,0x10,0x0C,0x24,0x24,0x25,0x26,0x24,0x24,0x14,0x0C,0x00,
0x00,0xFF,0x04,0x08,0x07,0x80,0x41,0x31,0x0F,0x01,0x01,0x3F,0x41,0x41,0x71,0x00};
uc code CHANG[ ]=                 //常
{0x20,0x18,0x08,0x09,0xEE,0xAA,0xA8,0xAF,0xA8,0xA8,0xEC,0x0B,0x2A,0x18,0x08,0x00,
0x00,0x00,0x3E,0x02,0x02,0x02,0x02,0xFF,0x02,0x02,0x12,0x22,0x1E,0x00,0x00,0x00};
uc code YUN[ ]=                   //运
{0x40,0x41,0xCE,0x04,0x00,0x20,0x22,0xA2,0x62,0x22,0xA2,0x22,0x22,0x22,0x20,0x00,
0x40,0x20,0x1F,0x20,0x28,0x4C,0x4A,0x49,0x48,0x4C,0x44,0x45,0x5E,0x4C,0x40,0x00};
uc code XING[ ]=                  //行
{0x10,0x08,0x84,0xC6,0x73,0x22,0x40,0x44,0x44,0x44,0xC4,0x44,0x44,0x44,0x40,0x00,
0x02,0x01,0x00,0xFF,0x00,0x00,0x00,0x00,0x40,0x80,0x7F,0x00,0x00,0x00,0x00,0x00};
uc code ZHENG[   ] =              //正
{0x00,0x02,0x02,0xC2,0x02,0x02,0x02,0x02,0xFE,0x82,0x82,0x82,0x82,0x82,0x02,0x00,
0x20,0x20,0x20,0x3F,0x20,0x20,0x20,0x20,0x3F,0x20,0x20,0x20,0x20,0x20,0x20,0x00};
uc code ZHUAN[   ] =              //转
{0xC8,0xA8,0x9C,0xEB,0x88,0x88,0x88,0x40,0x48,0xF8,0x4F,0x48,0x48,0x48,0x40,0x00,
0x08,0x08,0x04,0xFF,0x04,0x04,0x00,0x02,0x0B,0x12,0x22,0xD2,0x0E,0x02,0x00,0x00};
uc code FAN[   ] =                //反
{0x00,0x00,0xFE,0x12,0x72,0x92,0x12,0x12,0x12,0x11,0x91,0x71,0x01,0x00,0x00,0x00,
0x40,0x30,0x4F,0x40,0x20,0x21,0x12,0x0C,0x0C,0x12,0x11,0x20,0x60,0x20,0x00,0x00};
uc code TING[ ] =                 //停
{0x80,0x40,0x20,0xF8,0x07,0x02,0x04,0x74,0x54,0x55,0x56,0x54,0x74,0x04,0x04,0x00,
0x00,0x00,0x00,0xFF,0x00,0x03,0x01,0x05,0x45,0x85,0x7D,0x05,0x05,0x05,0x03,0x00};
```

```
uc code ZHI[  ] =                 //止
{0x00,0x00,0x00,0x00,0xF0,0x00,0x00,0x00,0xFF,0x40,0x40,0x40,0x40,0x40,0x00,0x00,
0x40,0x40,0x40,0x40,0x7F,0x40,0x40,0x40,0x7F,0x40,0x40,0x40,0x40,0x40,0x40,0x00};
uc code JIA[ ]=                   //加
{ 0x00,0x08,0x08,0x08,0xFF,0x08,0x08,0xF8,0x00,0xF8,0x08,0x08,0x08,0xF8,0x00,0x00,
0x40,0x20,0x18,0x07,0x00,0x20,0x40,0x3F,0x00,0x7F,0x10,0x10,0x10,0x3F,0x00,0x00};
uc code SU[ ]=                    //速
{0x40,0x42,0xCC,0x00,0x04,0xE4,0x24,0x24,0xFF,0x24,0x24,0x24,0xE4,0x04,0x00,0x00,
0x40,0x20,0x1F,0x20,0x48,0x49,0x45,0x43,0x7F,0x41,0x43,0x45,0x4D,0x40,0x40,0x00};
uc code JIAN[ ]=                  //减
{0x00,0x02,0xEC,0x00,0xF8,0x28,0x28,0x28,0x28,0x28,0xFF,0x08,0x8A,0xEC,0x48,0x00,
0x02,0x5F,0x20,0x18,0x07,0x00,0x1F,0x49,0x5F,0x20,0x13,0x0C,0x13,0x20,0x78,0x00};
uc code BAI[ ]=                   //输出空白区域
{0x00,0x00,0x00,0x00,0x00,0x00,0x00,0x00,0x00,0x00,0x00,0x00,0x00,0x00,0x00,0x00,
0x00,0x00,0x00,0x00,0x00,0x00,0x00,0x00,0x00,0x00,0x00,0x00,0x00,0x00,0x00,0x00};
uc code DI[ ]=                    //低
{0x40,0x20,0xF0,0x0C,0x07,0x02,0xFC,0x44,0x44,0x42,0xFE,0x43,0x43,0x42,0x40,0x00,
0x00,0x00,0x7F,0x00,0x00,0x00,0x7F,0x20,0x10,0x28,0x43,0x0C,0x10,0x20,0x78,0x00};
/函数声明  **************/
void iniLCD(void);
void chkbusy(void);
void wcode(uc cd) ;
void wdata(uc dat);
void disrow(uc page,uc col,uc *temp);
void display( uc page,uc col,uc *temp);
void ground(step);              //转步
void run1();                    //正转
void run2();
void stop();
void delay(ui time);
/**************LCD 初始化子函数  **************/
void iniLCD(void)              //初始化
{   L=1;R=1;
    wcode(0x38);
    wcode(0x0f);                //开显示设置
    wcode(0xc0);                //设置显示启动为第 1 行
    wcode(0x01);                //清屏
    wcode(0x06);                //画面不动，光标右移
}
/***************LCD 判断忙的子函数**********/
 void chkbusy(void)             //测 LCD 忙状态
{   E=1;                        //使能 LCD
  RS=0;                         //读写指令
  RW=1;                         //读
  P0=0xff;                      //读操作前先进行一次空读操作，接下来才能读到数据
  while(!Busy);                 //等待，不忙退出
 }
/**************写指令代码子函数**************/
void wcode(uc cd)              //写指令代码
{   chkbusy();                 //写等待
    P0=0xff;                   //使能 LCD
```

```
        RW=0;                       //读禁止
        RS=0;                       //输出设置
        P0=cd;                      //写数据代码
        E=1;                        //以下两句产生下降沿
        E=0;
}
/*****************将显示数据写到内存单元中的子函数 ******************/
void wdata(uc dat)                  //写显示数据
{   chkbusy();                      //写等待
        P0=0xff;                    //使能 LCD
        RW=0;                       //读禁止
        RS=1;                       //输出设置
        P0=dat;                     //写数据代码
        E=1;                        //以下两句产生下降沿
        E=0;
}
   /***************显示 LCD 子函数*******************/
   void    disrow(uc page,uc col,uc *temp)
   {   uc i;
        if(col<64)                  //左半平面
           { L=1;R=0;
        wcode(LCDPAGE+page);        //写指令页
        wcode(LCDLINE+col);         //写指令行
           if((col+16)<64)          //若字在左半平面显示不了，则转到右半平面
           {   for(i=0;i<16;i++)    wdata(*(temp+i));            //写字
            }
           else                     //右半平面
           {   for(i=0;i<64-col;i++) //减去左边数，从右半平面第一位开始显示
               wdata(*(temp+i));    //写字显示
               L=0;R=1;             //右半平面
               wcode(LCDPAGE+page); //写指令页
                wcode(LCDLINE);     //写指令行
                 for(i=64-col;i<16;i++)  wdata(*(temp+i));       //写字，右半平面
           }
             }
      else
      {   L=0;R=1;
        wcode(LCDPAGE+page);        //写指令页
        wcode(LCDLINE+col-64);      //写指令行
         for(i=0;i<16;i++)          //写字
   wdata(*(temp+i));
   }
 }
/*******************延时用子程序 *************/
void    display( uc page,uc col,uc *temp)
{
          disrow( page, col, temp);                     //显示上半字
         disrow( page+1, col, temp+16);                 //显示下半字
}
/********************* 主函数********************/
void main(void)
```

```
{
    P0=0xff;
    iniLCD();                               //初始化 LCD
    display(0,0x00,&gui);                    //桂
    display(0,0x10,&lin);                    //林
    display(0,0x20,&hang);                   //航
    display(0,0x30,&tian);                   //天
    display(0,0x40,&xue);                    //学
    display(0,0x50,&yuan);                   //院
    step2=0;     step1=0;
    P1=0xff;     P2=0;
    EA=1;        EX1=1;                      //开中断
    speed=2010;
    while(1)
    {   if((scan_key1==1)&(scan_key2==0))    //正转
    {   display(6,0x00,&ZHENG);              //LCD 显示
            display(6,0x10,&ZHUAN);
        ground(step_index);
        delay(speed);
                step_index++;               //大于7,从头再来
        if(step_index>7)
        step_index=0;
    }
    if((scan_key1==0)&(scan_key2==1))        //反转
    {   ground(step_index);
        display(6,0x00,&FAN);                //LCD 显示
            display(6,0x10,&ZHUAN);
        delay(speed);
                step_index- -;
        if(step_index<0)     step_index=7;   //小于0,从头再来
    }
    if(scan_key1==0&scan_key2==0)
    {   display(6,0x00,&TING);               //停止
            display(6,0x10,&ZHI);
        display(6,0x20,&BAI);
        display(6,0x30,&BAI);
        P0=0xff;
    }
    if(step1==1&step2==0)
    {   speed=speed-100;
        if(speed<200|speed==200)             //小于200,说明电动机的速度不能再提高了
        {   speed=200;                       //自己设定 speed 参数,以下遇到也是一样的
            display(6,0x20,&ZHENG);          //正常运行
            display(6,0x30,&CHANG);
            display(6,0x40,&YUN);
            display(6,0x50,&XING);
        }
        else                                 //加速
        {
            display(6,0x20,&JIA);
            display(6,0x30,&SU);
```

```
            }
        }
      if(step1= =0&step2= =1)
      {   speed=speed+100;                    //这里面的参数，根据实际情况更改
          if(speed>2500|speed= =2500)         //如果到了低速，那么可以用停止键停止
          { speed=2500;                       //低速运行
              display(6,0x20,&DI);
              display(6,0x30,&SU);
              display(6,0x40,&YUN);
              display(6,0x50,&XING);
          }
          else
          { display(6,0x20,&JIAN);            //减速
              display(6,0x30,&SU);
          }
      }
    }
}
/*********************延时子函数***********/
void delay(ui time)                           //延时程序
{ for (count1=0;count1<time;count1++ )        //此处可以用中断进行准确定时
    for(count2=0;count2<3;count2++);
}
/******************按键处理子函数*************************/
void key(void) interrupt 2
{
    uc i;
    for(i=0;i<200;i++);                        //延时防抖
    if(P3_3= =0)
    { butter=~P1;
      switch(butter)
    { case 0x01:   scan_key1=1;scan_key2=0; break;    //正常运行，用两个数字进行选择
        case 0x02:      scan_key1=0;scan_key2=0;break;    //停止
        case 0x04:      scan_key1=0 ;scan_key2=1; break;  //加速
        case 0x08:      step1=1;step2=0;break;            //减速
        case 0x10:      step1=0;step2=1;break;            //正转
        default :               ;                         //其他值返回
    }
      }
      P1=0XFF;
}
/*******************转步子函数*********************
void ground(step_index)         //转步
{
  switch(step_index)
    {   case 0://0
            P2_0 = 1;
            P2_1 = 0;
            P2_2= 0;
            P2_3 = 0;
            break;
```

```
case 1:          //0, 1
    P2_0= 1;        P2_1 = 1;      P2_2 = 0;        P2_3 = 0;        break;
case 2:          //1
    P2_0 = 0;       P2_1 = 1;      P2_2 = 0;        P2_3 = 0;        break;
case 3:          //1, 2
    P2_0 = 0;       P2_1 = 1;      P2_2 = 1;        P2_3 = 0;        break;
case 4:          //2
    P2_0 = 0;       P2_1 = 0;      P2_2 = 1;        P2_3 = 0;        break;
case 5:          //2, 3
    P2_0 = 0;       P2_1 = 0;      P2_2 = 1;        P2_3 = 1;        break;
case 6:          //3
    P2_0 = 0;       P2_1 = 0;      P2_2 = 0;        P2_3 = 1;        break;
case 7:          //3, 0
    P2_0 = 0;       P2_1 = 0;      P2_2 = 0;        P2_3 = 1;
    }
}
```

## 3. 程序点评

（1）该程序比较长，相对较难。该程序的设计中涉及的知识点较多，既有按键检测，又有带字库的 LCD 液晶显示程序设计，还包括直流电动机的控制程序设计。

（2）根据图 9-9 的电路原理图，在程序的端口配置时，定义"sbit P2_0=P2^0; sbit P2_1=P2^1; sbit P2_2=P2^2; sbit P2_3=P2^3;"为单片机输出信号与步进电动机的输入控制信号接口。定义"sbit E=P3^5; sbit RW=P3^4; sbit RS=P3^2; sbit L=P3^1; sbit R=P3^0;"为单片机输出信号与 LCD 的输入控制信号接口。定义"sbit P3_3=P3^3;"为外部中断 1 的信号接口。

（3）程序中带字符库的 LCD 液晶显示的格式是 16×16 点阵的，LCD 显示的字需要用取字模软件提取。点阵液晶取字模软件在电子设计行业也是常用的软件，特别对于用到点阵 LCD 的电子产品，它能很好地生成各种不同字体的文字代码、图片代码或者自行设计不同的代码，下面以字模提取 V2.2 CopyLeft By Horse 2000 软件为例稍做说明。

① 打开 V2.2 CopyLeft By Horse 2000 软件，选择"参数设置"选项，如图 9-10（a）所示，再单击"文字输入区字体选择"图标，弹出如图 9-10（b）所示的对话框，在此可设置不同的字体、字形，以及字的大小和效果。一般地，字体的大小选小四，生成字的大小则为 16×16 的点阵，选好后单击"确定"按钮。

（a）参数设置界面　　　　　　　　　　　　　　（b）文字输入区字体选择界面

图 9-10　字模提取 V2.2 CopyLeft By Horse 2000 软件中字体的大小设置界面

图 9-11　字模提取 V2.2 CopyLeft By Horse 2000 软件中
"其他选项"设置界面

② 在图 9-10（a）中，单击"其他选项"图标，弹出如图 9-11 所示的界面，这里可以设置取模方式、字节的顺序等，一般采用默认。单击"确定"按钮返回。

③ 在图 9-10（a）中，单击 文字输入区 ，在"文字输入区"输入所需的文字，如输入程序中需要的"航"字，按 Ctrl+Enter 组合键，文字字模就显示在界面上，如图 9-12 所示。

④ 在图 9-12 中，切换到"取模方式"，这里有两种取模方式：如果用 C 语言编程，那么就选用 C51 格式；如果用汇编语言编程，那么就选 A51 格式。这里以 C51 格式为例，可在点阵生成区生成所需字模，如图 9-13 所示。在图 9-13 的界面中单击 点阵生成区 ，就可以看到"航"字所对应的 16×16 的点阵，然后将该界面中 C51 格式的 32 字节的十六进制数字复制到 9-2.c 对应的数组中，见 9-2.c 程序。

```
uc code hang [    ]=                //航
{0x80,0xFC,0x96,0xE5,0x84,0xFC,0x00,0x08,0xC8,0x49,0x4A,0xC8,0x08,0x08,0x00,0x00,
0x80,0x7F,0x02,0x4C,0x80,0x7F,0x80,0x60,0x1F,0x00,0x00,0x3F,0x40,0x40,0x78,0x00};
```

（4）程序中的按键子函数 key(void)采用中断方式编写，这与硬件电路的连接是一致的。在图 9-9 所示的硬件电路中只要有按键按下（从高电平变为低电平），就会通过 U4（AND_5）5 输入与门输出，接单片机的 P3.3（外部中断 1）引脚产生中断请求信号（从高电平变为低电平），单片机的 CPU 只要接到中断请求信号，就会进入按键的中断程序，判断是哪个按键按下，然后跳转到相应的功能程序，执行相应的功能。

图 9-12　在 V2.2 CopyLeft By Horse 2000 软件中输入
"航"字界面

图 9-13　点阵生成界面

（5）由于硬件电路中的步进电动机采用半步励磁（1-2 相励磁）驱动方式，电动机的正转和反转是按照表 9-5 的顺序执行的，因此步进电动机的控制子函数 ground(step_index)是根据表 9-5 的顺序编写的。

### 4．Proteus 的硬件仿真测试

在图 9-9 的电路原理图中再添加一个虚拟示波器，方法是：单击 Proteus ISIS 工具栏上的图标 ，

在预览窗口选择 `OSCILLOSCOPE` 示波器并单击，将 `OSCILLOSCOPE` 放到图 9-9 中的空白位置，将 `OSCILLOSCOPE` 示波器的 A、B、C、D 四个测试端分别与图 9-9 中的元件 U3 的引脚 1、引脚 2、引脚 3、引脚 4 连接起来。然后将 Keil 软件中编译正确后生成的.hex 添加到 AT89C51 单片机的属性中，在图 9-9 中单击 Proteus ISIS 界面的运行按钮 ，调整虚拟示波器的水平扫描旋钮至 20ms，先按正转按钮再按加速按钮，就可以看到如图 9-14 所示的仿真结果。

图 9-14　步进电动机仿真结果

# 9.3　单片机对舵机的控制

## 9.3.1　舵机的基本概念

### 1．舵机简介

舵机俗称伺服电动机，是一种位置（角度）伺服的驱动器，适用于需要角度不断变化并可以保持的控制系统。舵机最早出现在航模运动中。在航空模型中，飞行机的飞行姿态是通过调节发动机和各控制舵面实现的。舵机目前在高档遥控玩具，如飞机模型、潜艇模型、遥控机器人中已经使用得比较普遍了。

### 2．舵机的基本结构

舵机是由直流电动机、减速齿轮组、传感器和控制电路组成的一套自动控制系统，具有结构紧凑、易安装调试、控制简单、大扭力和成本低等特点。舵机的形状和大小多得让人眼花缭乱，大致可以分为标准舵机、微型舵机和大扭力舵机，常用舵机如图 9-15 所示。普通模拟舵机的结构分解图如图 9-16 所示，其组成部分主要有齿轮组、电动机、电位器、电动机控制板、壳体这几大部分。

（a）标准舵机　　　　　　（b）微型舵机　　　　　　（c）大扭力舵机

图 9-15　常用舵机

齿轮组

电动机　电位器　电动机控制板

图 9-16　普通模拟舵机的结构分解图

### 3. 舵机的工作原理

标准舵机有 3 条引线，分别是电源线、地线、控制线，标准舵机引线示意图如图 9-17 所示。以日本 FUTABA- S3003 型舵机为例，电压通常为 4～6V，一般取 5V，为舵机供电电源提供足够的功率，控制线的输入是一个宽度可调的周期性方波脉冲信号，方波脉冲信号的周期为 20ms（频率为 50Hz）。当方波的脉冲宽度改变时，舵机转轴的角度发生变化，角度变化与脉冲宽度的变化成正比。舵机的输出轴转角与输入信号的脉冲宽度之间的关系如图 9-18 所示。

输出轴

电源线 $V_{CC}$
地线 GND
控制线

图 9-17　标准舵机引线示意图

舵机最大的特点是可以实现精准的位置控制，其原理是根据如图 9-19 所示的闭环控制机制实现的，即舵机转动的位置变化会跟随位置检测器的电阻值变化，然后通过控制电路读取该电阻值的大小，再适当调整电动机的速度和方向，使电动机向指定角度旋转，从而实现对舵机的精确转动的控制。其工作流程如图 9-20 所示。

图 9-18　舵机的输出轴转角与输入信号的脉冲宽度之间的关系

图 9-19　舵机的闭环控制机制

图 9-20 航机的工作流程

## 9.3.2 单片机对舵机控制的案例分析

单片机要实现对舵机的控制，必须先完成两个任务：首先产生基本的 PWM 周期信号，以 FUTABA-S3003 型舵机为例，需要产生 20ms 的周期信号；其次是脉冲宽度的调整，即单片机模拟 PWM 信号的输出，并且调整占空比。单片机作为舵机的控制部分，能使 PWM 信号的脉冲宽度实现微秒级的变化，从而提高舵机的转角精度。

当单片机系统中只需要控制一个舵机时，利用一个定时器，改变单片机的一个定时器中断的初值，将 20ms 分两次中断执行，一次短定时中断和一次长定时中断。这样既节省了硬件电路，也减少了软件开销，控制系统的工作效率和控制精度都很高。具体的设计过程：若想让舵机转向左极限的角度，它的正脉冲为 2ms，则负脉冲为 20−2=18ms，所以开始时在控制口发送高电平，然后设置定时器在 2ms 后发生中断，中断发生后，在中断程序里将控制口改为低电平，并将中断时间改为 18ms，再过 18ms 进入下一次定时中断，再将控制口改为高电平，并将定时器初值改为 2ms，等待下次中断到来，如此往复实现 PWM 信号输出到舵机。用修改定时器中断初值的方法巧妙地形成了脉冲信号，调整时间段的宽度便可使舵机灵活运动。

当单片机系统中需要控制多个舵机（假设控制 5 个舵机）时，也是可以通过一个定时器实现的，通过定时一个标准时间 0.5ms，再定义一个角度标识，数值可以是 1、2、3、4、5，实现 0.5ms、1ms、1.5ms、2ms 和 2.5ms 高电平的输出；再定义一个变量，数值最大为 40，实现周期为 20ms。每次进入定时中断，判断此时的角度标识，进行相应的操作。例如，此时是 5，则进入前 5 次中断时间，信号输出为高电平，即 2.5ms 的高电平，剩下的 35 次中断时间，信号输出为低电平，即 17.5ms。这样总的时间 20ms 为一个周期。

【例 9-3】 设计一个基于单片机的舵机控制系统，系统开机时显示舵机的角度为−90°，通过加键、减键调节舵机的角度转动。本次仅演示 5 个角度的控制，若想实现任意角度的控制，则请自行编程实现。

### 1．电路设计

打开 Proteus ISIS 软件，在 Proteus ISIS 编辑器中单击元件列表 DEVICES 中的"P"按钮，添加如表 9-7 所示的元器件，绘制如图 9-21 所示的 51 单片机对舵机角度控制电路原理图，该电路由单片机最小系统、舵机和角度显示 3 个模块组成，电路结构简单。其中，角度显示模块采用带锁存的数码管动态显示连接方式；U2 锁存器的作用是对单片机 P0 口输出的角度数据进行短暂的锁存，防止数码管闪烁；U3 锁存器的作用是对单片机 P1 口输出的数码管位选信号进行锁存，该锁存器也可以不要，锁存器 U1 和 U2 的引脚与数码管的 G1、G2 和 G3 引脚采用网络标号连接，该方式使电路变得简单明了。

### 2．程序设计

根据图 9-18、图 9-21 和设计要求完成该系统的 C51 语言程序设计，在 Keil μVision 5 软件中保存为 5-3.c，建立 5-3 工程文件，并编译生成 5-3.hex 文件。程序如下所示。

表 9-7　51 单片机对舵机角度控制电路原理图元器件清单

| 元器件编号 | Proteus 软件中的元器件名称 | 元器件标称值 | 说　　明 |
|---|---|---|---|
| U1 | AT89C51 | AT89C51 | 单片机 |
| C1、C2 | CAP | 30pF | 无极性电容 |
| C3 | CAP-ELEC | 10μF | 电解电容 |
| X1 | CRYSTAL | 12MHz | 石英晶体 |
| R1 | RES | 10kΩ | 电阻 |
| R2、R3 | RES | 4.7kΩ | 电阻 |
| RP1 | RESPACK-8 | 4.7kΩ | 排阻 |
| U2、U3 | 74HC573 | 无 | 锁存器 |
| K1、K2 | BUTTON | 无 | 按钮 |
| M | MOTOR-PWMSERVO | 无 | PWM 控制舵机 |

图 9-21　51 单片机对舵机角度控制电路原理图

```c
#include "reg51.h"
unsigned char count;              //0.5ms 次数标识
sbit pwm =P3^0 ;                  //PWM 信号输出
sbit jia =P3^7;                   //角度增加按键检测 I/O 口
sbit jan =P3^6;                   //角度减少按键检测 I/O 口
unsigned char jd;                 //角度标识
sbit dula =P2^0 ;
sbit wela=P2^1;
unsigned char code    table[]=
{0x3f,0x06,0x5b,0x4f,0x66,0x6d,0x7d,0x07,0x7f,0x6f,0x77,0x7c,0x39,0x5e,0x79,0x71,0x40};
                        // "0~9~F~-"共阴极数码管的 17 个段码
```

```
void delay(unsigned char i)              //延时子函数
{
   unsigned char j,k;
   for(j=i;j>0;j--)
      for(k=125;k>0;k--);
}
void Time0_Init()                        //定时/计数器 T0 初始化子函数
{
TMOD = 0x01;                             //定时/计数器 T0 工作在方式 1
IE= 0x82;                                //定时/计数器 T0 的中断
TH0  = 0xfe; TL0  = 0x0c;                //方式 1 的初值，0.5ms
TR0=1;                                   //启动定时/计数器 T0 开始计数
}
void Time0_Int() interrupt 1             //定时/计数器 T0 中断函数
{   TH0  = 0xfe;     TL0  = 0x0c;        //重新对定时/计数器 T0 赋初值
    if(count< jd)                        //判断 0.5ms 次数是否小于角度标识
    pwm=1;                               //输出 PWM 信号的高电平
    else
    pwm=0;                               //输出 PWM 信号的低电平
    count=(count+1);                     //0.5ms 次数加 1
    count=count%40;                      //次数始终保持为 40，即保持周期为 20ms
}

void keyscan()                           //按键扫描子函数
{
   if(jia==0)                            //角度增加按键是否按下
  {
    delay(10);                           //按下延时，消抖
    if(jia==0)                           //确实按下
      {
       jd++;                             //角度标识加 1
       count=0;                          //若按键按下，则 20ms 周期重新开始
       if(jd==6)     jd=5;               //若已经是 180°，则保持
       while(jia==0);                    //等待按键放开
      }
  }
  if(jan==0)                             //角度减小按键是否按下
  {
    delay(10);
    if(jan==0)
      {
       jd--;                             //角度标识减 1
       count=0;
       if(jd==0) jd=1;                   //若已经是 0°，则保持
       while(jan==0);
      }
  }
}
void display()                           //显示子函数
{ unsigned   char bai,shi,ge;
switch(jd)
```

```
{
        case 1:   bai=16;shi=9;ge=0;break;           //显示-90°
        case 2:   bai=16;shi=4;ge=5;break;           //显示-45°
        case 3:   bai=0;shi=9;ge=0;break;            //显示 000°
        case 4:   bai=0;shi=4;ge=5;break;            //显示 045°
        case 5:   bai=0;shi=9;ge=0;break;            //显示 090°
    }
    P0=table[bai]; dula=1;dula=0;wela=0;P1=0xfe;wela=1;wela=0;delay(5);
    P0=table[shi]; dula=1;dula=0;wela=0;P1=0xfd;wela=1;wela=0;delay(5);
    P0=table[ge];   dula=1;dula=0;wela=0;P1=0xfb;wela=1;wela=0;delay(5);
}
void main()
{
jd=1;    count=0;
Time0_Init();
while(1)
{
        keyscan();                          //按键扫描
        display();
    }
}
```

### 3．程序点评

（1）根据图 9-21 所示的硬件电路原理图，在程序的端口配置初始化。

"sbit pwm =P3^0;" 定义单片机 P3.0 引脚，从该引脚输出舵机所需的 PWM 信号；"sbit jia =P3^7;"定义单片机 P3.7 引脚，该引脚接角度增加按键；"sbit jan =P3^6;" 定义单片机 P3.7 引脚，该引脚接角度减少按键；"sbit dula=P2^0;" 定义单片机 P2.0 引脚，该引脚接 U2 锁存器的工作方式控制引脚；"sbit dula=P2^1;" 定义单片机 P2.1 引脚，该引脚接 U3 锁存器的工作方式控制引脚。

（2）该程序涉及单片机的定时/计数器 T0 和中断的相关知识点，读者可以回到第 2 章查看单片机的定时/计数器及中断的相关内容，在这里对其应用稍作分析。

① 定时时间的计算：该程序使用定时/计数器 T0 的工作方式 1，采用中断方式定时 0.5ms，由于图 9-21 的硬件时钟是 12MHz，因此系统的机器周期是 $1\mu s$，使用定时/计数器 T0 的工作方式 1 时，每加一次就相当于定时 $1\mu s$。由于要定时 0.5ms，因此需要定时/计数器 T0 计数 500 个机器周期。

② 定时/计数器初值的计算：由于定时/计数器 T0 的工作方式 1 的最大计数范围为 0～65 535，因此当定时/计数器 T0 计数到 65 535 时再加 1 就产生溢出，TF0 标志变为 1，然后又从 0 开始循环计数。为了准确地检测每计数 500 次，TF0 就产生溢出，每次都需要对定时/计数器 T0 赋初值，让定时/计数器 T0 从初值开始计数，每加 500 就产生溢出，这里的初值=(65 536−500)，在程序设计中就将(65 536−500)初值分别赋值给 TH0=(65 536−500)/256=0xfe、TH0=(65 536−500)%256=0x0c。

③ 程序初始化：为了使定时/计数器 T0 工作在方式 1，以及能产生中断，必须要在主函数中进行初始化，即设定定时/计数器 T0 的工作方式为方式 1，TMOD=0x01；启动定时/计数器 T0 计数，TR0=1；开定时/计数器 T0 的中断控制，EA=1，ET0=1。

④ 设计定时/计数器 T0 的中断函数：定时/计数器 T0 的中断标号为 1。

### 4．Proteus 的硬件仿真测试

在图 9-21 的原理图上再添加一个虚拟示波器，方法是：单击 Proteus ISIS 工具栏上的图标 🖼，在预览窗口选择 OSCILLOSCOPE 示波器并单击，将 OSCILLOSCOPE 放到图 9-21 中的适当位置，将 OSCILLOSCOPE 示波器的 A 测试端与图 9-21 中的 U1 元件的 P3.0 引脚连接起来。然后将 Keil 软件中编译正确后生成的 5-3.hex 文件添加到 AT89C51 单片机的属性中，在图 9-21 中单击 Proteus ISIS 界面的运行按钮 ▶，调整虚拟示波器 A 通道的  旋钮至 5，调整虚拟示波器 A 通道的  旋钮至 5，就可以看到如图 9-22 所示的仿真结果。注意该图中数码管只看到各位的"5"，这是截图的瞬间只截到个位的显示的原因，这也表明了数码管是动态显示的。另外，在仿真的时候舵机  可以很好地显示"–90°"和"+90°"，其他几个状态不稳定。

图 9-22　单片机控制舵机角度显示仿真图

# 本章小结与课程思政

本章对驱动控制系统中常用的直流电动机、步进电动机和舵机的基本结构与工作原理进行了简单的分析。重点掌握基于单片机的直流电动机、步进电动机和舵机控制接口的硬件电路设计、程序设计及 Proteus 的仿真分析方法。

智能控制的灵魂是控制系统的编程思想，智能控制的动力来源于电机，正确的编程算法能有效地控制电机的正常运行。

# 习　题　9

## 一、选择题

1. 51 单片机可以通过（　　）驱动直流电动机、步进电动机和舵机。
   A. I/O 引脚　　　　B. L298　　　　　C. ULN2803　　　　D. 74LS00
2. 51 单片机采用（　　）控制直流电动机或者舵机。
   A. AM　　　　　　B. FM　　　　　　C. PWM　　　　　　D. PM
3. 当 51 单片机采用 PWM 方式实现对直流电动机的控制时，PWM 的占空比 $q$ 与电动机转速的关系为（　　）。
   A. $q$ 越大，电动机的转速越快　　　　B. $q$ 越大，电动机的转速越慢
   C. 无关　　　　　　　　　　　　　　D. 保持不变
4. 51 单片机引脚产生 PWM 信号的方式为（　　）。
   A. 利用软件延时　　　　　　　　　　B. 定时/计数器实现定时
   C. 利用软件延时或定时/计数器定时　　D. 无法实现
5. 设 51 单片机的系统时钟是 12MHz，现要求 51 单片机的引脚 1 产生周期是 20ms 的 PWM 信号驱动直流电动机，其中，PWM 的高电平持续时间是 0.5ms。在程序设计中用定时/计数器 T1 的工作方式 1 定时方式产生 0.5ms，定时/计数器 T1 的初值为（　　）。
   A. 9 162−500　　B. 65 536−500　　C. 65 535−500　　　D. 500
6. 能实现将脉冲信号转换为角位移或线位移的开环控制元件是（　　）。
   A. 直流电动机　　B. 舵机　　　　　C. 发电机　　　　　D. 步进电动机
7. 步进电动机是能实现将（　　）转换为角位移或线位移的开环控制元件。
   A. 脉冲信号　　　B. 直流信号　　　C. 交流信号　　　　D. 电能
8. 步进电动机每旋转一圈需要 200 个脉冲信号励磁，可以计算出每个励磁信号能使步进电动机前进（　　）。
   A. 1.8°　　　　　B. 3.6°　　　　　C. 0.9°　　　　　　D. 3.6°
9. 51 单片机控制舵机采用定时/计数器 T1 的定时方式输出 PWM，在编程中使用中断方式编程，在程序的初始化需要启动定时/计数器 T1 计数的指令是（　　）。
   A. TR0=0　　　　B. TR0=1　　　　C. TR1=0　　　　　D. TR1=1

## 二、简答题

1. 当 51 单片机控制直流电动机或者舵机系统时，应用定时/计数器 T0 的定时方式输出 PWM 控制信号，设 51 单片机的系统时钟为 12MHz，说明产生周期为 20ms、高电平持续时间为 0.5ms 的 PWM 信号的程序设计过程。
2. 在步进电动机的控制系统中采用 1 相励磁方式，在每个瞬间，步进电动机都只有一个线圈导通。如果以该方式控制步进电动机正转，那么对应的励磁顺序如表 9-3 所示，励磁顺序为 1→2→3→4→1。若要控制步进电动机反转，则请写出对应的励磁顺序表。
3. 简述 51 单片机控制多个舵机的程序算法。
4. 简述 51 单片机输出的 PWM 的脉冲宽度与控制舵机转角之间的关系。

# 第 10 章   微处理器控制系统实验设计

**内容概要**

通过对前面各章的学习，读者基本掌握了以 8051 单片机为例的微处理器的硬件结构、工作原理和程序设计方法、人机接口等基础知识，已经具备了单片机基本模块的硬件电路设计和程序设计的能力。为了巩固前面的知识，本章设计了一些经典的单片机实验，给出了实验的电路和参考程序清单，读者可以完成基本的实验，也可以在给定的基础电路和程序的基础上，自行进行功能扩展。

**本章内容特色**

（1）介绍了 51 单片机控制系统的电源模块。

（2）介绍了 51 单片机控制系统与 PC 通信单元电路。

（3）设置了跑马灯实验、数码管动态显示实验、矩阵式键盘设计实验、简易交通灯控制系统设计实验、简易秒表设计实验、A/D 及 D/A 转换实验和双机通信设计实验共 7 个实验，可以为上课教师提供实验指导。

（4）每个实验都留有思考题。

现在市面上的 51 单片机的实验系统非常多，有各种各样的实验板、实验箱和单元模块，但各部分的功能都是基于 51 单片机的 I/O 口开发的，不同的实验板（实验箱）在实现相同功能时可能用的引脚名称不一样，这都没关系，实验板（实验箱）硬件买好了，不能改，但我们只要在程序设计中将端口定义修改即可。例如，甲实验板上使用 P1.0 引脚接独立按键的，其程序的端口定义为 sbit key=P1^0；如果手头中的实验板是 P3.0 引脚接独立按键的，又想做同样的实验，那么只要将原来程序中的"sbit key=P1^0"语句改成"sbit key=P3^0"即可。本章的实验都是基于如图 10-1 所示的实验板的原理图来完成的。下面将在各实验中对所用的单元电路进行较为详细的说明。

## 10.1   单片机控制系统的电源模块

单片机系统的电源模块的设计是单片机应用系统设计中的一项重要工作，电源的精度和可靠性等各项指标直接影响系统的整体性能。

单片机系统的数字和模拟两部分电路对电源的要求有所不同。

数字部分：以脉冲方式工作，电源功率的脉冲性较为突出，如显示器的动态扫描会引起电源脉动。因此，为数字部分供电要考虑有足够的余量，大系统按实际功率消耗的 1.5～2 倍设计，小系统按实际功率消耗的 2～3 倍设计。此外，有时还需要多路电源或供电。

模拟部分：模拟部分对电源的要求不同于数字部分，模拟放大电路和电路对电源电压的精度、稳定性和纹波系数的要求很高，如果供电电压的纹波较大，回路中存在脉冲干扰，那么将直接影响放大后信号的质量和转换精度。一些模拟电路的偏置电压和基准电压也需要有很高的精度和稳定性。

有些场合需要隔离电源，将信号传输通路完全隔离，以提高系统的安全性和抗干扰性能。例如，光电耦合器 I/O 电路的供电，模拟信号隔离放大器 I/O 电路的电源。

图 10-1 本章所用实验板的电路原理图

如果模拟部分和数字部分使用同一个电源，那么会使数字部分产生的高频有害噪声耦合到模拟部分。因此在模拟电路和数字电路混合的单片机系统中，需要考虑两种电路采取独立供电。

51 单片机控制系统常用电源原理图如图 10-2 所示，51 单片机控制系统电源的单元电路实物图如图 10-3 所示，该电源模块可以为单片机实验板提供稳定的+5V 电压。

图 10-2　51 单片机控制系统常用电源原理图　　　　　　图 10-3　51 单片机控制系统电源的单元电路实物图

如图 10-2 所示的电源电路有两种方案：一种是通过图 10-2 中的 J9（DC PORT）外接直流电源（注意直流电压不要超过 25V，电流不要超过 3A，插头极性为内正外负的电源），然后通过 U2（MC7805T）三端稳压集成电路为控制系统提供稳定的 5V 电压输出，D1 和 C3 组成半波整流电路，滤除从外部接入的直流电源中的交流成分；另一种是通过图 10-2 中的 J5（USB JACK）的 USB 接口与计算机上的USB 接口连接，给单片机系统提供 5V 电源，C1 和 C2 为电源滤波电容。R18 为限流电阻，LED1 为电源指示灯，LED1 亮表示电源接通。SW1 为电源类型选择开关，SW1 向上，系统选择外接直流电源；SW2 向下，系统选择外接计算机 USB 电源。J3 为备用的电源输出插针，J4 为备用的接地输出插针。整个电路所需的电源都由该部分提供，通过网络标号 $V_{CC}$ 与其他电路的电源端口连接。

在电路板的装配过程中，需要注意有极性的电解电容的正负极不要接反，引脚长的为正极；三端稳压器 7805 不要装反，可以参照图 10-3 上的位置；发光二极管的极性不要接反，引脚长的为正极；最后用万用表测量电源的+5V 输出是否正常。

## 10.2　单片机最小系统模块

51 单片机的最小系统是指使 51 单片机能够正常运行时，由尽量少的元件组成的电路系统。51 单片机最小系统主要由 51 单片机 CPU 单元电路、时钟电路和复位电路组成，下面分别介绍 51 单片机最小系统的各部分。

### 1. 51 单片机最小系统的 CPU 单元电路

51 单片机最小系统的 CPU 单元电路原理图如图 10-4 所示，51 单片机芯片及电路实物图如图 10-5 所示，该部分图的功能就是放置一块 51 单片机芯片。U9 是 40 引脚的零拔插力 ZIF 插座，其作用是安放 51 单片机芯片。本章的单片机控制系统均采用 STC89 系列单片机，可以通过单片机实验系统的串行通信口实现在线编程，对于非 STC 单片机用户，需要通过单片机编程器对单片机进行编程，然后将编程后的单片机插入 ZIF 插座，放置单片机芯片时，一定要注意芯片的放置方向。J14 和 J15 为单排插针，为 51 单片机控制系统提供扩展接口。J16 为单片机的引脚 31（EA）跳线，该引脚接电源，51 单片机 CPU 从单片机内部的程序存储器开始执行程序。

图 10-4　51 单片机最小系统的 CPU 单元电路原理图

图 10-5　51 单片机芯片及电路实物图

### 2. 51 单片机时钟电路

51 单片机的晶振电路原理图如图 10-6（a）所示，Y2 为单片机外接石英晶振，可以是 0～24MHz；Y2 通过实验板上的 SIP2 插座接入，可以根据实验要求更换不同频率的晶振，常用 6MHz、12MHz 和 11.0592MHz，由于是插接而不是直接焊接，因此容易产生接触不良现象，使用时务必插紧；图 10-6（a）中的网络标号 X1 接图 10-4 中 U9（51 单片机）的引脚 18，X2 接图 10-4 中 U9（51 单片机）的引脚 19，C8、C9 起滤波作用。判断单片机芯片及时钟电路是否正常工作有一种简单的办法，就是用万用表测量单片机的晶振引脚（引脚 18、引脚 19）的对地电压。以正常工作的单片机用数字万用表测量为例，引脚 18 对地约 2.24V，引脚 19 对地约 2.09V，否则可能是晶振损坏，需要更换晶振测试。

### 3. 51 单片机复位电路

51 单片机的复位电路原理图如图 10-7 所示，该电路采用手动复位方式，当 J13 的引脚 2 和引脚 3 接通（用跳线连接）时，S18 按下接地，此时为低电平复位方式；当 J13 的引脚 1 和引脚 2 接通（用跳线连接）时，S17 按下接电源，此时为高电平复位方式。网络标号 RESET 与图 10-4 中 U9（51 单片机）的引脚 9 连接，51 单片机系统采用高电平复位方式。

（a）晶振电路原理图　　　　　（b）晶振电路实物图

图 10-6　51 单片机的晶振电路

图 10-7　51 单片机的复位电路原理图

# 10.3　单片机控制系统与 PC 通信单元电路

为了实现 51 单片机控制系统的在线编程，需要与 PC 建立通信，实现 PC 对 51 单片机控制系统的程序下载。

## 1. 51 单片机控制系统与 PC 通信的硬件电路

51 单片机控制系统与 PC 通信的硬件电路原理图如图 10-8 所示，其作用是实现 51 单片机与 PC 之间的通信，完成对 51 单片机的下载程序功能。图 10-8 中的 U6 是 TC232 芯片，其作用是实现电平转换，完成计算机 COM 口的 RS-232C 电平与 51 单片机的 TTL 电平转换。TC232 的引脚 10 和引脚 9 分别与图 10-4 中的 U9（51 单片机）的 P31 引脚和 P30 引脚连接，TC232 的引脚 7 和引脚 8 分别与 J10 （DB9）的引脚 2 和引脚 3 连接，J10 与计算机的 COM 口连接。

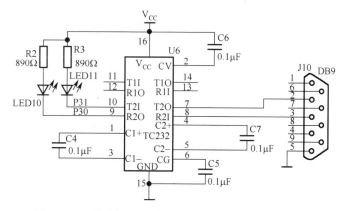

图 10-8　51 单片机控制系统与 PC 通信的硬件电路原理图

DB9 实物外形如图 10-9 所示，DB9 用于连接计算机的 COM 口。计算机的 COM 口一般是针型的，51 单片机控制系统板上的 DB9 是孔型的。使用时串口线要注意匹配，图 10-8 中的 DB9 只使用了发送线（TXD）、接收线（RXD）和地线（GND）。该种连接方式适用于有串口资源的计算机，如台式计算机和老款笔记本计算机，直接和计算机主板上的 COM1 或者 COM2 连接；但现在的很多笔记本计算机和 PC 基本没有 COM 口，往往是通过计算机上的 USB 实现转换的，这时将 USB 视为虚拟串口，所以需要在计算机上安装 USB 转串口驱动，对于安装了 USB 转串口驱动的计算机，在计算机的设备管理中可以看到虚拟的串口号。

（a）母口（孔型）　　　　　（b）公口（针型）

图 10-9　DB9 实物外形

**2．51 单片机控制系统的程序下载**

本章的 51 单片机控制系统的单片机芯片选用 STC89 系列芯片。STC89 系列芯片可以通过其串口实现在线编程，实验实训时使用非常方便。串口编程软件以 STC-ISP 最流行，其程序下载界面如图 10-10所示。

图 10-10　串口程序下载界面

STC-ISP 程序下载使用时需要注意以下几点。

（1）确定实验用单片机型号：根据实验板上单片机的型号，在图 10-10 中选择对应的单片机，两种一定要一致，方法是在图 10-10 中单击 单片机型号 STC89C52 ▼ 选项中的 ▼，从其下拉列表中选择实验单片机型号。

（2）确定实验板串口与计算机上连接的串口号：方法是在图 10-10 中单击 串口号 COM9 ▼ 选项中的 ▼ 图标，从其下拉列表中选择单片机控制系统与 PC 连接的串口号，也可以单击 扫描 按钮，该软件会自动搜索单片机控制系统与 PC 连接的串口号。

（3）打开下载文件：方法是在图 10-10 中单击 打开程序文件 按钮，在其弹出的窗口中找到用户要下载的"*.hex"文件。

（4）下载操作：方法是在图 10-10 中单击 下载/编程 按钮，串口编程软件将用户在上位机编写生成的"*.hex"文件通过 PC 的 COM 口（或者 USB）上的数据线传输给 STC 单片机的串口并存储到单片机的程序存储器中，完成程序下载。下载时，注意要先关闭实验板的电源开关，再打开单片机控制系统的电源开关，等几秒就会完成。

# 10.4　单片机控制的 8 个 LED 跑马灯实验

### 1. 实验目的

（1）熟悉单片机的外部引脚功能。
（2）掌握单片机与单个数码管的硬件电路设计。
（3）熟悉 51 单片机的 C51 程序设计，掌握 C51 的软件延时程序的编写。
（4）熟悉单片机系统仿真工具软件 Proteus 的使用。
（5）熟悉 Keil 的编程环境。

### 2. 实验内容

利用单片机的 P1 口驱动 8 个 LED，构成一个多种方案的跑马灯，要求 LED 的点亮方式首先是由左向右 1 个灯点亮，其次是由左向右 2 个灯点亮，然后是由左向右 3 个灯点亮……再到 8 个灯全部点亮，8 个灯全部灭，最后重复上述动作。

### 3. 电路设计

在 Proteus ISIS 软件中绘制如图 10-11 所示的电路原理图，电路中的元器件清单如表 10-1 所示。该电路主要由单片机最小系统和 LED 驱动电路组成。

图 10-11　51 单片机控制的 8 个 LED 跑马灯电路原理图

表 10-1　51 单片机控制的 8 个 LED 跑马灯电路原理图元器件清单

| 元器件编号 | Proteus 软件中的元器件名称 | 元器件标称值 | 说　明 |
| --- | --- | --- | --- |
| U1 | 80C51 | 无 | STC89C52 单片机 |
| R1 | RES | 10kΩ | 电阻 |
| R2～R9 | RES | 330kΩ | 电阻 |
| C1、C2 | CAP | 30pF | 无极性电容 |
| C3 | CAP-ELEC | 10μF | 电解电容 |
| X1 | CRYSTAL | 12MHz | 石英晶体 |
| S1 | BUTTON | 无 | 按键 |
| D1～D8 | LED-RED | 无 | 红色发光二极管 |

### 4．8 个 LED 测试参考程序（实验要求的程序可以在此基础上修改）

例如，循环点亮图 10-11 中的 8 个 LED 中的一个，形成循环流水点亮的效果，程序如下所示。

```
#include<reg52.h>
void delay(unsigned int cnt)            //延时子程序
{while(--cnt);
}
main( )
{    P1=0xfe;                           //给 P1 口赋值 11111110，一个灯亮
     while(1)
     {       delay(30000);              //延时程序
     P1<<=1;                            //左移一位
     P1|=0x01;                          //最后一位补 1
     if(P1==0x7f)                       //检测是否移到最左端
          {   delay(30000);
               P1=0xfe;                 //重新赋值
          }
     }
}
```

### 5．跑马灯的实验演示

51 单片机控制的 8 个 LED 跑马灯的电路原理图及硬件电路实物图如图 10-12 所示，RP1（330Ω）排阻起限流作用，网络标号 P10～P17 分别与图 10-4 中 U9（51 单片机）的 P1 口的 P10 引脚～P17 引脚（引脚 1～引脚 8）连接，51 单片机的 P1 口输出低电平时，LED 点亮；51 单片机的 P1 口输出高电平时，LED 熄灭。将在 Keil 软件中编写的程序编译、链接后生成的"*.hex"文件下载到单片机中，观察实验现象。

### 6．实验思考题

（1）在图 10-11 和图 10-12 中，电阻 R2～R9 和 RP1 的阻值是如何确定的？
（2）如果要跑马灯"跑"的速度快一些，那么应如何修改程序？
（3）如何采用 C51 设计一个 1ms 的延时程序？

### 7．实验总结

完成实验后，写一份 200 字左右的实验总结，主要包括对电路设计和程序设计中遇到的问题的分析和实验心得体会。

（a）原理图　　　　　　　　　　　（b）实物图

图 10-12　51 单片机控制的 8 个 LED 跑马灯的电路原理图及硬件电路实物图

# 10.5　单片机控制的数码管动态显示实验

## 1．实验目的

（1）熟悉单片机的外部引脚功能。
（2）掌握单片机与多个数码管的硬件电路设计方法。
（3）掌握单片机控制数码管的动态扫描的工作原理及编程方法。
（4）熟悉单片机系统仿真工具软件 Proteus 的使用。
（5）熟悉 Keil 软件的编程环境和程序调试方法。

## 2．实验内容

运用 51 单片机实现 8 个数码管的动态数字显示，数码管的段选数据由 51 单片机的 P0 口控制，数码管的位控制信号由 51 单片机的 P2 口的低 3 位控制，使 8 个数码管分别显示 0、1、2、3、4、5、6、7。

## 3．电路设计

根据要求设计如图 10-13 所示的电路，该电路由 51 单片机、复位电路、时钟电路、8 个数码管及驱动电路组成，51 单片机的 P0 口通过 74HC573 与数码管的段码相连，8 个数码管的位控制信号与 74LS138 的输出相连，74LS138 的输入信号与单片机的 P2 口的 P2.0 引脚、P2.1 引脚和 P2.2 引脚相连，

P2 口输出的低 3 位数据经过 74LS138 译码后控制 8 个数码管的位控制信号。51 单片机控制的数码管动态显示电路原理图元器件清单如表 10-2 所示。

图 10-13　51 单片机控制的数码管动态显示电路原理图

表 10-2　51 单片机控制的数码管动态显示电路原理图元器件清单

| 元器件编号 | Proteus 软件中的元器件名称 | 元器件标称值 | 说　明 |
|---|---|---|---|
| U1 | 80C51 | 无 | STC89C52 单片机 |
| R1 | RES | 10kΩ | 电阻 |
| C1、C2 | CAP | 30pF | 无极性电容 |
| C3 | CAP-ELEC | 10μF | 电解电容 |
| X1 | CRYSTAL | 12MHz | 石英晶体 |
| 74HC573 | 74HC573 | 无 | 锁存器 |
| 74LS138 | 74LS138 | 无 | 译码器 |
| RP1 | RESPACK-8 | 4.7kΩ | 排阻 |
| SEG1～SEG8 | 7SEG-COM-CATHODE | 无 | 七段共阴极数码管 |

### 4. 数码管动态显示参考程序

```
#include<reg51.h>
unsigned char const ceshi[]=
{0x3f,0x06,0x5b,0x4f,0x66,0x6d,0x7d,0x07,0x7f,0x6f};   //显示段码值 01234567
unsigned char code    seg[]={0,1,2,3,4,5,6,7};         //相应的数码管点亮
void delay (unsigned int   x )
{      while (--x );
```

```
        }
main()
{       unsigned char i;
        while(1)
        {
                P0=ceshi[i];            //取显示数据，段码
                P2=seg[i];              //取位码
                delay(20000);           //扫描间隙延时，时间太长会闪烁，太短会造成重影
                i++;
                if(8==i)                //测试8位数码管扫描一周
                i=0;
        }
}
```

### 5. 数码管动态显示的实验演示

51 单片机控制系统电路板的数码管动态显示接口电路原理图如图 10-14 所示，DS1 和 DS2（LG3641）是 4 位共阴极数码管，数码管的 a、b、c、d、e、f、g、dp 引脚通过 74HC573 与图 10-4 中 U9（51 单片机）的 P2 口连接。74HC573 为数据锁存器，74HC573 的引脚 1（片选信号 $\overline{OC}$）接地，74HC573 一直处于被选中状态，74HC573 的引脚 11 通过 J6 跳线有两种连接方式，当 J6 的引脚 1 与引脚 2 连接时，74HC573 的引脚 11 接电源，这时 74HC573 处于直通工作状态；当 J6 的引脚 3 与引脚 2 连接时，74HC573 的引脚 11 与图 10-4 中 U9（51 单片机）的 P37 引脚连接，当图 10-4 中 U9（51 单片机）的 P37 引脚输出高电平时，74HC573 处于直通工作状态；当图 10-4 中 U9（51 单片机）的 P37 引脚输出低电平时，74HC573 处于锁存工作状态。74HC138 译码器的输入地址信号 A 引脚、B 引脚和 C 引脚与图 10-4 中 U9（51 单片机）的 P20、P21 和 P22 引脚连接，74HC138 译码器的输出信号 Y0～Y7 分别与 DS1 和 DS2 数码管的位控制端相连。当 74HC138 译码器的输出信号 Y0～Y7 为低电平时，与之相连的数码管被选中，可以显示数字；当 74HC138 译码器的输出信号 Y0～Y7 为高电平时，与之相连的数码管不能显示数字。将在 Keil 中编写的程序编译、链接后生成的"*.hex"文件下载到单片机中，观察实验现象。

图 10-14　51 单片机控制系统电路板的数码管动态显示接口电路原理图

### 6. 实验思考题

（1）在图 10-13 中，元件 RP1 的作用是什么？

（2）共阴极数码管的段码的编码规则是什么？单片机输出的数值是通过什么方式转换为数码管的

段码的？

（3）编写一段在 8 个数码管上显示 65—43—21 的程序。

### 7. 实验总结

完成实验后，写一份 200 字左右的实验总结，主要包括对电路设计和程序设计中遇到的问题的分析和实验心得体会。

# 10.6　单片机控制系统的矩阵式键盘设计实验

### 1. 实验目的

（1）掌握单片机控制系统的按键设计方法。
（2）掌握单片机控制系统的矩阵式键盘的硬件电路设计。
（3）熟悉单片机控制系统的矩阵式键盘的工作原理及编程方法。
（4）熟悉单片机控制系统仿真工具软件 Proteus 的使用。
（5）熟悉 Keil 的编程环境和程序调试方法。

### 2. 实验内容

利用 51 单片机的 P3 口接 16 个按键，构成一个 4×4 的矩阵式键盘，P3 口的按键值通过单片机的 P0 口所接数码管显示。开始时 P0 口不显示，按下 0 号键，松开后，P0 口所接的数码管显示 0；按下 1 号键，松开后，P0 口所接的数码管显示 1；以此类推，按下 F 号键，松开后，P0 口所接的数码管显示 F。

### 3. 电路设计

根据设计要求，利用 Proteus 软件绘制如图 10-15 所示的矩阵式键盘电路原理图，由单片机的 P3 口控制键盘的行线和列线扫描，单片机 P0 口接数码管。51 单片机控制的矩阵式键盘电路原理图元器件清单如表 10-3 所示。

图 10-15　51 单片机控制的矩阵式键盘电路原理图

表 10-3　51 单片机控制的矩阵式键盘电路原理图元器件清单

| 元器件编号 | Proteus 软件中的元器件名称 | 元器件的标称值 | 说　明 |
|---|---|---|---|
| U1 | 80C51 | 无 | STC89C52 单片机 |
| R1 | RES | 10kΩ | 电阻 |
| C1、C2 | CAP | 30pF | 无极性电容 |
| C3 | CAP-ELEC | 10μF | 电解电容 |
| X1 | CRYSTAL | 12MHz | 石英晶体 |
| 74HC573 | 74HC573 | 无 | 锁存器 |
| RP1 | RESPACK-8 | 10kΩ | 排阻 |
| K1、S0～S15 | BUTTON | 无 | 按键开关 |
| SEG1 | 7SEG-COM-CATHODE | 无 | 七段共阴极数码管 |

## 4．矩阵式键盘参考程序

运用反转法循环扫描矩阵式键盘，通过 1 位数码管显示按键值。

```
#include<reg52.h>
#define uchar unsigned char
#define uint  unsigned int
unsigned  char  const
ceshi[]      ={0x3f,0x06,0x5b,0x4f,0x66,0x6d,0x7d,0x07,0x7f,0x6f,
             0x77,0x7c,0x39,0x5e,0x79,0x71};  //共阴极数码管显示字符 0～F
uchar keyscan(void);            //键盘扫描子函数
void delay(uint i);             //按键值显示子函数
void main()                     //主函数
{
    uchar key;
    P2=0x00;                    //此条语句在仿真时是没有用的，但下载到实验板时保留
    while(1)
    {
        key=keyscan();          //调用键盘扫描
        switch(key)
        {
            case 0x7e:P0=ceshi[0];break;     //0 按下，送"0"显示码给 P0 显示
            case 0x7d:P0=ceshi[1];break;     //1
            case 0x7b:P0=ceshi[2];break;     //2
            case 0x77:P0=ceshi[3];break;     //3
            case 0xbe:P0=ceshi[4];break;     //4
            case 0xbd:P0=ceshi[5];break;     //5
            case 0xbb:P0=ceshi[6];break;     //6
            case 0xb7:P0=ceshi[7];break;     //7
            case 0xde:P0=ceshi[8];break;     //8
            case 0xdd:P0=ceshi[9];break;     //9
            case 0xdb:P0=ceshi[10];break;    //a
            case 0xd7:P0=ceshi[11];break;    //b
            case 0xee:P0=ceshi[12];break;    //c
            case 0xed:P0=ceshi[13];break;    //d
```

```
                case 0xeb:P0=ceshi[14];break;        //e
                case 0xe7:P0=ceshi[15];break;        //f
            }
        }
}
uchar keyscan(void)                     //键盘扫描函数，使用行列反转扫描法
{
    uchar cord_h,cord_l;                //行列值中间变量
    P3=0x0f;                            //行线输出全为0
    cord_h=P3&0x0f;                     //读入列线值
    if(cord_h!=0x0f)                    //先检测有无按键按下
    {
        delay(100);                     //去按键抖动
        if(cord_h!=0x0f)
        {
            cord_h=P3&0x0f;             //读入列线值
            P3=cord_h|0xf0;             //输出当前列线值
            cord_l=P3&0xf0;             //读入行线值
            return(cord_h+cord_l);      //键盘最后组合码值
        }
    }
    return(0xff);                       //返回该值
}
void delay(uint i)                      //延时函数
{
    while(i--);
}
```

### 5. 矩阵式键盘的实验演示

51 单片机控制系统电路板的矩阵式键盘电路原理图及实物图如图 10-16 所示，图 10-16（a）中 J11 元件的引脚 1 与引脚 2 连接时，S1、S2、S3 和 S4 构成独立式按键，当它们按下时，与之相连的 51 单片机引脚接地。图 10-16（a）中 J11 元件的引脚 2 与引脚 3 用跳线连接时，构成 4 行 4 列共 16 个按键，将图 10-16（a）中 J11 元件的引脚 1 与引脚 2 用跳线连接时，即可构成独立式按键；通过网络标号 P30～P37 与图 10-4 中 U9（51 单片机）的 P3 口相连。键盘按键值的显示电路利用图 10-14 中的一个数码管显示，这里硬件电路不做说明。将在 Keil 软件中编写的程序编译、链接后生成的"*.hex"文件下载到单片机中，观察实验现象。

### 6. 实验思考题

（1）采取什么方法可以去按键抖动？
（2）试用行扫描的方式和线反转法两种方法说明矩阵式键盘的扫描原理，并编写扫描子函数。
（3）结合本实验和数码管的动态显示实验，编写一段简单的计算器程序并进行调试。

### 7. 实验总结

完成实验后，写一份 200 字左右的实验总结，主要包括对电路设计和程序设计中遇到的问题的分析和实验心得体会。

（a）原理图　　　　　　　　　　　　　　　　（b）实物图

图 10-16　51 单片机控制系统电路板的矩阵式键盘电路原理图及实物图

# 10.7　单片机控制系统的简易交通灯控制系统设计实验

## 1．实验目的

（1）掌握 51 单片机与发光二极管的硬件连接。

（2）掌握 51 单片机的外部中断、定时/计数器的基本概念和使用方法。

（3）熟悉 51 单片机的中断编程方法。

（4）熟悉单片机系统仿真工具软件 Proteus 的使用。

（5）熟悉 Keil 的编程环境和程序调试方法。

## 2．实验内容

设计并实现交通灯控制系统，要求该交通灯控制系统具有以下功能。

（1）正常情况下双向轮流点亮交通灯，交通灯显示状态如表 10-4 所示。

表 10-4　交通灯显示状态

| 东 西 方 向 | | | 南 北 方 向 | | | 状 态 说 明 |
| 红　灯 | 黄　灯 | 绿　灯 | 红　灯 | 黄　灯 | 绿　灯 | |
| --- | --- | --- | --- | --- | --- | --- |
| 灭 | 灭 | 亮 | 亮 | 灭 | 灭 | 东西方向通行，南北方向禁行 |
| 灭 | 灭 | 闪烁 | 亮 | 灭 | 灭 | 东西方向提醒，南北方向禁行 |
| 灭 | 亮 | 灭 | 亮 | 灭 | 灭 | 东西方向警告，南北方向禁行 |
| 亮 | 灭 | 灭 | 灭 | 灭 | 亮 | 东西方向禁行，南北方向通行 |
| 亮 | 灭 | 灭 | 灭 | 灭 | 闪烁 | 东西方向禁行，南北方向提醒 |
| 亮 | 灭 | 灭 | 灭 | 亮 | 灭 | 东西方向禁行，南北方向警告 |

（2）特殊情况下，东西方向放行。

（3）有紧急车辆通行时，东西方向、南北方向均为红灯。紧急情况的优先级高于特殊情况。

### 3. 电路设计

根据要求设计如图 10-17 所示的电路原理图，该电路由 51 单片机、复位电路、时钟电路、LED
显示及特殊和紧急情况按键电路组成，单片机的 P1 口接 12 个发光二极管，模拟东、西、南、北四个
方向上的 12 盏交通信号灯，当出现特殊或紧急情况时，能及时调整交通灯的指示状态，电路原理图元
器件清单如表 10-5 所示。

图 10-17　51 单片机控制系统的简易交通灯控制系统电路原理图

表 10-5　51 单片机控制系统的简易交通灯控制系统电路原理图元器件清单

| 元器件编号 | Proteus 软件中的元器件名称 | 元器件标称值 | 说　明 |
| --- | --- | --- | --- |
| U1 | 80C51 | 无 | STC89C52 单片机 |
| R1、R2、R15 | RES | 10kΩ | 电阻 |
| R3～R14 | RES | 100Ω | 电阻 |
| D1～D12 | LED-RED、LED-YELLOW、LED-BLUE | 无 | 红色、黄色、绿色三种颜色的发光二极管 |
| C2、C3 | CAP | 30pF | 无极性电容 |
| C1 | CAP-ELEC | 30μF | 电解电容 |
| X1 | CRYSTAL | 无 | 石英晶体 |
| S2、S3 | BUTTON | 无 | 按键 |

结合交通灯的控制状态和表 10-4，就会发现东、西两个方向的信号灯的显示状态是一样的，所以
对应两个方向上的 6 个发光二极管只用单片机 P1 口的 3 根 I/O 端口线控制。同理，南、北方向上的 6
个发光二极管也用单片机 P1 口的 3 根 I/O 端口线控制。当 I/O 端口线输出高电平时，对应的交通灯熄
灭；反之，当 I/O 端口线输出低电平时，对应的交通灯点亮。交通灯控制端口线的分配及控制状态如
表 10-6 所示。

按键 S2、S3 模拟紧急情况和特殊情况的发生，当 S2、S3 为高电平时（不按键），表示交通灯正
常运行。将 S2 信号接到外部中断 0 引脚（P3.2 引脚，引脚 12），当按键 S2 按下时，表示紧急情况，

即可实现外部中断 0 申请；将 S3 信号接到外部中断 1 引脚（P3.3 引脚，引脚 13），当按键 S3 按下时，表示特殊情况，即可实现外部中断 1 申请。

表 10-6　交通灯控制端口线的分配及控制状态

| 东 西 方 向 | | | 南 北 方 向 | | | P1 端口数据 | 状 态 说 明 |
|---|---|---|---|---|---|---|---|
| P1.5 | P1.4 | P1.3 | P1.2 | P1.1 | P1.0 | | |
| 红灯 | 黄灯 | 绿灯 | 红灯 | 黄灯 | 绿灯 | | |
| 1 | 1 | 0 | 0 | 1 | 1 | 0XF3 | 东西方向通行，南北方向禁行 |
| 1 | 1 | 0、1变换 | 0 | 1 | 1 | | 东西方向提醒，南北方向禁行 |
| 1 | 0 | 1 | 0 | 1 | 1 | 0XEB | 东西方向警告，南北方向禁行 |
| 0 | 1 | 1 | 1 | 1 | 0 | 0XDE | 东西方向禁行，南北方向通行 |
| 0 | 1 | 1 | 1 | 1 | 0、1变换 | — | 东西方向禁行，南北方向提醒 |
| 0 | 1 | 1 | 1 | 0 | 1 | 0XDD | 东西方向禁行，南北方向警告 |

## 4. 简易交通灯控制系统参考程序

在正常情况下，交通灯控制程序流程图如图 10-18（a）所示。在紧急情况下的中断服务程序的流程图如图 10-18（b）所示，在特殊情况下的中断服务程序的流程图如图 10-18（c）所示，其中，东西方向简称 A，南北方向简称 B。

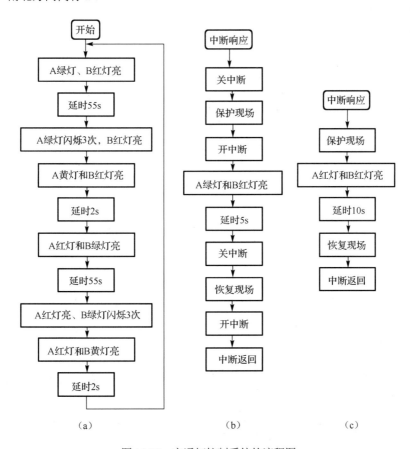

图 10-18　交通灯控制系统的流程图

在程序中需要多个不同的延时程序，如果信号闪烁、亮灭时间各为0.5s，那么可以将0.5s延时作为基本延时时间。根据流程图编写51单片机C语言程序，程序如下所示。

```c
#include <reg51.h>
unsigned char t0,t1;                    //定义全局变量，用于保存延时时间和循环次数
/* delay0_5s1用T1的工作方式1编制0.5s延时程序，假定系统采用12MHz晶振，定时器T1、工作方式1
定时50ms，再循环10次即可定时到0.5s */
void delay0_5s1()
{     for(t0=0;t0<2;t0++)                //采用全局变量t0作为循环控制变量
      {     TH1=(65535-50000)/256;       //设置定时器初值
            TL1=(65535-50000)%256;
            TR1=1;                       //启动T1
            while(!TF1);                 //查询计数是否溢出，即50ms定时时间到，TF1=1
            TF1=0;                       //50ms定时时间到，将定时器溢出标志位TF1清零

      }
}
void delay_t1(unsigned char t)          //实现0.5~128s延时，延时时间为0.5s×t
{     for(t1=0;t1<t;t1++)               //采用全局变量t1作为循环控制变量
      delay0_5s1();
}
void int_0()   interrupt 0              //外部中断0中断函数，紧急情况中断
{     unsigned char i,j,k,l,m;
            i=P1;                       //保护现场，暂存P1口、t0、t1、TH1、TL1
      j=t0;
            k=t1;
            l=TH1;
            m=TL1;
            P1=0xdb;                    //两个方向都是红灯
            delay_t1(20);               //延时10s
            P1=i;                       //恢复现场，恢复进入中断前P1口、t0、t1、TH1、TL1
      t0=j;
            t1=k;
            TH1=l;
            TL1=m;
}
void int_1() interrupt 2                //特殊情况中断，外部中断1中断函数
{     unsigned char   i,j,k,l,m;
            EA=0;                       //关中断
      i=P1;                            //保护现场，暂存P1口、t0、t1、TH1、TL1
            j=t0;
            k=t1;
            l=TH1;
            m=TL1;
            EA=1;                       //开中断
            P1=0xf3;                    //A道放行
            delay_t1(10);               //延时5s
      EA=0;                            //关中断
      P1=i;                            //恢复现场，恢复进入中断前P1口、t0、t1、TH1、TL1
      t0=j;
            t1=k;
```

```
                TH1=l;
                TL1=m;
                EA=1;                    //开中断
        }
        void main()                      //主函数
        {   unsigned char k;
                TMOD=0x10;               //T1 设置为工作方式 1
                EA=1;                    //开总中断允许位
            EX0=1;                       //开外部中断 0 中断允许位
                IT0=1;                   //设置外部中断 0 为下降沿触发
            EX1=1;                       //开外部中断 1 中断允许位
                IT1=1;                   //设置外部中断 1 为下降沿触发
            while(1)
            {   P1=0xf3;                 //A 绿灯、B 红灯，延时 55s
                    delay_t1(110);
                    for(k=0;k<3;k++)     //A 绿灯闪烁 3 次

                {   P1=0xf3;
                    delay0_5s1();        //延时 0.5s
                    P1=0xfb;
                    delay0_5s1();        //延时 0.5s
                }
                P1=0xeb;                 //A 黄灯、B 红灯，延时 2s
                delay_t1(4);
                P1=0xde;                 //A 红灯、B 绿灯，延时 55s
                delay_t1(110);
                for(k=0;k<3;k++)         //B 绿灯闪烁 3 次
            {   P1=0xde;
                delay0_5s1();            //延时 0.5s
                P1=0xdf;
                delay0_5s1();            //延时 0.5s
            }
                P1=0xdd;                 //A 红灯、B 黄灯，延时 2s
                delay_t1(4);
            }
        }
```

## 5. 简易交通灯的实验演示

根据如图 10-1 所示的 51 单片机实验板的电路原理图结合图 10-4 和图 10-12，读者可以利用图 10-12 中的 8 个发光二极管实现简易交通灯的实验模拟，将图 10-16 中 J11 的引脚 1 和引脚 2 用跳线短接，就可以将图 10-16 变成独立式按键。只要按下 S2 和 S3 即可实现相应的中断功能。将在 Keil 中编写的程序编译、链接后生成的"*.hex"文件下载到单片机中，观察实验现象。

## 6. 实验思考题

（1）试用 STC89S52 单片机的定时/计数器 T0 实现本次实验中程序的功能，修改程序并完成本次实验。

（2）试说明用 STC89S52 单片机定时/计数器 T1 的工作方式 1 产生 50ms 方波，程序采用中断方式编程，程序将涉及哪几个特殊功能寄存器，并对特殊功能寄存器进行赋值。

（3）STC89S52 单片机有几个外部中断？它们的中断号分别是多少？

（4）在 STC89S52 单片机程序中采用外部中断 0 的查询方式编程，在程序中是否需要开中断？

### 7．实验总结

完成实验后，写一份 200 字左右的实验总结，主要包括对电路设计和程序设计中遇到的问题的分析和实验心得体会。

# 10.8　单片机控制系统的简易秒表设计实验

### 1．实验目的

（1）掌握 51 单片机的定时/计数器的基本概念。

（2）掌握 51 单片机的定时/计数器的程序设计方法。

（3）熟悉 51 单片机的中断编程方法。

（4）熟悉 51 单片机系统硬件电路设计。

（5）熟悉 Keil 的编程环境和程序调试方法。

### 2．实验内容

用 51 单片机控制两个数码管，采用动态链接方式，要求两个数码管显示 00～99 计数，时间间隔为 1s。

### 3．电路设计

根据要求设计如图 10-19 所示的电路原理图，该电路由 51 单片机、复位电路、时钟电路、两个数码管及驱动电路组成，单片机的 P0 口通过 74HC573 与两个数码管的段码相连，两个数码管的位控制信号与 74LS138 的输出相连，74LS138 的输入信号与单片机的 P2 口的 P2.0、P2.1 和 P2.2 引脚相连。P2 口输出的低 3 位数据经过 74LS138 译码后控制两位数码管的位选段。51 单片机控制系统的简易秒表电路原理图元器件清单如表 10-7 所示。

图 10-19　51 单片机控制系统的简易秒表电路原理图

表 10-7　51 单片机控制系统的简易秒表电路原理图元器件清单

| 元器件编号 | Proteus 软件中的元器件名称 | 元器件标称值 | 说　明 |
| --- | --- | --- | --- |
| U1 | 80C51 | 无 | STC89C52 单片机 |
| R1 | RES | 10kΩ | 电阻 |
| C1、C2 | CAP | 30pF | 无极性电容 |
| C3 | CAP-ELEC | 10μF | 电解电容 |
| X1 | CRYSTAL | 12MHz | 石英晶体 |
| 74HC573 | 74HC573 | 无 | 锁存器 |
| 74LS138 | 74LS138 | 无 | 译码器 |
| RP1 | RESPACK-8 | 4.5kΩ | 排阻 |
| SEG1、SEG2 | 7SEG-COM-CATHODE | 无 | 共阴极数码管 |

#### 4．简易秒表参考程序

用 51 单片机的定时/计数器 T0 的工作方式 1 的中断方式产生 1s 的延时程序，由于 51 单片机系统采用 12MHz 晶振，T0 工作方式 1 的定时时间为 10ms，因此再循环 100 次，即可定时 1s。0～99s 秒表的控制程序如下所示。

```
#include<reg52.h>
code unsigned char tab[]={0x3f,0x06,0x5b,0x4f,0x66,0x6d,0x7d, 0x07,0x7f,0x6f};
                                        //共阴极数码管 0～9
unsigned char Dis_Shiwei;               //定义十位
unsigned char Dis_Gewei;                //定义个位
void   delay (unsigned int cnt)         //延时函数
{    while(--cnt);
}
void   main ( )
{    TMOD =0x01;                        //定时/计数器 T0 工作在方式 1，16 位定时
     TH0=0xd8;                          //设置 T0 计数初值的高 8 位，定时 10ms
     TL0=0xf0;                          //设置 T0 计数初值的低 8 位
     IE= 0x82;                          //开 T0 溢出中断
     TR0=1;                             //启动 T0 开始计数
     while(1)
        {  P0=Dis_Shiwei;              //送显示十位的段码
           P2=0;                        //送显示十位的位码，74LS138 译码，y0 为 0
           delay(300);                  //短暂延时
           P0=Dis_Gewei;               //显示个位的段码
           P2=1;                        //送显示十位的位码，74LS138 译码，y1 为 0
           delay(300);
        }
}
void   timer_0 (void)  interrupt 1   using 1   //定时/计数器 T0 中断函数
{    static unsigned char   second, count;
     TH0=0xd8;                          //重新赋值
     TL0=0xf0;
     count++;
     if (count==100)                    //100×10ms=1s，大致延时时间
        { count=0;
```

```
        second++;                          //秒加 1
        if(second==100)
        second=0;
        Dis_Shiwei=tab[second/10];         //十位显示处理
        Dis_Gewei=tab[second%10];          //个位显示处理
    }
}
```

### 5. 简易秒表的实验演示

利用如图 10-14 所示的数码管动态显示接口电路即可完成简易秒表的计数显示，这里只用到图 10-14 中的两个数码管，可以用程序修改 P2 口的赋值确定具体是哪两个数码管。将在 Keil 软件中编写的程序编译、链接后生成的"*.hex"文件下载到单片机中，观察实验现象。

### 6. 实验思考题

（1）试用 STC89C52 单片机的定时/计数器 T1 实现本次实验中程序的功能，修改程序并完成本次实验。

（2）试用 STC89C52 单片机的定时/计数器 T0 的工作方式 2 实现本次实验中程序的功能，修改程序并完成本次实验。

（3）如何在 Keil 中模拟调试定时/计数器 T0 的中断调试？

（4）在 STC89C52 单片机程序中采用定时/计数器 T0 的查询方式编程，在程序中是否需要开中断？

### 7. 实验总结

完成实验后，写一份 200 字左右的实验总结，主要包括对电路设计和程序设计中遇到的问题的分析和实验心得体会。

# 10.9 单片机控制系统的 A/D 和 D/A 转换实验

### 1. 实验目的

（1）熟悉 51 单片机外部接口扩展的方法。

（2）熟悉 $I^2C$ 总线的时序。

（3）熟悉 PCF8591 芯片的使用。

（4）熟悉 51 单片机系统硬件电路设计。

（5）熟悉 Keil 的编程环境和程序调试方法。

### 2. 实验内容

PCF8591 外接 3 个可变电阻模拟外部电压信号的变化，然后将变化的模拟量通过 $I^2C$ 总线传输给 51 单片机，51 单片机将 PCF8591 的 3 路模拟信号转换后的数字量分别传输给数码管，用两位数码管显示一路的模拟量转换后的值。同时用 51 单片机输出数字量，通过 PCF8591 转换后变成模拟量，用该模拟量控制发光二极管的亮度变化。

### 3. 电路设计

根据要求设计如图 10-20 所示的电路原理图。其中，显示电路已经介绍过，这里不再重复。PCF8591

的 I²C 总线时钟 SCL 引脚接 51 单片机的 P1.1 引脚，PCF8591 的 I²C 总线数据线 SDA 引脚接 51 单片机的 P1.2 引脚，PCF8591 的硬件地址端引脚 A0～A2 全部接地，PCF8591 的 AOUT 模拟输出引脚接发光二极管。

图 10-20　51 单片机控制系统的 A/D 和 D/A 转换电路原理图

## 4．C 程序参考清单

```c
#include<reg52.h>
#include <intrins.h>                        //包含 NOP 空指令函数 _nop_()
#define AddWr 0x90                          //PCF8591 写数据地址
#define AddRd 0x91                          //PCF8591 读数据地址
sbit Sda=P1^2;                             //定义 I²C 总线数据连接端口
sbit Scl=P1^1;                             //定义 I²C 总线时钟连接端口
bit ADFlag;                                //定义 A/D 采样标志位
unsigned char code
Datatab[]={0x3f,0x06,0x5b,0x4f,0x66,0x6d,0x7d,0x07,0x7f,0x6f};
                                           //七段共阴极数码管段码表
data unsigned char   Display[8];           //定义临时存放数码管数值
void mDelay(unsigned char j)               //延时函数
{       unsigned int x,i;
        for(x=j;x>0;x--)
        {
        for(i=0;i<125;i++)
            {;}
        }
}
void Init_Timer1(void)                     //初始化定时器 1
{       TMOD |= 0x10;                       //工作在方式 1
        TH1=0xff;                          //赋初值
        TL1=0x00;
```

```
          EA=1;                    //开中断
          ET1=1;                   //开定时器 T1 中断
          TR1=1;
      }
      void Start(void)             //启动 I²C 总线
      {   Sda=1;
          _nop_();

          Scl=1;
          _nop_();
          Sda=0;
          _nop_();
          Scl=0;
      }
      void Stop(void)              //停止 I²C 总线
      {   Sda=0;
          _nop_();
          Scl=1;
          _nop_();
          Sda=1;
          _nop_();
          Scl=0;
      }
      void Ack(void)               //I²C 总线应答方式
      {   Sda=0;
          _nop_();
          Scl=1;
          _nop_();
          Scl=0;
          _nop_();
      }
      void NoAck(void)             //I²C 总线非应答方式
      {   Sda=1;
          _nop_();
          Scl=1;
          _nop_();
          Scl=0;
          _nop_();
      }
      void Send(unsigned char Data)    //发送 1 字节
      {   unsigned char BitCounter=8;
          unsigned char temp;
          do
          {   temp=Data;
              Scl=0;
              _nop_();
              if((temp&0x80)==0x80)
              Sda=1;
                else
                  Sda=0;
                  Scl=1;
```

```
                    temp=Data<<1;
                    Data=temp;
                    BitCounter--;
          }
    while(BitCounter);
          Scl=0;
    }
unsigned char Read(void)                        //读入 1 字节并返回

{           unsigned char temp=0;
            unsigned char temp1=0;
            unsigned char BitCounter=8;
            Sda=1;
            do
              {   Scl=0;
                  _nop_();
                  Scl=1;
                  _nop_();
                  if(Sda)
                          temp=temp|0x01;
                  else
                          temp=temp&0xfe;
                  if(BitCounter-1)
                  {   temp1=temp<<1;
                      temp=temp1;
                  }
            BitCounter--;
              }
        while(BitCounter);
        return(temp);
    }
    void DAC(unsigned char Data)                //写入 D/A 转换值
    {       Start();
            Send(AddWr);                        //写入芯片地址
            Ack();
            Send(0x40);                         //写入控制位，使 D/A 转换器输出
            Ack();
            Send(Data);                         //写数据
            Ack();
            Stop();
    }
unsigned char ReadADC(unsigned char Chl)        //读取 A/D 转换的值
    {       unsigned char Data;
            Start();                            //写入芯片地址
            Send(AddWr);
            Ack();
            Send(0x40|Chl);                     //写入选择的通道，
        //程序采用单端输入，差分部分需要自行添加，Chl 表示 0、1、2 通道
            Ack();
            Start();
            Send(AddRd);                        //读入地址
```

```
            Ack();
            Data=Read();              //读数据
            Scl=0;
            NoAck();
            Stop();
            return Data;              //返回值
        }
void main()                           //主程序
{   unsigned char num;                //D/A 输出变量

    unsigned char ADtemp;             //定义中间变量
    Init_Timer1();
    while(1)
    {   DAC(num);                     //D/A 输出，可以用 LED 模拟电压变化
        num++;                        //累加到 256 后溢出变为 0，再循环，发光二极管的亮度逐渐变化
        mDelay(20);                   //延时用于清晰看出变化
        if(ADFlag)                    //定时采集输入模拟量
        {   ADFlag=0;
            ADtemp=ReadADC(0);
            Display[0]=Datatab[(ReadADC(0))/50]|0x80;//处理 0 通道电压显示
            Display[1]=Datatab[((ReadADC(0))%50)/10];
            ADtemp=ReadADC(1);
            Display[2]=Datatab[((ReadADC(1))/50)]|0x80;//处理 1 通道电压显示
            Display[3]=Datatab[((ReadADC(1))%50)/10];
            ADtemp=ReadADC(2);
            Display[4]=Datatab[((ReadADC(2))/50)]|0x80;//处理 2 通道电压显示
            Display[5]=Datatab[((ReadADC(2))%50)/10];
            ADtemp=ReadADC(3);
        }
    }
}
void Timer1_isr(void) interrupt 3 using 1   // T1 中断，执行数码管动态扫描
{   static unsigned int count,j;
    TH1=0xfb;                         //重新赋值
    TL1=0x00;
    j++;
    if(j==300)
{   j=0;ADFlag=1;}                    //定时置位 A/D 采样标志位
    P0=Display[count];                //用于动态扫描数码管
    P2=count;
    count++;
    if(count==3)                      //表示扫描 3 个数码管
    count=0;
}
```

### 5. A/D 与 D/A 转换实验数据观察

51 单片机控制系统的 A/D 与 D/A 转换电路原理图如图 10-21 所示，PCF8591 是基于 $I^2C$ 的 A/D 与 D/A 芯片，PCF8591 的 $I^2C$ 数据线 SDA 通过网络标号 SDA 与图 10-4 中 U9（51 单片机）的 P12 引脚连接，PCF8591 的 $I^2C$ 时钟线 SCL 通过网络标号 SCL 与图 10-4 中 U9（51 单片机）的 P11 引脚连接，R8 和 R9 为 $I^2C$ 总线的上拉电阻。PCF8591 的引脚 15（模拟信号输出端）与 J23 的引脚 1 连接，

可以在 J23 的引脚 1 和地之间测量 PFC8591 的模拟输出电压波形，若 J23 用跳线帽连接其引脚 1、引脚 2，则 PCF8591 的模拟输出量的大小就可以控制 LED12 的明暗变化，R10 为 LED12 的限流电阻。W3、W4、W5、W6 变阻器的模拟信号通过 J21（使用跳线帽）CF8591 的 4 路 A/D 输入端连接，拔掉 J21 的跳线帽，可以使用外部电压信号作为 PCF8591 的模拟输入信号。利用 Keil 将编写的源程序编译、链接后生成的"*.hex"文件下载到单片机中，调节控制系统上的 W3、W4、W5 变阻器的值，观察数码管上值的变化。

图 10-21　51 单片机控制系统的 A/D 与 D/A 转换电路原理图

### 6. 实验思考题

（1）什么是 I²C 总线？其原理是什么？

（2）试将样例中的子函数变成用户模块，对该样例程序加以简化设计。

（3）该样例程序只进行了 A/D 转换，其实 PCF8591 是可以进行 D/A 转换的，利用图 10-21 产生一个正弦波形，编写程序并调试。

### 7. 实验总结

完成实验后，写一份 200 字左右的实验总结，主要包括对电路设计和程序设计中遇到的问题的分析和实验心得体会。

# 10.10　单片机与单片机之间的双机通信设计实验

### 1. 实验目的

（1）熟悉 51 单片机串行通信的基本概念。

（2）掌握 51 单片机串行通信的工作方式。

（3）熟悉 51 单片机系统的硬件电路设计。

（4）熟悉 Keil 的编程环境和程序调试方法。

### 2. 实验内容

利用如图 10-1 所示的电路原理图的两块 51 单片机实验板进行双机实验，将一块实验板上的矩阵按键的值（0～F），通过串行通信传输到另一块实验板上的数码管进行显示。设两块板之间的传输波特率为 9 600b/s。为了保证实验结果的正确性和稳定性，实验过程中注意两块板的时钟频率要选择 11.059 2MHz，两个单片机一定要共地。

### 3. 仿真电路图设计

根据要求在 Proteus 软件中绘制如图 10-22 所示的仿真原理图，在 Proteus 原理图仿真中可以省略单片机的时钟电路和复位电路，所以图 10-22 中没有画单片机的时钟电路和复位电路。

图 10-22　51 单片机双机通信的仿真原理图

### 4. 发送方单片机 C 语言程序

```c
#include <reg51.h>
#define uchar unsigned char        //用符号 uchar 定义无符号字符型变量
#define uint unsigned int
void send (uchar key_num)          //用串行口查询方式发送数据
    {
        SBUF=key_num;              //读取串行口数据
        while (!TI);               //查询发送是否结束
        TI=0;                      //清发送中断，为下次发送做准备
}
void delayms (uint xms)            //延时约 x ms
{
    uint i,j;
    for(i=xms;i>0;i--)
    for(j=110;j>0;j--);
}
void    matrixkeyscan()            //矩阵式键盘扫描程序
{
    uchar temp,key;
    P1=0xfe;                       //输出扫描的第 1 行信号
    temp=P1;
    temp=temp&0xf0;
    if(temp!=0xf0)                 //判断是否有按键按下
        {
```

```
    delayms(10);                    //延时去抖动
    temp=P1;
    temp=temp&0xf0;
    if(temp!=0xf0)
    {    temp=P1;
        switch(temp)                //计算第 1 行按键的值
        {
            case 0xee:key=0;break;
            case 0xde:key=1;break;
            case 0xbe:key=2;break;
            case 0x7e:key=3;break;
        }
        while (temp!=0xf0)          //等待按键释放
        {
            temp=P1;
            temp=temp&0xf0;
        }
        send(key);                  //通过串行口发送第 1 行的按键值
    }
}
P1=0xfd;                            //第 1 行没有按键按下，扫描第 2 行按键
temp=P1;
temp=temp&0xf0;
if(temp!=0xf0)
{
    delayms(10);
    temp=P1;
    temp=temp&0xf0;
    if(temp!=0xf0)
    {    temp=P1;
        switch(temp)                //计算第 2 行按键的值
        {
            case 0xed:key=4;break;
            case 0xdd:key=5;break;
            case 0xbd:key=6;break;
            case 0x7d:key=7;break;
        }
        while (temp!=0xf0)
        {
            temp=P1;
            temp=temp&0xf0;
        }
        send(key);
    }
}
    P1=0xfb;                        //第 1 行、第 2 行没有按键按下，扫描第 3 行
    temp=P1;
    temp=temp&0xf0;
    if(temp!=0xf0)
    {
        delayms(10);
```

```
                    temp=P1;
                    temp=temp&0xf0;
                    if(temp!=0xf0)
                    {    temp=P1;
                         switch(temp)        //计算第 3 行的按键值
                         {
                              case 0xeb:key=8;break;
                              case 0xdb:key=9;break;
                              case 0xbb:key=10;break;
                              case 0x7b:key=11;break;
                         }
                         while (temp!=0xf0)
                         {
                              temp=P1;
                              temp=temp&0xf0;
                         }
                         send(key);
                    }
               }
          }
     P1=0xf7;                              //第 1~3 行没有按键按下，扫描第 4 行按键
     temp=P1;
temp=temp&0xf0;
if(temp!=0xf0)
     {
          delayms(10);
          temp=P1;
          temp=temp&0xf0;
          if(temp!=0xf0)
          {    temp=P1;
               switch(temp)             //计算第 4 行按键的值
               {
                    case 0xe7:key=12;break;
                    case 0xd7:key=13;break;
                    case 0xb7:key=14;break;
                    case 0x77:key=15;break;
               }
               while (temp!=0xf0)
               {
                    temp=P1;
                    temp=temp&0xf0;
               }
               send(key);
          }
     }
}
     void main (void)          //发送方的主函数
     {
          TMOD=0x20;           //定时器 T1 设置为工作方式 2
          TH1=0XFD;            //系统时钟为 11.059 2MHz、波特率为 9 600b/s 时，T1 的初值
          TL1=0XFD;
          TR1=1;               //启动定时器 T1
```

```
        SCON=0x40;              //串行口工作在方式 1，SM0=0，SM1=1
        IE=0x90;                //允许串行口中断，EA=1；ES=1
        while(1)
        {
            matrixkeyscan(); //调用键盘扫描函数
        }
    }
```

## 5. 接收端单片机 C 语言程序

```c
#include <reg51.h>
#define uchar unsigned char
#define uint unsigned int
sbit dula=P2^6;         //声明用于控制数码管段码的 U4 锁存器的引脚控制端
sbit wela=P2^7;         //声明用于控制数码管位码的 U3 锁存器的引脚控制端
uchar code table[]={0x3f,0x06,0x5b,0x4f,
                    0x66,0x6d,0x7d,0x07,
                    0x7f,0x6f,0x77,0x7c,
                    0x39,0x5e,0x79,0x71,0x80};    //共阴极数码管
void display(uchar num)                 //数码管显示函数
{
    P0=table[num];                      //送位码
    dula=1;                             //锁存器直通
    dula=0;                             //锁存器数据被锁存
    P0=0xc0;                            //送数码管的位选信号
    wela=1;                             //位选锁存器直通
    wela=0;                             //位选锁存器锁存
}
void main (void)
{
    TMOD=0x20;                          //定时器 T1 工作在方式 1
    TH1=0xfD;                           //波特率为 9 600b/s，定时器 T1 的计数初值
    TL1=0xfD;
    TR1=1;                              //启动定时器 T1 计数
    SCON=0x50 ;                         //串行口工作在方式 1，允许接收。SM0=0；SM1=1；REN=1
    IE=0X90 ;                           //开串行口中断。EA=1；ES=1
    while(1);                           //等待中断
}
void   get_disp (void)    interrupt 4   //接收端串行口中断
{
    uchar a;
    a = SBUF;                           //读取串行口数据
    RI=0;                               //清串行口中断标志
    display(a);                         //调用显示程序
}
```

## 6. 实验数据观察及双机通信设计规则

（1）两个 51 单片机通信时的串行口的工作方式要相同，特别需要注意的是，必须保证两个 51 单片机系统的通信波特率完全一致，否则接收端收不到正确的数据，要求 51 单片机系统使用的晶振频率为 11.059 2MHz。

（2）在编写单向数据传输时，发送端无须写接收程序，接收端无须写发送程序。当编写双向数据

传输程序时，需要注意的是，在发送和接收数据时一定要将串行口中断关闭，否则会影响串行口中断服务程序及程序的正常运行。

（3）在 Keil 中将甲、乙程序分别编译、链接后生成的"*.hex"文件分别下载到两块单片机实验板的单片机中，然后用数据线将甲实验板的单片机引脚 10（RXD）与乙实验板的单片机引脚 11（TXD）连接起来，再用另一根数据线将甲实验板的单片机引脚 11（TXD）与乙实验板的单片机引脚 10（RXD）连接起来，最后加电，即可实现两块单片机实验板的双机通信实验。

### 7. 实验思考题

（1）什么是通信？通信的方式有几种？

（2）51 单片机的串行通信有几种工作方式？采用 51 单片机双机通信时应采用哪种工作方式？

（3）在实验中单片机的时钟频率不一致是否可以实现通信？

### 8. 实验总结

完成实验后，写一份 200 字左右的实验总结，主要包括对电路设计和程序设计中遇到的问题的分析和实验心得体会。

# 本 章 小 结

要想真正地学好单片机设计（其他微处理器设计一样），就必须要动手做实验，并创新设计实验。任何基于微处理器的控制系统都包含微处理器的最小系统，然后在最小系统的基础上扩展人机接口（键盘与显示）、数据采集接口（A/D 转换器）、驱动控制及通信系统等单元接口。本章结合课程要求和实验室条件设计了单片机最小系统模块、LED 跑马灯实验、数码管动态显示实验、矩阵式键盘设计实验、简易交通灯控制系统设计实验、简易秒表设计实验、A/D 和 D/A 转换实验及双机通信设计实验等，读者可以在此基础上修改端口或增加功能进行创新设计。

# 部分习题参考答案

## 习 题 1

### 一、选择题

1. A    2. C    3. C    4. B    5. C    6. B    7. D

### 二、简答题

1. 什么是微处理器？微处理器由几部分组成？微处理器的工作过程是什么？

参考答案：微处理器是微型处理器的统称，微处理器的最初定义是由一片或几片大规模集成电路组成的具有运算器和控制器功能的中央处理器，它是计算机系统的核心或"大脑"，支配整个计算机系统工作，微处理器在不同的应用场合有不同的名字，微处理器通常是指中央处理器（CPU）、微控制器（MCU）和数字信号处理器（DSP）三种类型的芯片。

微处理器最基本的功能结构包括运算器、控制器、寄存器组及内部总线。微处理器的工作过程就是执行程序的过程，而执行程序就是逐步执行一条条能被微处理器识别的机器指令。

2. 简述 Intel 公司生产的几种不同微处理器的功能特性。

参考答案：Intel 公司于 1974 年推出了第一块完整的 8 位计算机芯片 8080，于 1979 年推出的 Intel 8088 被 IBM 公司于 1982 年应用在 PC 上，从此 PC 市场便开启了一种飞跃发展模式，先后经历了从 8088 到 80286、80386、80486，再到奔腾、奔腾 II、奔腾 III、奔腾 4 乃至安腾和酷睿（core）64 位的发展过程。这些微处理器都是由 Intel 公司制造的，而且都是在 8088 的基本设计上进行改进的。奔腾 4 可以执行最初的 8088 能运行的所有代码，但奔腾 4 的速度是 8088 的 5 000 倍。Intel 公司在不同时间推出的不同处理器之间的差异如表 1-1 所示。

3. 什么是单片机？单片机控制系统由哪几部分组成？

参考答案：单片机是微处理器的一种类型，它是将中央处理器（CPU）、存储器（Memory）及输入/输出单元（I/O）集成在一小块硅片上的集成电路，它具有计算机的部分功能和属性，因此称为微型单片计算机，简称单片机。单片机控制系统由软件系统和硬件系统组成。

4. 简述单片机设计开发的常用工具。

参考答案：51 单片机控制系统的软件开发工具为 Keil C51 软件，51 单片机控制系统的硬件开发工具为 Proteus 软件或其他电路设计软件、51 单片机开发仿真器和编程器，以及一些常用测试工具。

5. 简述 51 单片机与 52 单片机的主要区别。

参考答案：51 单片机与 52 单片机的主要区别如表 1-1 所示。

### 三、简述 51 单片机的开发流程。

参考答案：51 单片机控制系统的开发流程可分为软件与硬件两部分，这两部分是并行开发的。在硬件方面，主要是绘制原理图、绘制 PCB 和选择合适的元器件等工作；在软件开发方面，则是运用 C 语言或汇编语言编写源程序，然后通过编译、链接生成可执行文件，再次进行软件调试/仿真。在完成软件设计后，即可应用在线仿真器加载编译后生成的可执行程序，在目标板上进行在线仿真。若软件、硬件设计无误，则可利用 IC 编程器将可执行文件烧录到 51 单片机中，最后将该 51 单片机插入目标电路板，即完成了设计。

## 习　题　2

1．8086 CPU 由哪两部分组成？它们的主要功能是什么？

参考答案：8086 微处理器逻辑上由两个独立的部件构成，分别是总线接口部件（Bus Interface Unit，BIU）和执行部件（Execution Unit，EU）。总线接口部件（BIU）负责完成微处理器与存储器、I/O 设备之间的信息传输，具体包括读取指令、读取操作数和存储结果。总线接口部件（BIU）同时也提供基本的总线时序控制功能。执行部件（EU）负责指令的执行，它从 BIU 的指令队列头部读入待执行的指令，译码后提供操作数地址给 BIU 请求操作数，EU 执行指令后将处理结果回送给 BIU，同时根据运算结果更新标志寄存器 FLAGS 中的状态标志位。

2．8086 CPU 在最大工作模式和最小工作模式下有什么相同点和不同点？

参考答案：当芯片的 $MN / \overline{MX}$ 引脚接 $V_{CC}$ 电源时，8086 微处理器工作于最小工作模式，即整个系统只有 8086 一个微处理器，并由它直接产生所有的总线控制信号，以实现存储器和 I/O 设备的访问与控制，最小工作模式适用于较小规模的系统。当芯片的 $MN / \overline{MX}$ 引脚接地时，8086 微处理器工作于最大工作模式。最大工作模式系统通常包含两个或多个处理器，其中，8086 作为主处理器，其他处理器为协处理器。在最大工作模式系统中，总线控制信号由一个总线控制器 8288 根据 8086 CPU 输出的总线周期状态信号（$\overline{S_2}$、$\overline{S_1}$、$\overline{S_0}$）产生。最大工作模式适用于中、大规模的系统。

3．简述 8086 微处理器的存储器分段技术，举例说明物理地址和逻辑地址的关系。

参考答案：8086 CPU 是一款 16 位微处理器，其内部用于存放地址的寄存器都是 16 位的，最大只能直接寻址 64KB 的存储空间。为了实现对 1MB 单元的寻址，8086 系统采用了存储器分段技术，将 1MB 的存储空间分成许多逻辑段，每段最长 64KB 字节单元，段内可以使用 16 位地址码进行寻址。每个逻辑段在实际存储空间中的位置都是可以浮动的，逻辑段的起始地址可由段寄存器的内容来确定。实际上，段寄存器中存放的是段起始地址（20 位物理地址）的高 16 位，称为段地址。逻辑段起始地址的低 4 位必须为 0，也就是说，段地址能够被 16 整除。各个逻辑段在实际的存储空间中可以完全分开或者首尾连续，也可以部分重叠甚至完全重叠。

在存储器分段后，任何一个存储单元都可以被包含在一个或多个逻辑段中，只要知道此存储单元的 16 位段地址和其相对于段地址的偏移量（称偏移地址），即可访问该存储单元。由段地址和段内偏移地址组成的地址称逻辑地址，记为"段地址：段内偏移地址"。逻辑地址通常在用户编程时使用，但 CPU 在访问存储器时必须使用 20 位的物理地址，两者可以通过以下公式来转换：

$$物理地址 = 16\ 位段地址 \times 10H + 16\ 位段内偏移地址$$

4．简述 8086CPU 的时钟周期、总线周期和指令周期三者的关系。

参考答案：总线周期是 CPU 执行一个总线（读/写）操作所需要的时间。或者说，总线周期是 CPU 从存储器或 I/O 端口存取一字节（或一字）所需要的时间。按照数据传输方向来分，总线操作可以分为总线读操作和总线写操作。总线读操作是指 CPU 从存储器或 I/O 端口读取数据；总线写操作是指 CPU 将数据写入存储器或 I/O 端口。

8086/8088CPU 的一个基本的总线周期由 4 个时钟周期（$T_1$、$T_2$、$T_3$、$T_4$）组成，每个时钟周期都完成一些基本操作。时钟周期是系统主时钟 CLK 频率的倒数，是 CPU 的基本（最小）时间单位。8086CPU 的时钟周期又称时钟状态，即 $T_1$ 状态、$T_2$ 状态、$T_3$ 状态、$T_4$ 状态。此外，还有 $T_i$ 状态（空闲状态）和 $T_w$ 状态（等待状态）。

5. 简述 8086CUP 在最小工作模式下存储器读操作时序。

参考答案：最小工作模式下典型的存储器和 I/O 读总线周期如图 2-6 所示。在最大工作模式下，控制信号（ALE、$M/\overline{IO}$、$DT/\overline{R}$、$\overline{DEN}$、$\overline{RD}$）由总线控制器 8288 根据 8086 的总线周期状态信号 $\overline{S_2}$、$\overline{S_1}$ 和 $\overline{S_0}$ 产生。

# 习　题　3

## 一、选择题

1. C　　2. C　　3. A　　4. A　　5. D　　6. C　　7. B　　8. A　　9. C

10. D　　11. B　　12. A　　13. A　　14. A　　15. C　　16. B　　17. D　　18. C

19. A　　20. C　　21. A　　22. C　　23. B

## 二、填空题

1. 程序存储器　数据存储器　　2. 工作寄存器区　位寻址区　用户 RAM 区　　3. 1μs、2μs

4. 上电复位　手动复位　　　　5. 2 个机器周期

## 三、简答题

1. 什么是单片机的时钟周期、状态周期、机器周期和指令周期？当主频为 24MHz 时，一个机器周期的时间是多长？执行一条最长的指令需要多长时间？

参考答案：

（1）时钟周期也称晶体的振荡周期，定义为时钟频率（$f_{osc}$）的倒数，是单片机中最基本、最小的时间单位。

（2）状态周期用 S 表示，是单片机内部各功能部件按时序协调工作的控制信号，是单片机内部电路将时钟周期经过二分频后得到的信号，一个状态周期是由两个时钟周期构成的，前半状态周期对应的时钟周期定义为 P1，后半状态周期对应的时钟周期定义为 P2。单片机的一个状态周期包含两拍，分别为 P1 和 P2。

（3）机器周期是指 51 单片机 CPU 完成一个基本操作所需的时间。51 单片机规定一个机器周期由 6 个状态周期（S1～S6）组成，而一个状态周期由 2 个时钟周期组成，则一个机器周期由 12 个时钟周期组成，可以表示为 S1P1、S1P2、S2P1、S2P2、…、S6P1、S6P2。

（4）指令周期是 51 单片机的 CPU 执行一条指令所需的时间。51 单片机的汇编指令分为单字节指令、双字节指令和三字节指令，所需的指令周期也不同，一般为 1～4 个指令周期。

（5）当主频为 24MHz 时，一个机器周期为 0.5μs，执行一条最长的指令需要 2μs。

2. 51 单片机系统复位有效时，片内特殊功能寄存器 P0～P3、PC、DPTR、SP、ACC、PSW 等的内容各是什么？复位能否改变内部 RAM 单元的内容？

参考答案：51 单片机系统复位有效时，片内特殊功能寄存器 P0～P3、PC、DPTR、SP、ACC、PSW 等的内容如表 2-6 所示。复位不能改变内部 RAM 单元的内容。

3. 51 单片机有多少个特殊功能寄存器？哪些既可以进行字节操作，又可以进行位操作？

参考答案：26 个，凡是地址可以被 8 整除的特殊功能寄存器，都可以进行字节操作和位操作。

4. 51 单片机的引脚有几根 I/O 线？它们与单片机对外的地址总线和数据总线之间有什么关系？地址总线和数据总线各有几位？

参考答案：32 根。P2、P0 是地址总线，P0 是数据总线。地址总线 16 位，数据总线 8 位。

5．51 单片机的 P0～P3 口在结构上有何异同？

参考答案：51 单片机一共有 32 条 I/O 引脚，由 4 个 8 位的并行接口 P0、P1、P2 和 P3 组成，每组并行接口有 8 位 I/O 接口，分别命名为 Px.0～Px.7（x=0～3）。每个 I/O 引脚都可以独立设置为输入引脚或输出引脚。单片机内部设有对应的特殊功能寄存器 P0～P3 用于控制或读取并行接口的状态，这些寄存器为直接字节寻址，且都支持按位寻址，即支持独立控制或读取某个 I/O 端口的状态。

图 3-6（a）、图 3-6（b）、图 3-6（c）和图 3-6（d）分别为 P0、P1、P2 和 P3 这 4 个 I/O 端口的内部一位电路结构示意图。由图 3-6 可知 P0～P3 的锁存器结构都是一样的，但输入和输出的驱动器的结构有所不同。P0～P3 口的每位口锁存器都是一个 D 触发器，复位以后的初态为 1。CPU 通过内部总线将数据写入入口锁存器。CPU 对端口的读操作有两种：一种是读锁存器的状态，此时端口锁存器的状态由 Q 端通过上面的三态输入缓冲器送到内部总线；另一种是 CPU 读取引脚上的外部输入信息，这时引脚状态通过下面的三态输入缓冲器传输到内部总线，由于其内部电路决定了在编写程序的时候要读外部引脚的信息，因此程序中必须先对该端口写 1。

P1、P2 和 P3 内部有拉高电路，称为准双向口。P0 口是漏极开路输出的，内部没有拉高电路，是三态双向 I/O 口，所以 P0 口在作为准双向口用时需要外接上拉电阻。

P0～P3 口既可以按字节读/写，也可以按位读/写。当 P0～P3 口作为通用端口读取引脚数据时，必须先向 P0～P3 口写 1。

P1、P2 和 P3 可以驱动 4 个 LSTTL 电路，P0 口可以驱动 8 个 LSTTL 电路。

6．略。

# 习 题 4

## 一、选择题

1．C　　2．A　　3．A　　4．D　　5．D　　6．A　　7．B　　8．C　　9．D

## 二、填空题

1．main　2．sbit　FLAG=P3^1　3．sfr　4．顺序　选择　循环　5．表达式　分号
6．if　switch　7．do…while　while　8．\0　9．函数　10．一个主函数　11．假
12．真　13．（1）求 1～10 的和　（2）求 1～100 的和　（3）求 1～10 的和
14．x=6　y=7　z=7　m=1　n=0

# 习 题 5

## 一、选择题

1．C　　2．A　　3．B　　4．B　　5．A　　6．D　　7．C　　8．C
9．A　　10．B　　11．B　　12．C　　13．D　　14．B　　15．C

## 二、简答题

1．什么是抖动？如何防止抖动发生？常用的防止抖动的方法有几种？

参考答案：由于轻触按键内部为弹簧接触式结构，因此按键在闭合和断开时，触点会存在抖动现象。抖动时间的长短与开关的机械特性有关，一般为 5～10ms。若不处理，则会产生按下一次按键进行多次处理的问题。

可采用硬件消抖和软件消抖的方法消抖。

常用的硬件消抖方法是使用一个切换开关及互锁电路组成 RS 触发器，这个电路可以降低抖动产生的噪声，但所需的元器件较多，增加了产品的成本、提高了电路的复杂程度，一般不使用。

软件消抖是单片机设计中的常用方法，其过程：当检测到按键端口为低电平时，不立即确认按键按下，延时 10ms 后再次进行判断，若该端口仍为低电平，则可确认该端口引脚所接按键确实被按下，实际上避开了按键按下时的抖动时间。

2．LED 数码管的静态显示和动态显示在硬件连接上分别具有什么特点？实际设计时应如何选择？

参考答案：LED 数码管有静态显示和动态显示这两种显示方式。

静态显示是指无论多少位 LED 数码管，都同时处于显示状态。LED 数码管工作于静态显示方式时，各位的共阴极（或共阳极）连接在一起并接地（或接+5V）；每位的段码线（a～dp）分别与一个 8 位的 I/O 口锁存器输出相连。若送往各 LED 数码管所显示字符的段码一经确定，则相应 I/O 口锁存器锁存的段码输出将维持不变，直到送入另一个字符的段码为止。正因为如此，静态显示无闪烁，亮度较高，软件控制比较容易，CPU 不必经常扫描显示器，节约了 CPU 的工作时间。但缺点是占用的 I/O 口较多，硬件成本也较高。因此静态显示方式适合显示位数比较少的场合。

动态显示方式是将所有 LED 数码管的段码端的相应段并接在一起，由一个 8 位 I/O 口控制，而各显示位的公共端分别由相应的 I/O 线控制，称为位选端。显示过程是通过段码端向所有的 LED 数码管输出所要显示字符的段码，每个时刻都只有一位位选线有效，其他各位都无效。每隔一定时间轮流点亮各位显示器（扫描方式），由于 LED 数码管的余辉和人眼具有视觉暂留作用，因此只要控制好每位显示的时间和间隔，就能达到同时显示的效果。与静态显示相比，动态显示的优点是节省 I/O 口，显示器越多，优势越明显；缺点是有一定的闪烁感，占用 CPU 时间较多，程序编写较复杂。

3．独立式按键和矩阵式按键分别具有什么特点？适用于什么场合？

参考答案：独立式按键的电路结构是每个按键都占用一个 I/O 口，按键一端接 I/O 口，另一端接地。通过程序检测 I/O 口的输入电平，即可判断是哪个按键按下，然后转去运行对应按键功能程序段。这种按键电路的特点：电路简单，各条检测线独立，识别按键号的软件编写简单；需要占用的 I/O 口较多，只适用于按键数较少的应用场合。

矩阵式键盘由行线和列线组成，一组为行线，另一组为列线，按键位于行、列的交叉点上。如果系统需要较多的按键，那么最好采用矩阵式键盘实现。

# 习　题　6

## 一、选择题

1．D　　2．B，B　　3．A　　4．C　　5．D　　6．B　　7．B　　8．C　　9．A
10．C　　11．A　　12．A　　13．C　　14．B　　15．A　　16．A　　17．C　　18．A
19．A　　20．B　　21．A　　22．A　　23．C　　24．C　　25．C

## 二、简答题

1．8051 单片机可以提供几个中断源？这几个中断源优先级在同一优先级中的优先顺序如何确定？

参考答案：8051 单片机是一种多中断源的单片机，有 5 个中断源，它们分别是 2 个外部中断源、2 个定时/计数器中断和 1 个串行口中断。8051 单片机中有 2 个中断优先级，当几个同优先级的中断源提出中断请求，CPU 同时收到几个同一优先级的中断请求时，哪个中断请求能够得到服务取决于单片机内部的硬件查询顺序，其硬件查询顺序便形成了中断的自然优先级，CPU 将按照自然优先级的顺序确定该响应哪个中断请求，自然优先级按照外部中断 0、定时/计数器 T0、外部中断 1、定时/计数器 T1、串行口的顺序依次响应中断请求。

2. 51 单片机中断系统与控制有关的特殊功能寄存器有哪些？

参考答案：51 单片机通过设置一些特殊功能寄存器对中断信号进行锁存、屏蔽、优先级控制，它们分别是 TCON、SCON、IE 和 IP。

3. 简述 51 单片机响应中断的过程。

参考答案：中断处理过程可分为 3 个阶段，即中断响应、中断处理和中断返回。

（1）中断响应。

51 单片机中断响应条件：①当前不处于同级或更高级中断响应中，这是为了防止同级或低级中断请求中断同级或更高级中断；②当前机器周期必须是当前指令的最后一个机器周期，否则等待。执行某些指令需要两个或两个以上机器周期，若当前机器周期不是指令的最后一个机器周期，则不响应中断请求，即不允许中断一条指令的执行过程，这是为了保证指令执行过程的完整性；③若当前指令是中断返回指令 RETI，或读/写中断控制寄存器 IE、优先级寄存器 IP，则必须再执行一条指令才能响应中断请求。

（2）中断处理。

CPU 响应中断并转至中断处理程序的入口，从第一条指令开始到返回指令为止，这个过程称为中断处理（也称为中断服务程序处理）。中断处理的过程即执行中断服务子程序的过程。

（3）中断返回。

中断处理程序的最后一条指令是中断返回指令 RETI。它的功能是将断点弹出送回 PC，使程序能返回原来被中断的程序并继续执行。51 单片机的 RETI 指令除弹出断点外，还通知中断系统已完成相应的中断处理。

4. 51 单片机的哪些中断源在 CPU 响应后可自动撤除中断请求？对于不能自动撤除中断请求的中断源，用户应采取什么措施？

参考答案：

（1）IE0 和 IE1。外部中断请求标志位。当 CPU 在 $\overline{\text{INT0}}$（P3.2）引脚或 $\overline{\text{INT1}}$（P3.3）引脚上采到有效的中断请求信号时，IE0 或 IE1 位由硬件置 1。在中断响应完成后转向中断服务时，再由硬件将该位自动清零。

（2）IT0 和 IT1。外部中断请求触发方式控制位。IT0（IT1）=1 脉冲触发方式，后沿负跳有效。IT0（IT1）=0 电平触发方式，低电平有效。它们根据需要由软件置 1 或置 0。

（3）TF0 和 TF1。定时/计数器溢出中断请求标志位。当 TF0（或 TF1）=1 时，表示对应计数器的计数值已由全 1 变为全 0，计数器计数溢出，相应的溢出标志位由硬件置 1。计数溢出标志位的使用有两种情况，当采用中断方式时，它作为中断请求标志位使用，在转向中断服务程序后，由硬件自动清零；当采用查询方式时，它作为查询状态位使用，并由软件清零。

（4）TR0（TR1）。定时/计数器的运行控制位，由软件使其置 1 或清零。

5. 51 单片机片内有几个可编程的定时/计数器？它们可以有 4 种工作方式，如何选择和确定工作方式？

参考答案：2 个。主要由 TMOD 确定。

TMOD 是一个不可以位寻址的 8 位特殊功能寄存器，字节地址为 89H，其高 4 位专供 T1 使用，低 4 位专供 T0 使用，如下表所示。

| TMOD (89H) | T1 | | | | T0 | | | |
|---|---|---|---|---|---|---|---|---|
| | D7 | D6 | D5 | D4 | D3 | D2 | D1 | D0 |
| | GATE | $C/\overline{T}$ | M1 | M0 | GATE | $C/\overline{T}$ | M1 | M0 |

各位的含义如下。

（1）GATE：门控位。

GATE=0：表示只要用软件使 TCON 中的运行控制位 TR0（或 TR1）置 1，就可以启动 T0（或 T1）。

GATE=1：表示只有 $\overline{INT0}$ 或 $\overline{INT1}$ 引脚为高电平时，并且有软件使运行控制位 TR0（或 TR1）置 1 的条件下才可以启动 T0（或 T1）。

（2）$C/\overline{T}$：定时/计数方式选择位。

$C/\overline{T}$=0：设置为定时方式，对内部的机器周期进行计数。

$C/\overline{T}$=1：设置为计数方式，通过 T0（或 T1）的引脚对外部脉冲信号进行计数。

（3）M1、M0：工作方式选择位。

M1M0=00：为工作方式 0，作 13 位计数器用。

M1M0=01：为工作方式 1，作 16 位计数器用。

M1M0=10：为工作方式 2，分成 2 个独立的 8 位计数器用。

M1M0=11：为工作方式 3。

6．当 51 单片机定时器的门控位 GATE 置 1 时，定时/计数器如何启动？

参考答案：表示只有在 $\overline{INT0}$ 或 $\overline{INT1}$ 引脚为高电平时，并且有软件使运行控制位 TR0（或 TR1）置 1 的条件下才可以启动 T0（或 T1）。

7．对于定时器 T0 的工作方式 3，TR1 的控制位已经被 T0 占用，如何控制定时器 T1 的开启与关闭？

参考答案：当 T0 工作在方式 3 时，T1 只能工作在方式 0～方式 2，因为它的控制位已被占用，不能置位 TF1，而且不再受 TR1 和 $\overline{INT1}$ 的控制，此时 T1 只能工作在不需要中断的场合，功能受到限制。

一般地，T0 工作在方式 3 时，T1 通常用作串行口波特率发生器，用于确定串行通信的速率。

8．利用定时器 T0 产生一个 50Hz 的方波，由 P1.1 输出，设 $f_{osc}$=12MHz，试确定 TMOD 和 T0 的初值。

参考答案：

（1）思路。利用 T0 定时 10ms，可以使定时器 T0 产生一个 50Hz 的方波，允许中断，编写 P1.1 输出波形的中断服务程序。

（2）程序设计。确定工作方式及 TMOD。

工作方式 1 定时，TMOD：00000001H = 01H

计算初值 $X$

$X$ = 65 536−10 000 = 55 536 = D8F0H

9．在 51 单片机的定时/计数器中，若使用工作方式 1，则能计数多少个机器周期？

参考答案：65 536。

## 习　题　7

### 一、选择题

1．B　　2．A　　3．B，C　　4．A　　5．B　　6．A　　7．D　　8．C　　9．B

10．B　　11．C　　12．C　　13．C　　14．A　　15．C　　16．D　　17．A

### 二、简答题

1．什么是串行异步通信？它有哪些特点？串行异步通信的数据帧格式是什么样的？

参考答案：

串行通信方式。数据信号的传输按位顺序进行，只需要少数几条传输线即可完成。其特点是成本低但速度慢。计算机与外界的数据传输大多数是串行的，串行通信传输的距离可以从几米到几千米。

异步通信方式。数据是以帧为单位传输的，每 1 帧数据由 1 个字符代码组成，而每个字符帧由起始位、数据位、奇偶校验位和停止位四部分组成。

（1）起始位：它为接收端提供同步信息。

0 电平表示要传输信号，用于通知接收设备开始接收；1 电平表示不传输信号，接收设备在检测到 1 电平时，不做响应。

（2）数据位：它为接收端提供数据信息。

数据位可以用 5～8 位数据表示。

若是 5 位数据，则用 D0～D4 表示；若是 8 位数据，则用 D0～D7 表示。

（3）奇偶校验位：它为接收端提供校验信息或性质信息。

排在数据位的后面，占 1 位。若数据位有 8 位，则校验位用 D8 表示。在作校验使用时，此位自动设置为 0 或 1；不作校验使用时，此位用于表示本帧信号的性质是地址或数据，1 表示传输的为地址帧，0 表示传输的为数据帧。

（4）停止位：它为接收端提供结束信息。

停止位可以用 1 位、1 位半或 2 位表示，而且必须用 1 电平表示。

接收端接收到此信息，就认为此字符发送完毕。在停止位的后面继续为 1 的位又称空闲位，空闲位可有可无，但必须是 1 电平，这时电路处于等待状态。

只有异步通信才有空闲位，这也是异步通信的特征。

2．什么是波特率？如果某异步通信的串行口每秒传输 250 个字符，每个字符由 11 位组成，那么其波特率应为多少？

参考答案：波特率对于 CPU 与外界的通信是很重要的。波特率是每秒钟传输的二进制代码的位数。每秒传输一个格式位就是 1 比特，即 1 比特=1b/s。

11×250=2 750（b/s），即 2750b/s。

3．简述 51 单片机内部串行口的 4 种工作方式的特点与适用场合。

参考答案：

（1）串行口工作方式 0。

其为同步移位寄存器输入/输出方式。它可以外接移位寄存器以扩展并行 I/O 口，也可以外接同步 I/O 设备。此时用 RXD（P3.0 引脚）输入/输出 8 位串行数据，用 TXD（P3.1 引脚）输出同步脉冲。此方式的波特率是固定的，为 $f_{osc}/12$。

（2）串行口工作方式 1。

它是最常用的 10 位且波特率可调的异步串行数据通信方式。

（3）串行口工作方式 2 和工作方式 3。

工作方式 2 和工作方式 3 都是每帧 11 位异步通信格式，由 TXD 和 RXD 发送和接收，工作过程完全相同。只是它们的波特率不同，工作方式 2 的波特率是固定的，工作方式 3 的波特率是由定时器 T1 控制的。主要用于多机通信。

4．为什么定时器 T1 作串行口波特率发生器时常采用工作模式 2？若已知系统的晶振频率为 $f_{osc}$，则对于通信选用的波特率，如何计算其初值？

参考答案：T1 的溢出速率取决于 T1 的计数速率（计数速率=振荡频率 $f_{osc}$/12）和 T1 的设定初值。定时器 T1 作波特率发生器使用时，因为工作方式 2 为自动重装入初值的 8 位定时器/计数器模式，所以用它作波特率发生器最恰当，若设定的初值为 $X$，则每过 256−$X$ 个机器周期，定时器 T1 就产生一次溢出。

用公式表示：T1 的溢出速率=($f_{osc}$/12)/(256−$X$)。反过来在已知波特率的条件下，可算出定时器 T1 工作在方式 2 的初值：$X$=256−$f_{osc}$×(SMOD+1)/(384×波特率)。

# 习 题 8

## 一、选择题

1．A　　2．C　　3．A　　4．B　　5．D　　6．C　　7．B　　8．A　　9．C

## 二、填空题

1．模拟　数字　数字　模拟　2．分辨率　建立时间　3．线选法　译码法

4．同步串行　5．数据线 SDA　时钟线 SCL

## 三、简答题

1．简述 51 单片机系统并行扩展的总线结构。

参考答案：单片机在进行系统扩展时，使用三条总线与外部芯片连接。（1）数据总线（DB）：P0 口作数据总线（8 位）。（2）地址总线（AB）：P0 口作地址总线的低 8 位，P2 口作地址总线的高 8 位（16 位），寻址范围为 64KB。地址线低 8 位与数据总线分时复用 P0 口。（3）控制总线（CB）：①使用 ALE 作地址锁存的选通信号，实现了低 8 位地址的锁存；②以 $\overline{PSEN}$ 作为扩展程序存储器的读选通信号；③以 $\overline{EA}$ 信号作为内外程序存储器的选择信号；④以 $\overline{RD}$ 和 $\overline{WR}$ 作为扩展数据存储器和 I/O 口的读/写选通信号。

2．通过总线并行扩展的各种芯片的数据线一般都是并联的，为什么不会发生数据冲突？对连接到总线上的存储器和 I/O 接口芯片的数据线一般有什么要求？

参考答案：（1）单片机通过不同的控制线连接不同类型的外部芯片，不同的控制线有效时对应的外部芯片使用数据总线。例如，$\overline{PSEN}$ 有效时，外部 ROM 通过数据线传输数据，当 $\overline{RD}$ 和 $\overline{WR}$ 有效时，外部 RAM 通过数据线传输数据。

（2）无须锁存器，直接与单片机数据总线连接。

3．当单片机系统中的程序存储器和数据存储器的地址重叠时，是否会发生数据冲突？为什么？

参考答案：不会发生数据冲突。因为单片机通过不同的控制线区分程序存储器和数据存储器。

4．画出用 RAM 6116、EPROM 2764 扩展 4KB 数据存储器、8KB 程序存储器的电路原理图，要

求数据存储器的地址范围为0000H～0FFFH，程序存储器的地址范围为0000H～1FFFH。

参考答案：如下图所示。

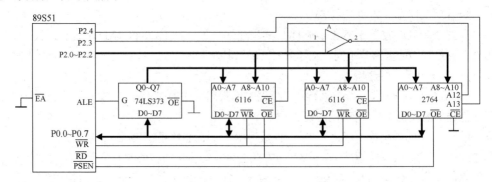

5．简述 I²C 总线的结构，挂在 I²C 总线上的芯片之间是如何进行通信的？

参考答案：

I²C 总线的结构是采用二线制连接的，一条是数据线 SDA，另一条是时钟线 SCL，SDA 和 SCL 是双向的，I²C 总线上各器件的数据线都接到 SDA 上，各器件的时钟线都接到 SCL 上。带有 I²C 总线接口的单片机可直接与具有 I²C 总线接口的各种扩展器件（如存储器、I/O 芯片、A/D 转换器、D/A 转换器、键盘、显示器、日历/时钟）连接。I²C 总线采用纯软件的寻址方法，无须片选线的连接，这大大减小了总线数量。I²C 串行总线的运行由主器件控制。主器件是指启动数据的发送（发出起始信号）、发出时钟信号、传输结束时发出终止信号的器件，通常是单片机。从器件可以是存储器、LED 或 LCD 驱动器、A/D 转换器或 D/A 转换器、时钟/日历器件等，从器件必须带有 I²C 串行总线接口。

6．简述 SPI 总线的结构，SPI 接口线有哪几根？作用是什么？

参考答案：

SPI 是 Motorola 公司推出的一种同步串行接口标准。SPI 使用 4 条线：串行时钟 SCK、主器件输入/从器件输出数据线 MISO、主器件输出/从器件输入数据线 MOSI 和从器件选择线 $\overline{CS}$。在 SPI 串行扩展系统中，当某个从器件只作输入（如键盘）或只作输出（如显示器）时，可省去一条数据输出（MISO）线或一条数据输入（MOSI）线，从而构成双线系统（接地）。

SPI 系统中单片机对从器件的选通需要控制其片选端 $\overline{CS}$。但在扩展器件较多时，需要控制较多的从器件片选端，连线较多。在 SPI 串行系统中，主器件单片机在启动一次传输时，便产生 8 个时钟，传输给接口芯片作为同步时钟，控制数据的输入和输出。数据的传输格式是高位（MSB）在前、低位（LSB）在后。数据线上输出数据的变化及输入数据时的采样都取决于 SCK。但对于不同的外围芯片，有的可能是 SCK 的上升沿起作用，有的可能是 SCK 的下降沿起作用。SPI 有较高的数据传输速度，最高可达 1.05Mb/s。

# 习　题　9

## 一、选择题

1．BC　　2．C　　3．A　　4．C　　5．B　　6．D　　7．A　　8．A　　9．D

## 二、简答题

1．当 51 单片机控制直流电动机或舵机系统时，应用定时/计数器 T0 的定时方式输出 PWM 控制信号，设 51 单片机的系统时钟为 12MHz，说明产生周期为 20ms、高电平持续时间为 0.5ms 的 PWM

信号的程序设计过程。

参考答案：单片机要实现对舵机的控制，必须先完成两个任务：首先产生基本的 PWM 周期信号，以 FUTABA-S3003 型舵机为例，需要产生 20ms 的周期信号；其次是脉冲宽度的调整，即单片机模拟 PWM 信号的输出，并且调整占空比。单片机作为舵机的控制部分，能使 PWM 信号的脉冲宽度实现微秒级的变化，从而提高舵机的转角精度。

当单片机系统中只需控制一个舵机时，利用一个定时器可改变单片机的一个定时器中断的初值，将 20ms 分为两次中断执行，一次短定时中断和一次长定时中断。这样既节省了硬件电路，也减少了软件开销，控制系统的工作效率和控制精度都很高。具体的设计过程：若想让舵机转向左极限的角度，它的正脉冲为 2ms，则负脉冲为 20-2=18（ms），所以开始时在控制口发送高电平，然后设置定时器在 2ms 后发生中断，中断发生后，在中断程序里将控制口改为低电平，并将中断时间改为 18ms，再过 18ms 进入下一次定时中断，再将控制口改为高电平，并将定时器初值改为 2ms，等待下次中断到来，如此往复实现 PWM 信号输出到舵机。用修改定时器中断初值的方法巧妙形成了脉冲信号，调整时间段的宽度便可使伺服机灵活运动。

2．在步进电动机的控制系统中采用 1 相励磁方式，在每个瞬间，步进电动机只有一个线圈导通。如果以该方式控制步进电动机正转，那么对应的励磁顺序如表 5-3 所示，励磁顺序 1→2→3→4→1。若要控制步进电动机反转，则请写出对应的励磁顺序表。

参考答案：控制步进电动机反转，其对应的励磁顺序为 1→4→3→2→1，如下表所示。

| STEP | A | B | C | D |
|------|---|---|---|---|
| 1 | 1 | 0 | 0 | 0 |
| 2 | 0 | 0 | 0 | 1 |
| 3 | 0 | 0 | 1 | 0 |
| 4 | 0 | 1 | 0 | 0 |

3．简述 51 单片机控制多个舵机的程序算法。

参考答案：当单片机系统中需要控制多个舵机时，假设控制 5 个舵机，也是可以通过一个定时器实现的，通过定时一个标准时间 0.5ms，再定义一个角度标识，数值可以是 1、2、3、4、5，实现 0.5ms、1ms、1.5ms、2ms 和 2.5ms 高电平的输出；再定义一个变量，数值最大为 40，实现周期为 20ms。每次进入定时中断，判断此时的角度标识，进行相应的操作。例如，此时是 5，则进入前 5 次中断时间，信号输出为高电平，即 2.5ms 的高电平，剩下的 35 次中断时间，信号输出为低电平，即 17.5ms。这样总的时间 20ms 为一个周期。

4．简述 51 单片机输出的 PWM 的脉冲宽度与控制舵机转角之间的关系。

参考答案：以日本 FUTABA-S3003 型舵机为例，电压通常为 4～6V，一般取 5V，给舵机供电电源应能提供足够的功率，控制线的输入是一个宽度可调的周期性方波脉冲信号，方波脉冲信号的周期为 20ms（频率为 50Hz）。当方波的脉冲宽度改变时，舵机转轴的角度发生变化，角度变化与脉冲宽度的变化成正比。舵机输出轴转角与输入信号的脉冲宽度之间的关系如图 5-18 所示。

# 参考文献

[1] 李精华，等. 51 单片机原理及应用——C 语言版[M]. 2 版. 北京：电子工业出版社，2021.

[2] 王静霞，等. 单片机应用技术（C 语言版）[M]. 3 版. 北京：电子工业出版社，2016.

[3] 郭天祥. 51 单片机 C 语言教程——入门、提高、开发、拓展全攻略[M]. 北京：电子工业出版社，2015.

[4] 宋跃，等. 单片微机原理与接口技术[M]. 2 版. 北京：电子工业出版社，2015.

[5] 顾晖，等. 微机原理与接口技术——基于 8086 和 Proteus 仿真[M]. 2 版. 北京：电子工业出版社，2015.

[6] 李法春，等. C51 单片机应用设计与技能训练[M]. 北京：电子工业出版社，2014.

[7] 王维新，等. 微机原理及单片机应用技术[M]. 西安：西安电子科技大学出版社，2014.

[8] 李精华，等. 单片机原理与应用[M]. 北京：高等教育出版社，2010.

[9] 郑毛祥. 单片机应用基础[M]. 北京：人民邮电出版社，2009.

[10] 张义和，等. 例说 51 单片机（C 语言版）[M]. 北京：人民邮电出版社，2008.

[11] 俞国亮. MCS-51 单片机原理与应用[M]. 北京：清华大学出版社，2008.

[12] 张毅刚，等. 新编 MCS-51 单片机应用设计[M]. 3 版. 哈尔滨：哈尔滨工业大学出版社，2008.

[13] 赵健领，等. 51 系列单片机开发宝典[M]. 北京：电子工业出版社，2007.

[14] 周润景. Proteus 入门实用教程[M]. 北京：机械工业出版社，2007.

[15] 陈权昌，李兴富. 单片机原理与应用[M]. 广州：华南理工大学出版社，2007.

[16] 戴胜华，等. 单片机原理与应用[M]. 北京：清华大学出版社、北京交通大学出版社，2005.

[17] Intel.8086 15-BIT HMOS MICROPROCESSOR Data Sheet [Z]. 1978.

[18] Intel Corporation. MCS@51 MICROCONTROLLER FAMILY USER'S MANUAL[Z]. 1994.